REDLINE | VERLAG

Frédéric Mathier

VERHANDELN IST [K]EIN KINDERSPIEL

Sieben Prinzipien,
mit denen Sie alle Verhandlungen
erfolgreich abschließen

Bibliografische Information der Deutschen Nationalbibliothek
Die Deutsche Nationalbibliothek verzeichnet diese Publikation in der Deutschen Nationalbibliografie. Detaillierte bibliografische Daten sind im Internet über https://dnb.de abrufbar.

Für Fragen und Anregungen
info@redline-verlag.de

2. Auflage 2023

Türkenstraße 89
D-80799 München
Tel.: 089 651285-0
Fax: 089 652096

Redaktion: Marijke Leege-Topp
Umschlaggestaltung: Karina Braun
Umschlagabbildung: MJgraphics/Shutterstock
Satz: Carsten Klein, Torgau
Druck: CPI books GmbH, Leck
Printed in the EU

ISBN Print 978-3-86881-925-0
ISBN E-Book (PDF) 978-3-96267-492-2
ISBN E-Book (EPUB, Mobi) 978-3-96267-493-9

Wir produzieren nachhaltig
www.m-vg.de

Weitere Informationen zum Verlag finden Sie unter
www.redline-verlag.de
Beachten Sie auch unsere weiteren Verlage unter www.m-vg.de

Frédéric Mathier

VERHANDELN IST [K]EIN KINDERSPIEL

Ich widme dieses Buch den besten Verhandlungsexpertinnen der Welt: meiner Frau Alina und meinen beiden Töchtern Luana und Malea.

Ich hab euch über alles lieb!

Inhalt

Warum kann dieses Buch dein gesamtes Leben verändern?

Frauen verdienen weniger

Weißt du, was am 15. November 2022 war? Es war der sogenannte Equal Pay Day der Europäischen Union. Vielleicht ist dir dieser Begriff schon einmal untergekommen, vielleicht aber auch nicht. Ehrlich gesagt wusste auch ich lange nicht, worum es dabei genau geht. Im Grunde kennzeichnet der Equal Pay Day den Tag, ab dem Frauen für den Rest des Jahres kostenlos arbeiten. Das war im Jahr 2022 der 15. November. Soll bedeuten: Der durchschnittliche Mann hat bis zu diesem Tag in diesem Jahr so viel verdient, wie die durchschnittliche Frau bis zum Ende des Jahres bekommen wird. Mit der Einführung dieser Tagesmarke wurde versucht, auf den sogenannten Gender Pay Gap aufmerksam zu machen. Der Gender Pay Gap ist eine geschlechtsspezifische Lohnlücke, die angibt, wie viel weniger Frauen im Vergleich zu Männern verdienen. Im Schnitt ist es innerhalb der EU immer noch so, dass Frauen rund 13 Prozent weniger verdienen als ihre männlichen Kollegen.

Frauen sind großartige Verhandlerinnen. Meine Frau zum Beispiel schafft das Kunststück, mir von unserem drei Meter breiten Kleiderschrank im Schafzimmer gefühlt 30 Zentimeter zu überlassen. Und ich habe dabei noch das Gefühl, einen guten Deal gemacht zu haben. Frauen sind also eigentlich genial im Verhandeln. Im Privatleben und in Beziehungen. Wieso mag es dann im Business nicht so recht klappen?

Einkommenskluft

Wie groß der Unterschied zwischen den Einkommen von gleich qualifizierten Männern und Frauen ist, das ist mir erst so richtig schmerzhaft klargeworden, seit ich selbst Papa von zwei kleinen Mädels bin. Vorher war diese Einkommenskluft für mich ein blinder Fleck, weil ich als Mann davon nicht betroffen war. Klar wusste ich, dass es Lohnunterschiede gibt. Aber um ehrlich zu sein, ich habe mich nie konkret damit auseinandergesetzt.

Jetzt wird mir das jedoch immer stärker bewusst und die Vorstellung, dass meine eigenen Kinder irgendwann im Job benachteiligt werden könnten, weil sie weiblich sind, macht mich zornig. Zugleich gibt sie mir die Energie, Frauen dabei zu unterstützen, sich das zu holen, was ihnen zusteht.

Der Lohnunterschied zwischen Mann und Frau im gleichen Job beziehungsweise in der gleichen Position betrug 2022 in der Schweiz nach wie vor 18,4 Prozent (Deutschland: 18,9 Prozent, Österreich: 18,3 Prozent).

Hochgerechnet bedeutet das für meine Töchter, dass sie nach Abschluss eines Studiums (Uni-Master, FH-Bachelor in der Schweiz) bei einem durchschnittlichen Einstiegsgehalt von 78 000 Schweizer Franken pro Jahr ca. 14 000 Franken weniger verdienen als ein gleich qualifizierter Mann. Wenn wir annehmen, dass das Eintrittsalter etwa bei 25 Jahren liegt und man dies dann bis zum Renteneintritt mit 65 Jahren hochrechnet, dann liegt der Unterschied bei über 500 000 Franken. Das bedeutet: Allein meine beiden Mädchen verlieren gemeinsam über eine Million Franken. Das muss anders werden! In dieser Beispielrechnung sind zudem nicht mal Lohnerhöhungen und Beförderungen einberechnet und auch keine Änderung der Lebensumstände, Zinseffekte, wenn das mehr verdiente Geld investiert würde. Das bedeutet, dass der Verlust insgesamt noch um einiges höher liegt. Das muss man sich mal vorstellen – für die gleiche Arbeit! Das macht mich fassungslos, zumal sich der Unterschied in den letzten Jahren vergrößert hat, anstatt kleiner zu werden.

Weder bin ich Politiker noch kann ich als CEO eines Konzerns für Lohngleichheit sorgen, aber mit meinem Wissen und meiner Expertise kann ich dir als Frau helfen, dich nicht unter Wert zu verkaufen. Denn Verhandeln ist Hilfe zur Selbstwirksamkeit.

Einkommensschere

Ein Grund für diese Einkommensschere sind auch die unterschiedlich verteilten Kenntnisse über das Verhandeln: Wenn ich meine Student:innen frage, wer besser verhandelt, dann lautet die einhellige Meinung: Männer! Selbst Frauen sind dieser Meinung. Aber ist es wirklich so, dass Männer die erfolgreicheren Verhandler sind? Nun, es gab schon Studien zu diesem Thema, die darauf hindeuten, dass vor allem die Rahmenbedingungen für den Erfolg oder Misserfolg einer Verhandlung verantwortlich sind.

So zeigte sich zum Beispiel, dass Männer beim Berufseinstieg besser verhandeln als Frauen. In einem zweiten Durchlauf ließ man die Frauen allerdings für eine Drittperson (z. B. die beste Freundin) verhandeln. Das Ergebnis: Frauen, die für jemand anderen anstatt für sich selbst verhandelten, waren wesentlich erfolgreicher. Außerdem konnte nachgewiesen werden, dass Frauen umso besser verhandeln, je mehr sie für die Verhandlungen trainiert haben und je besser sie den Verhandlungskontext kennen.

Und natürlich ist es nicht von der Hand zu weisen, dass es für Frauen immer schwieriger sein wird, im Laufe ihres Berufslebens finanziell zu den Männern aufzuschließen, wenn sie schon beim Berufseinstieg rund 13 Prozent weniger verdienen als Männer. Das ist so, als würden sie bei einem 100-Meter-Lauf 13 Meter weiter hinten starten, und sich dann alle wundern, wieso Frauen die Männer nicht überholen können oder zumindest nicht mit ihnen gleichauf sind. Im Grunde ist es unter diesen Voraussetzungen für Frauen fast unmöglich, ihre männlichen Kollegen, die alle weiter vorne starten, einzuholen.

Für mich ist es enorm wichtig, diesem Thema die nötige öffentliche Aufmerksamkeit zukommen zu lassen. Dies kann ein erster wichtiger Schritt sein, um diese ungerechte Lücke zu schließen. Ich selbst unterrichte an Hochschulen und versuche auch dort immer wieder, das Bewusstsein meiner Student:innen für dieses Problem zu schärfen. Ich denke, dass die Wurzel dieses Problems in unseren Geschlechterrollen liegt, die wir immer noch alle in uns tragen. Ein Zitat von Cornelia Topf aus ihrem Buch *Erfolgreich verhandeln für Frauen* bringt die Doppelmoral der Geschlechterrollen, wie ich finde, wunderbar auf den Punkt »Die übliche Doppelmoral: Männer gelten als stark, wenn sie verhandeln, Frauen als Zicken.« Treffend, oder? Schon von klein auf bringen wir unseren Kindern bei, dass Mädchen *brav* und Jungs *eben Jungs* sind, also wild und laut. Geschlechterrollen identifizieren sich über die gesellschaftlichen Vorstellungen, die wir davon haben, wie Frauen und Mädchen beziehungsweise Männer und Jungs zu sein haben oder sein dürfen. Frauen sollen demnach eher mitfühlend und ausgleichend sein, während Männer idealerweise dominant und stark zu sein haben.

Alle, die aus dieser Norm ausscheren, werden schnell schief angesehen. Wagt es jemand auch noch, im Rahmen einer Verhandlung aus dieser gesellschaftlich akzeptierten Norm zu fallen, sinken die Chancen auf Erfolg rapide – ziemlich unfair, oder? Diese Vorstellungen über die Geschlechtereigenschaften sind schon sehr lange in uns und unserer Gesellschaft verankert, viele davon werden fast als *natürlich vorgegeben* angesehen und einfach akzeptiert. Damit wir diese Geschlechterrollen auflösen können, müssen wir dafür sorgen, dass sich immer mehr Menschen ihrer bewusst werden. Nur wenn wir verstehen, dass diese Rollen kulturell geschaffen wurden, können wir diese auch durchbrechen. Ich versuche, mehr Aufmerksamkeit für dieses Thema zu schaffen, indem ich oft darüber spreche, ich bilde Frauen in Verhandlungsführung aus und versuche, ihnen damit das nötige Werkzeug für erfolgreiches Verhandeln mitzugeben. So ist die Idee für dieses Buch entstanden: ein Buch als Input für erfolgreiches Verhandeln – mit dem Unterschied, dass dieses Buch für alle Menschen sein soll und niemanden ausschließen möchte.

Was Kinder zu bekommen und Verhandlungen zu führen gemeinsam haben

Auf vieles wird man im Leben ausgiebig vorbereitet. Überlege nur einmal, was nötig ist, um einen Führerschein zu bekommen: Wir müssen eine Theorieprüfung ablegen, zahlreiche Fahrstunden in Begleitung eines Profis nehmen und einen Erste-Hilfe-Kurs absolvieren. Nach einer mehr oder weniger intensiven Vorbereitung treten wir schlussendlich zur praktischen Fahrprüfung an und erst, wenn wir diese mit Bravour gemeistert haben, erhalten wir den Führerschein – ein kleines Stückchen Freiheit. Davor werden wir durch zahlreiche Lernunterlagen und Expert:innen mühevoll in die Kunst des Autofahrens eingeführt. Niemand setzt sich einfach so hinters Steuer und braust die Straßen auf und ab.

Das kalte Wasser

Doch weißt du was? Auf manches wird man im Leben auch gar nicht vorbereitet. Vielmehr springt man ins kalte Wasser. Quasi ins Ungewisse. Weißt du, wann es mir das letzte Mal so ergangen ist? Bei der Geburt meines ersten Kindes. Vielleicht bist du selbst schon Mama oder Papa geworden und kennst dieses überwältigende Gefühl, wenn diese kleinen wunderbaren Geschöpfe auf die Welt kommen. Man denkt zwar, dass man neun Monate lang Zeit hat, sich vorzubereiten, doch eigentlich geht alles dann doch viel schneller als gedacht – und im Grunde hat man keine Ahnung davon, was wirklich auf einen zukommt. Die neun Monate, in denen man sich ach so gut vorbereiten wollte, vergehen im Nu und plötzlich ist es dann so weit. Die Wehen setzen ein und du weißt: Jetzt geht es los. Von einem Moment auf den anderen steht deine ganze Welt Kopf.

Ich kann mich noch gut daran erinnern, als meine Frau und meine Tochter damals aus dem Geburtshaus entlassen wurden. Ich war richtig nervös und dachte: Shit! Jetzt ist es so weit! Jetzt kannst du es nicht mehr zurückgeben! Ich glaube, alle Eltern da draußen kennen diese Gedanken, oder etwa nicht?

Unvorbereitet

Beim Verhandeln verhält es sich sehr ähnlich. In der Regel werden wir in der Schule überhaupt nicht darauf vorbereitet. Das Thema Kommunikation beziehungsweise Rhetorik findet kaum Beachtung im schulischen Alltag. Wir lernen also nicht, für uns einzustehen und zu verhandeln. Es gibt – ähnlich wie beim Elternwerden – kein Benutzerhandbuch dafür und das, obwohl wir alle tagtäglich verhandeln! Lieber ballen wir die Faust in der Tasche als etwas zu riskieren. Selbst Anwälte, die vor Gericht stehen, lernen das Verhandeln – wenn überhaupt – nur in irgendwelchen Zusatzkursen. Verrückt, oder?

Also sei dir dessen bewusst: Es ist nicht so, dass du nicht verhandeln kannst. Vielmehr hat dir nie jemand gezeigt, wie es geht. Du fährst quasi Auto, ohne je eine Fahrstunde gehabt zu haben. Das kann nur ins Auge gehen.

Du fragst dich jetzt vielleicht, wie denn richtiges Verhandeln geht? Wie du erfolgreich lernen kannst, für dich selbst einzustehen? Dieses Buch soll dir genau dabei helfen. Es soll dir als eine Art Benutzerhandbuch zum Verhandeln dienen. Mein Ziel ist es, dir bei den Verhandlungen deines Lebens zu helfen – egal welche das sind. Hast du schwierige Kunden? Möchtest du bei deiner nächsten Gehaltsverhandlung souveräner auftreten? Willst du dich einfach nicht mehr so leicht über den Tisch ziehen lassen? Oder ist es dein Wunsch, in Zukunft mehr für dich und dein Business einzustehen? Lass dieses Buch am besten zu deiner persönlichen Guideline werden und erfahre, wie du in Zukunft Verhandlungen besser und erfolgreicher abschließen kannst.

Sei unbescheiden

Breaking News: Ja, du darfst unbescheiden sein! Du darfst fordern, haben wollen, auf dein Recht bestehen! Viele haben an diesem Punkt Angst, als arrogant zu gelten, weil viele Menschen Selbstbewusstsein mit Arroganz verwechseln. Wenn dich jemand für arrogant hält, sagt das meistens mehr über die Person selbst aus, die mit dem Finger auf dich zeigt, als über dich. Oder wie Brigitte Bardot zu dem Thema so süffisant in einem Interview sagte: »Niveau sieht nur von unten aus wie Arroganz.« Also geh mit gutem Beispiel voran und fordere das ein, was du haben willst. Selbst, wenn es einmal ein Nein gibt. Die meisten Menschen haben schon von Kindesbeinen an gelernt, sich zurückzuhalten, nichts einzufordern und nicht aufzufallen. Doch ich sage dir: Schluss damit! Hol dir, was dir zusteht. Denn eines ist klar: Du kannst nicht darauf vertrauen, dass jemand anderes für dich einstehen und Gerechtigkeit erkämpfen wird. Daher sorge selbst dafür, dass du bekommst, was du willst!

Die Waffen einer Frau

Nein, nicht das, woran du jetzt vielleicht denkst! Ich werde den Teufel tun und dir raten, dass du dich in Stilettos und mit kurzem Rock oder gar Lack und Leder auf die Jagd nach deinen Forderungen machen sollst! Die wahren Waffen von Frauen sind ganz andere: Empathie, Einfühlungsvermögen, die Fähigkeit, ihre Forderung elegant zu platzieren, anstatt sie dem Gegenüber um die Ohren zu schmeißen. Hartnäckigkeit, Liebenswürdigkeit und sehr oft das Anliegen, deinen Gegner nicht wie den letzten Trottel dastehen zu lassen.

Erkennst du dich in dem einen oder anderen Punkt wieder? Gut – dann nutze künftig deine weiblichen Fähigkeiten, um das zu bekommen, was du willst! Egal, ob du gerade eine Jogginghose trägst, ein Prada-Kostüm oder barfuß durch die Gegend läufst.

Verhandeln ist alles

... und ist in jedem Bereich unseres Lebens präsent. Das glaubst du nicht? Nun, wie sieht es zum Beispiel mit deiner Miete aus? Hast du den Mietpreis unwidersprochen hingenommen oder hast du verhandelt?

Der Großteil meiner Leser:innen wird sagen: »Der Mietpreis steht fest, wie soll ich den verhandeln?« Und ich sage dir: Es geht!

> *Du kannst alles verhandeln, von der Miete über dein Gehalt, Preise im Geschäft, den Urlaub bis hin zum Ausräumen des Geschirrspülers zu Hause.*

Und du kannst mit jedem verhandeln: mit der Chefin oder dem Filialleiter, mit den Kolleginnen, dem Lebenspartner, der Freundin, und – wenn du richtig mutig bist – sogar mit deinen Kindern. Kinder sind ein Kapitel für sich. Sie sind von Natur aus intuitive Verhandlungsprofis. Und wir können von ihnen unglaublich viel lernen, wenn es um Verhandlungen geht. Genau das ist Thema dieses Buches.

Lerne von deinen Teenies!

Denk nur an einen beliebigen Halbwüchsigen, der unbedingt mit Freund:innen ausgehen und lange wegbleiben will. Er wird darauf hinweisen, dass Lucie und Andy sogar erst viel später zu Hause sein müssen und jede erdenkliche Karte zücken. Welche Taktik dahintersteckt und wie auch du sie anwenden kannst, wirst du im Laufe dieses Buchs erfahren. Doch es muss nicht immer ein Teenager sein – selbst meine kleine Tochter mit drei Jahren kann mich um den Finger wickeln! Peinlich für einen, der mit Verhandlungstaktiken sein Geld verdient, oder? Und doch lasse ich sie gewähren. Warum? Nun, den meisten Kindern wird das Verhandeln von der Umwelt abtrainiert, sie werden *erzogen* – mit dem Effekt, dass sie als Erwachsene z. B. zu den Frauen gehören, deren Lohn noch immer bei gleicher Leistung und Position weit unter dem eines Mannes liegt. Oder die ihr altes Auto quasi herschenken, nur weil sie ihren Preis nicht durchsetzen können.

Das sind Ungerechtigkeiten, mit denen ich mich nicht einfach abfinden möchte. Ich teile mein Wissen und meine Erfahrungen aus der Praxis, damit auch du erfolgreicher verhandelst und dich in Zukunft –

egal ob als Angestellte, als Selbstständige oder als Unternehmerin – durchsetzen kannst. Anstatt zu warten, bis sich von selbst etwas ändert, ist es klüger, den Hebel dort anzusetzen, wo sofort ein Unterschied zu spüren ist. Wie? Ich zeige dir in diesem Buch, wie auch du die Strategien, Taktiken und Techniken der Verhandlungsführung kinderleicht für dich nutzen kannst.

Der Verhandlungsrucksack

Verhandeln ist wie ein Rucksack, der unterschiedliche Tools beinhaltet. Das, was du gerade brauchst, nimmst du raus. Mit der Erfahrung wirst du merken, was für dich und deine jeweiligen Verhandlungspartner:innen am besten funktioniert. Welche Werkzeuge es gibt, schauen wir uns in diesem Buch an, Kapitel für Kapitel, garniert mit Geschichten, in denen ich zugegebenermaßen nicht immer rühmlich wegkomme. Aber das ist auch gut so – denn lernen kann man am besten aus Fehlern. Du hast nun einen großen Vorteil, denn du kannst aus meinen Fehlern lernen und musst nicht alle selbst machen. Wie ein altes chinesisches Sprichwort sagt:

> *Der Dumme lernt aus seinen Fehlern, der Kluge aus den Fehlern der anderen.*

Ich selbst habe übrigens schon in der Schule mit Verhandlungen begonnen. Es gab kaum eine Note, die ich nicht mit dem Lehrer nachverhandelt hätte. Meistens hat es geklappt. Die meisten Menschen haben Angst vor dem Verhandeln, weil es die Gefahr birgt, zu verlieren. Dass genauso gut die Chance besteht, zu gewinnen, wird gerne kategorisch ignoriert. Daher sehe ich es so: Wenn ich nicht verhandle, habe ich auf jeden Fall schon verloren!

Was wäre, wenn du das schon früher gewusst hättest?

Was glaubst du, wie oft du schon über den Tisch gezogen wurdest, ohne es zu merken? Diese Frage stelle ich immer gerne zu Beginn meiner Trainings und Vorträge. Glaube mir, es ist öfter passiert, als dir lieb ist.

Deshalb rate ich meinen Kursteilnehmer:innen, aber auch dir, in deine Verhandlungskompetenzen zu investieren! Die richtige Verhandlungsführung ist meiner Meinung nach eine der wichtigsten Kompetenzen! Du wendest sie schließlich fast überall an: intern bei Kolleg:innen, bei Kunden, im Einkauf, in der Familie. Viele unserer Gespräche, die wir tagein, tagaus führen, sind Verhandlungen. Deshalb trainiere ich so wahnsinnig gerne meine Kund:innen auf diesem Feld! Ich vergleiche diese Kompetenz dann auch gerne mit einer Golftasche: Du hast unterschiedliche Schläger, also Taktiken, zur Auswahl. Deine Aufgabe ist es, diese Schläger nicht nur richtig zu benutzen, sondern je nach Situation auch den passenden auszuwählen.

Worauf du bei deiner Auswahl achten kannst, erzähle ich dir jetzt. In meinem Kurs beginne ich oft mit dem Thema »Mindset«. Du wirst jetzt vielleicht die Augen verdrehen und denken: Frédéric, bitte nicht! Dieses Thema ist doch ausgelutscht! Ja, ich gebe auch gerne zu, dass es in letzter Zeit ziemlich oft gebraucht wurde. Aber in Wirklichkeit geht es nur um deine innere Einstellung. Wie stellst du dich auf eine Verhandlung ein? Glaubst du an das, was du deinem Kunden erzählst? Stehst du hinter deinen Preisen?

Vertraue mir: Es macht einen großen Unterschied, mit welcher Einstellung du in ein Gespräch gehst. Wenn du denkst, du sitzt am kürzeren Hebel, wird das deine Gegenseite spüren. Auch wenn du denkst, dass deine Preise zu hoch sind, strahlst du das aus. Schlussendlich entscheidet deine Einstellung darüber, wie deine Verhandlung laufen wird. Daher mein Rat: Arbeite unbedingt an einem positiven Mindset!

Ein beliebter Tagespunkt in meinen Kursen sind Strategien. Viele Teilnehmer:innen können es kaum erwarten, über verschiedene Strategien und Taktiken zu sprechen. Es ist zwar wichtig, dass du die Taktiken beherrscht, aber solange du keine klare Strategie hast, wirst du nicht an dein Ziel gelangen. Du schätzt wahrscheinliche viele Situationen schlichtweg falsch ein, setzt dann auf die falsche Strategie und erzielst nicht deinen gewünschten Erfolg. Also: Lerne die Taktiken, aber werde dir zuallererst über deine Strategie klar!

Und noch etwas: Wenn du eine neue Taktik kennenlernst, die du gerne ausprobieren möchtest, dann warte nicht ab! Halte dich an die sogenannte 72-Stunden-Regel. Das heißt: Wende die Taktik innerhalb von 72 Stunden an. Wartest du nämlich länger, geraten wesentliche Bestandteile der Taktik schon wieder in Vergessenheit.

Ein Thema, das ich auch immer anspreche und das bei meinen Kund:innen regelmäßig auf wenig Beliebtheit stößt, ist die Vorbereitung. Ja, ich weiß. Nicht gerade prickelnd. Aber sei dir bewusst: Du hast immer einen Vorteil, wenn du gut vorbereitet bist. Denke einmal an die Olympiade. Die Sportler:innen bereiten sich vier Jahre vor, um dann im richtigen Moment ihr volles Potenzial zu entfalten. Keine Sorge: Ich möchte damit nicht sagen, dass du dir vor jeder Verhandlung vier Jahre Zeit nehmen sollst. Oft reichen schon wenige Stunden. Wenn ich Kund:innen auf schwierigen Verhandlungen vorbereite, rate ich ihnen auch immer zu einer Checkliste. Wir erarbeiten diese meist zusammen, sie ist dann ein wichtiges Tool, das vor jeder Verhandlung zur Hand genommen werden kann. So vergisst man nichts Wichtiges in der Vorbereitung und spart sich gleichzeitig auch jede Menge Zeit.

Vielleicht hast du jetzt beim Lesen dieser Zeilen festgestellt, dass auch du einen blinden Fleck hast und das eine oder andere stets ausgelassen hast. Deshalb lege ich dir ans Herz, fortlaufend in deine Verhandlungskompetenzen zu investieren. Das macht aus dir nicht nur eine bessere Verhandlerin, sondern auch eine erfolgreichere Unternehmerin!

Meine größte Lektion: ein Arbeitsplatz wie in Hollywood?

Nicht jeder fängt als Profi an, das war auch bei mir am Anfang meiner Karriere so. Daher möchte ich dir zum Einstieg von einer Lektion erzählen, die ich mir lieber erspart hätte. Oder anders gesagt: Es wäre schön gewesen, wenn ich das schon zu Beginn meiner Laufbahn gewusst hätte. Achtung – hier kommt meine persönliche Fail-Story, die ich gerne mit dir teile.

Nach meinem Studium trat ich meinen allerersten Job als technischer Einkäufer in einem großen Unternehmen in der Chemiebranche an.

Warum Einkauf? Weil man da Unternehmer im Unternehmen ist, es geht um viel Verantwortung, um große Budgets und: um Verhandlungen! In meiner Vorstellung gab es da verglaste Wolkenkratzer, riesige Sitzungszimmer mit eleganten großen Holztischen, alle trugen feine Anzüge und kamen mit der Aktentasche daher. Und dann stiegen die ganz großen Deals. Ein Hauch Hollywood schwebte über der Szene. Falls du die Serie *Suits* kennst – so ungefähr stellte ich mir das vor. Als ich dann meinen ersten Arbeitsvertrag in der Tasche hatte, konnte ich es kaum erwarten, ein Teil davon zu sein.

Dann kam mein erster Arbeitstag. Mein damaliger Chef holte mich am Empfang ab, ging mit mir ins Büro und zeigte mir meinen Arbeitsplatz. Es gab noch einige andere Kolleg:innen, die alle ganz vertieft in ihre Arbeit waren.

Prompt plumpste ich von meiner Hollywood-Wolke auf den harten staubigen Boden der damaligen Realität, welcher sich in einem stinkigen, muffigen alten Büro befand. Überall standen Aktenschränke und Hängeregister und es sah aus, als würde dort täglich kiloweise Papier bedruckt und abgeheftet. Der dumpfe Hauch längst vergangener Zeiten schlug mir entgegen. Schon im ersten Moment fragte ich mich: Wo haben die den Glanz versteckt? Wo ist Hollywood?

Als wir das Büro betraten, waren die ersten Worte meines Chefs: »Schauen Sie, Herr Mathier, das ist Ihr wichtigstes Arbeitsgerät: das

Fax!« Dabei deutete er stolz auf ein vergammeltes Objekt mit Museumspotenzial. Ich starrte das Ding an und dachte: What the Fax …? Was soll denn das sein? Ich hatte so etwas bis dahin noch nie in echt gesehen und schon gar nicht gebraucht. Aber da stand es, wie eine Reminiszenz an *Jurassic Park*, alt und fossil. Dieser Faxosaurus sollte also mein wichtigstes Arbeitsgerät sein. Ich versuchte, mir meine Enttäuschung nicht anmerken zu lassen. Ein älterer Herr zeigte mir im Schnelldurchlauf, wie das Teil funktionierte, und mein einziger Gedanke war: Das war's. Nix mit Deals und Verhandlungen. Bye bye, Glory!

Auch mein Arbeitsalltag war alles andere als prickelnd: Bestellungen ausdrucken, zum Fax bringen und an die Lieferanten verschicken. Wo war die Verhandlung? Ich wartete Tag für Tag darauf, doch da kam nichts. Stattdessen ging das Elend weiter: jeden Tag das Gleiche. Es war ein einziges Ausdrucken, Kontrollieren, Eintragen. Ein Kreislauf der Hölle. Das Fax und ich. Sechs Monate dauerte mein Martyrium bereits an.

Ich gab jedoch nicht auf und immer wieder lag ich meinem Chef damit in den Ohren, dass ich endlich verhandeln wollte. Ich wollte mehr Verantwortung, einen Schritt vorwärts machen. Ich quälte ihn so lange, bis er irgendwann Erbarmen mit mir hatte.

Das Licht am Ende des Tunnels …

In einem Mitarbeitergespräch ein knappes halbes Jahr nach meinem Eintritt in die Firma legte er mir ein Angebot auf den Tisch: »Jetzt können Sie endlich einmal verhandeln!« Es ging um eine Verpackungsmaschine im Wert von 50 000 Schweizer Franken, was für mich damals ein halbes Vermögen war. Ein riesiger, unvorstellbarer Betrag. Er meinte salopp: »Da ist alles schon unter Dach und Fach, aber Sie dürfen gern noch ein bisschen nachverhandeln!«

Als mein Chef wieder weg war, drehte ich mich mit stolzgeschwellter Brust zu meinen Kolleg:innen um und tönte im jugendlichen Eifer: »So! Ich gehe jetzt verhandeln! Und ich sag euch, unter zehn Prozent Rabatt komm ich nicht zurück!« Dann holte ich ein frisches Hemd aus dem Spind, zog meinen Anzug an und fuhr voller Erwartung und Vorfreude zum Lieferanten.

Im Auto drehte ich die Musik voll auf, meine Verhandlungs-Akkus waren fully charged. Endlich würde ich mich beweisen können. Ich freute mich auf die Verhandlung und konnte den Erfolg schon schmecken. Ich ergötzte mich an der Vorstellung, zurück ins Büro zu kommen und zu sagen: »Schaut mal, was ich erreicht habe!«

Nach zweistündiger Fahrt kam ich an. Und da war es, dieses wunderschöne Glasgebäude. Genau so, wie ich es mir in meiner Studienzeit ausgemalt hatte. Ich sprang aus dem Auto, lief die Treppen hinauf – und da sprang mich schon mein Name an. Auf einem riesengroßen Bildschirm las ich: »Herzlich willkommen, Frédéric Mathier!« Man legte mir quasi den roten Teppich aus. Vom Empfang wurde ich freundlich in den Warteraum begleitet, bekam Kaffee und da war ich nun. Mit meiner Aktentasche, dem Angebot und voller Tatendrang. Ich konnte es kaum erwarten.

… ist manchmal doch ein Güterzug

Der CEO höchstpersönlich nahm sich die Zeit, um mit mir zu verhandeln. Ich sah mich am Ziel all meiner Wünsche angekommen! Zuvor musste ich jedoch noch ein bisschen warten. Dass das eine Taktik sein kann, war mir damals noch nicht klar. Zehn Minuten nach dem vereinbarten Termin wurde ich schließlich vorgelassen. Er hatte nun Zeit für eine Audienz.

Ich weiß es noch, als wäre es gestern gewesen. Da stand dieser große Holztisch, auf dem ein riesiger Plan lag. Er wies auf den Tisch und gleich zum Start eröffnete er mir: »Schauen Sie hier, das ist ein großes Projekt, das wir derzeit mit unserem wichtigsten Kunden machen. Eine komplette Produktionsanlage, mit Robotern und Förderbändern. Ein Riesenprojekt im Wert von mehreren Millionen Schweizer Franken!«

In diesem Moment dachte ich mir: Was willst du jetzt hier mit deinen mickrigen 50 000 Schweizer Franken? Er nahm mir von der ersten

Minute an den Wind aus den Segeln und stellte unmissverständlich klar, wer hier der Chef am Tisch war.

Wir nahmen Platz und seine nächsten Worte lauteten: »Haben Sie die Bestellung dabei?« Ich war etwas verdutzt. »Wieso Bestellung? Zuerst möchte ich noch verhandeln!« – »Aha. Was wollen Sie denn verhandeln?«

Also nahm ich mir ein Herz und fragte: »Wie sieht es denn aus mit einem Rabatt, sagen wir so ... zehn Prozent?« Er schaute mich an, lächelte freundlich und sagte: »Nein.«

Ich schaute hilfesuchend nach unten auf meine Unterlagen, aber alles, was ich da sah, war blankes, weißes Papier. Leer. Da stand nichts drauf. Ähnlich ging es mir in diesem Augenblick mit meinem Kopf. Auch dort herrschte Leere. Doch ich musste etwas sagen.

Also schaute ich ihn an wie ein Schaf und fragte: »Fünf Prozent?«

Er schaute zurück und erwiderte: »Nein.«

Ich warf noch einen Blick auf mein Papier, doch da stand leider immer noch nichts.

Er erbarmte sich, stand auf und kam auf meine Seite des Tisches hinüber. Dann klopfte er mir väterlich auf die Schulter und sagte: »Herr Mathier, das Angebot ist gut. Und der Preis bleibt wie er ist.«

Bäm.

Das war sie also, meine allererste Verhandlung.

Ich schlich sichtlich geschlagen davon, sprang die Treppe nicht mehr mit Elan nach unten, sondern trottete ganz langsam zu meinem Auto. Auf dem Weg zurück war die Musik deutlich leiser, dafür waren die Stimmen in meinem Kopf umso lauter. Es war ein Trauerspiel.

Als ich mit hängenden Schultern in der Firma ankam und meinen Walk of Shame zum Büro absolvierte, schauten mich meine Kolleg:innen neugierig an. »Und?« Doch meine Miene sprach ohnehin Bände. Um den Rest von Zweifel zu vertreiben, ließ ich mich auf meinen Stuhl fallen, drehte mich zu ihnen um und seufzte: »Der Sack hat einfach ›Nein‹ gesagt!«

Was damals eine furchtbar bittere Pille für mich war, stellte sich im Laufe der Zeit als Geschenk heraus. Denn von kaum jemandem konnte ich so viel über Verhandlungen in geballter Form lernen. Von *kaum* jemandem? Richtig – denn die Meisterin der Verhandlungen ist für mich immer noch meine Dreijährige, die mich, der mittlerweile zum Profi geworden ist, regelmäßig unter den Tisch verhandelt.

Was es von den beiden zu lernen gibt und was diese Strategien dir für deine Verhandlungen bringen, kannst du in den kommenden Kapiteln nachlesen. Lass dich überraschen, inspirieren und motivieren. Damit du bei deinen künftigen Verhandlungen die Nase vorne hast!

Verhandlungen – die 7 Prinzipien

Jetzt ist es so weit, wir starten! Bist du bereit? Sehr gut! Was also brauchst du, was musst du wissen, um zukünftig in Verhandlungen wie ein Fels in der Brandung dazustehen? Wir gehen alle Punkte der Reihe nach durch und du wirst dich selbst davon überzeugen können: Verhandeln ist kinderleicht!

1. Alles ist verhandelbar. Geh niemals davon aus, dass etwas in Stein gemeißelt ist. Seien es die Arbeitszeiten im neuen Job, sei es der Preis der Bluse in der Auslage des noblen Shops, die dir jedes Mal beim Vorbeigehen Herzflattern verursacht, oder seien es Bedingungen in einer Beziehung. Was immer es ist, setz nichts als gegeben voraus. Wie bereits erwähnt: Ich habe schon als Kind in der Schule alle Noten nachverhandelt und auch im Studium habe ich gemeinsam mit einer Gruppe Kommiliton:innen die Resultate und Termine der Prüfungen verhandelt. Nicht immer mit Erfolg, aber immer mit viel Freude! Du willst mehr dazu lesen? Wunderbar – das findest du im **Kapitel 1: Mindset.**

2. Bereite dich vor! Dass du dich vorbereiten solltest, gilt immer! Immer, hörst du? Nur, weil du ein paar Mal – oder auch öfter – erfolgreich warst, bedeutet das nicht, dass du immer Erfolg haben wirst. Vor allem dann nicht, wenn du die Vorbereitung vernachlässigst. Die erfolgreichsten Profis im Sport sind diejenigen, die am konsequentesten trainieren. Okay, Verhandeln ist nicht mit einer Teilnahme an den Olympischen Spielen vergleichbar, auf die du vier Jahre hintrainierst, um dann einmal die 100 Meter zu laufen. Trotzdem: Mit einer guten und konsequenten Vorbereitung bist du deinem Gegenüber meist einen großen Schritt voraus. Bereite dich darauf vor, dass du in **Kapitel 2: Vorbereitung** mehr dazu liest.

3. **Höhere Ziele führen zu besseren Ergebnissen.** Immer schön bescheiden bleiben? Aber sicher nicht! Je höher du einsteigst, desto besser sind deine Chancen, das zu bekommen, was du wirklich haben willst. Lass dich auf das Spiel ein, lerne ankern, bluffen und einfordern. Wenn du den Rausch des Erfolges einmal erlebt hast, wirst du ihn nie wieder missen wollen. Also trau dich raus aus deiner Komfortzone, rein ins Abenteuer des Verhandelns! Wage es und gehe zu **Kapitel 3: Start**.

4. **Schreib dir deine Ziele groß auf.** Überleg dir, was du möchtest. Was ist dir wirklich wichtig? Was ist dein Ziel? Nur wenn du weißt, wo deine echten Ziele liegen, kannst du darauf hinsteuern, auf dem Weg dorthin noch ein paar Goodies einstreichen und manchmal (wenn es notwendig ist), einige Finten einbauen. Idealerweise hast du nicht nur ein Ziel, sondern mehrere. Und wenn du besonders schlau bist, wirfst du dein wichtigstes Ziel nicht von Anfang an ins Gefecht. Mehr Informationen dazu erzielst du in **Kapitel 4: Forderungsliste.**

5. **Das Leben zu verhandeln ist ein Spiel.** Du hast dich vorbereitet, trainiert, dir alles überlegt. Dann gehst du aufs Spielfeld. Und es geht los! Sei locker, sei konzentriert und genieße es! Leichter gesagt als getan, meinst du? Ja, klar! Aller Anfang ist schwer. Und dennoch wirst du bald merken, wie sich mit der Übung deine Einstellung zum Verhandeln ändert. Spätestens, wenn du deine ersten Erfolge einfährst. Wenn du dich darauf einlässt und es wirklich als Spiel betrachtest. Geh aufs Spielfeld in **Kapitel 5: Lass uns spielen**!

6. **Komm zum Ende.** Dann ist es fast geschafft. Du hast deine Schlacht geschlagen. Nun geht es darum, die Ernte einzufahren. Dir das Ja zu

holen, die Zustimmung. Wenn du so weit gekommen bist, solltest du nur vorsichtig jubeln. Denn nun ist nochmal echt Arbeit angesagt, damit du dir nicht letzten Endes noch das Heft aus der Hand nehmen lässt. Also bleib fokussiert, bleib dran, knick nicht ein! Du kannst es, du hast es beinahe! Wie du die Verhandlung eintütest und die Krone aufbehältst, erfährst du in **Kapitel 6: Der krönende Abschluss.**

7. Richtig Schluss machen. Du hast den Abschluss in der Tasche. Und jetzt? Ist es vorbei? Was ist noch zu tun, was zu sagen? Nur so viel: Ein Freudentanz auf dem Tisch ist nicht das Mittel der Wahl. Wichtig ist es, nun den Verhandlungspartner:innen noch einmal ein gutes Gefühl zu geben. Denn schließlich willst du vielleicht irgendwann hierher zurückkommen und wieder einen Abschluss machen. Im Leben sieht man sich immer zweimal, im DACH-Raum meistens dreimal. Also sorge dafür, dass du dann auch willkommen bist! Schluss gemacht wird in **Kapitel 7: Es ist vorbei – oder?**

Last but not least: Behalte einen ruhigen Kopf. Kennst du das? Das Gespräch wird hitzig, die Verhandlung schwierig. Die Emotionen gehen hoch. Irgendwann stürmst du dann völlig aufgelöst raus – nur, um dir im Nachhinein in den Hintern zu beißen, wenn dir dann all die guten Argumente in den Sinn kommen, die dir in der Verhandlung gefehlt haben. Oder dir wird brühwarm bewusst, dass du es diesmal versemmelt hast. Ist das ein Weltuntergang? Sicher nicht! Hier kommen all jene Strategien, die du brauchst, um aus dem dunklen Tal vor oder nach einer Verhandlung rauszukommen. Also fürchte dich nicht vor **Kapitel 8: Angst? Muss nicht sein!**

Verhandlungsmodelle

Kannst du dich noch an den Chemieunterricht in der Schule erinnern? Wahrscheinlich hast auch du den Aufbau der Atome anhand eines Modells erklärt bekommen. Mithilfe des Atommodells konnte der Lehrer einen komplexen Sachverhalt anschaulich darstellen. Und auch als Kinder spielen wir von klein auf mit Modellen – denk nur an die Bauklötze, die wir benutzt haben, um Häuser nachzubauen.

Modelle gibt es also in zahlreichen Bereichen. Auch in diversen Ausbildungen stößt man immer wieder auf Modelle, die die Komplexität der Wirklichkeit abzubilden versuchen – ich denke da zum Beispiel an die verschiedenen Kommunikationsmodelle, die wir heute kennen.

Und wie könnte es nun anders sein, natürlich gibt es auch Verhandlungsmodelle. Zwar läuft nicht jede Verhandlung nach Schema F ab, trotzdem gibt es zwei wesentliche Verhandlungsmodelle, die du kennen solltest.

Lass mich dir diese kurz vorstellen:

1. **Das Harvard-Konzept:** Das Modell von Roger Fisher, dessen Buch im englischen Original *Getting to Yes* heißt, beschreibt einige wichtige Grundprinzipien der Verhandlung. So meint Fisher, dass man Menschen immer getrennt von ihren Problemen wahrnehmen soll und im besten Fall immer von Interessen ausgehend verhandelt wird. Des Weiteren schlägt er vor, objektive Kriterien zu verwenden und immer gemeinsam an kreativen Lösungen zu arbeiten, die dem gegenseitigen Vorteil dienen. Laut Fisher bekommst du – sofern du diese Grundprinzipien einhältst – fast immer ein Ja in deiner Verhandlung.
2. **Die Nein-Verhandlungstechnik:** Einige Jahre nach Fisher entwickelte Jim Camp eine Verhandlungstechnik, die er in seinem Buch *Nein! Die ultimative Verhandlungstechnik für Jedermann* beschreibt. Anders als Fisher, der seinen Fokus auf die Jas in einer Verhandlung legt, sieht Camp die Verhandlungsmacht im Neinsagen. Er legt als Grundprinzipien seines Konzepts aggressive Forderungen (je aggressiver, umso besser!) fest. Außerdem empfiehlt er schonungsloses Bluffen, um die Verhandlungspartner:innen gekonnt in die Irre zu führen. Zudem rät er dazu – wenn überhaupt –, nur langsam einzulenken und die Gegenseite stets zu dominieren.

Du siehst: Beide Modelle gehen von ganz unterschiedlichen Grundprinzipien aus. Vielleicht rätselst du jetzt, wie du herausfindest, welches Modell das richtige ist? Lass mich dir dazu eines mit auf den Weg geben: Beide Modelle haben ihre Daseinsberechtigung, aber auch ihre eigenen Limitationen. Ich selbst habe schon beide ausprobiert und angewandt. Das Wichtigste ist aber, die beiden Modelle zu kennen!

Was du kennst, kannst du erkennen

Was ich damit sagen will? Nun, jetzt wo du diese beiden Modelle in ihren groben Zügen kennst, hast du schon einmal ein Werkzeug mehr in deiner Verhandlungstoolbox. Beide Modelle führen dich auf eine jeweils andere Art zum Ziel. Und auch wenn du sie selbst womöglich nicht anwenden willst, bist du klar im Vorteil: Ab jetzt wirst du sofort merken, wenn jemand versucht, eines dieser beiden Modelle bei dir anzuwenden. So bist du in der Lage, geschickt zu kontern – immerhin kennst du die Strategie der Gegenseite! Du verstehst auch besser, was am Verhandlungstisch passiert, und kannst dich dadurch besser behaupten. Du kannst somit agieren und nicht nur reagieren!

Daher möchte ich dir unbedingt folgende Empfehlung mitgeben: Lerne beide Modell kennen und geschickt darauf zu reagieren. Lass dich außerdem nicht verunsichern! Es gibt tatsächlich Leute, die auf eines dieser beiden Modelle als das einzig richtige schwören.

Mach das bloß nicht! Denn, um es mit den Worten von Umberto Eco zu sagen: »Für jedes komplexe Problem gibt es eine einfache Lösung – und die ist die falsche!« Das heißt, es gibt nicht die eine goldene Regel oder das eine richtige Modell. Lerne lieber jedes Werkzeug aus deiner Toolbox im richtigen Moment einzusetzen. Je besser du deine Tools beherrscht, umso besser wirst du dich in Verhandlungen behaupten können.

1. Mindset

Glaub nicht alles, was du denkst

Das, was du im Vorfeld über die Verhandlung denkst, hat massiven Einfluss auf dich und das Gespräch, das du führen wirst. Mir ist völlig klar, dass das Wort »Mindset« ziemlich ausgelutscht ist. Vielleicht denkst du gerade: Schon wieder so einer, der mir mit dem Mindset daherkommt. Das verstehe ich gut! Aber für eine erfolgreiche Verhandlung ist das Mindset, also deine innere Überzeugung, ausschlaggebend! Daher bleibt es uns nicht erspart, uns damit auseinanderzusetzen. Wir werden uns also dieses Thema miteinander anschauen. Denn auch bei Selbstgesprächen kommt es auf die Qualität des Gesprächspartners beziehungsweise der Gesprächspartnerin an. Am besten lass uns gleich starten. Du wirst staunen, welchen Unterschied es ausmacht, wie du denkst!

Sei NICHT brav!

Viele von uns haben als Kind gelernt: Wenn ich brav bin, dann ist Mama lieb zu mir. – Wenn ich nicht auffalle, dann bekomme ich mehr Zuneigung. Oder: Mädchen dürfen das oder das nicht machen, das gehört sich nicht!

Mit dieser Einstellung gehen viele Menschen, vor allem Frauen, in die erste Lohnverhandlung. Denn sie denken zumindest unbewusst: »Wenn ich nett zu meinem Arbeitgeber bin und nicht so viel fordere, dann ist er nett zu mir und gibt mir ein faires Gehalt.«

Leider ist das ein gewaltiger Trugschluss. Nettigkeit ist bei Gehaltsverhandlungen absolut nicht angesagt. Freundlichkeit natürlich schon, auch Höflichkeit. Nettigkeit jedoch impliziert, dass man es dem Gegenüber so angenehm wie möglich machen will. Und das bedeutet nichts anderes, als dass unsere eigenen Bedürfnisse auf der Strecke bleiben. Ich kann dir versichern: Gerade in Lohnverhandlungen wird niemand außer dir selbst für dich Partei ergreifen. Wenn du es deinem Gegenüber zu angenehm machst, wirst du am Ende des Tages auf der Strecke bleiben.

Komischerweise gibt es immer noch Leute, die davon überzeugt sind, mit Verhandlungen nichts am Hut zu haben, weil sie meinen, sie bräuchten das nicht. Das stimmt nicht, nicht einmal im Ansatz! Wir alle verhandeln mehrmals täglich. Doch leider bemerke ich, dass bei vielen Erwachsenen die Bereitschaft zu spielen und auch die Verhandlungen als Spiel zu betrachten schlicht fehlt.

Viele schrecken vor Verhandlungen zurück, sie haben richtiggehend Angst davor. Angst vor Gesprächen, Angst, ihre Preise zu erhöhen. Angst, ihren Chef oder ihre Chefin nach mehr Lohn zu fragen. Angst vor dem Nein. Angst vor Ablehnung.

Manche haben dermaßen Angst vor der Verhandlung, dass sie lieber kündigen und den Job wechseln, anstatt für sich einzustehen. Anstatt frei Schnauze draufloszuspielen, in der Überzeugung, dass alles verhandelbar ist.

Probier dich aus! Stell Forderungen, such einen neuen Weg. Und geh es spielerisch an.

Die weibliche Seite der Verhandlung

Soziologisch gesehen ist es kein Wunder, dass gerade Frauen manchmal Angst haben, in der Verhandlung den Kürzeren zu ziehen. Immerhin herrschte jahrtausendelang das Faustrecht, das Recht des Stärkeren. Wenn es zu einer Konfrontation Frau gegen Mann kam, dann war die Frau meist im Nachteil, auch, wenn sie vielleicht (oder oft) gebildeter, klüger oder geschickter war.

Dazu kommt der Aspekt der Sicherheit und Herdenwärme. In der Gemeinschaft ist man sicher, auch das haben wir gelernt. Das bedeutet: Wenn wir abgelehnt werden, vielleicht sogar allein dastehen, dann ist es unangenehm. Wir sind gefährdet. Abgelehnt werden wir am ehesten, wenn wir ungut auffallen, uns nicht einordnen. Oder gar auf unsere Rechte pochen.

Leider waren – und sind – auch hier wieder Frauen im Nachteil. Männer durften und dürfen wagemutig, frech und verwegen sein. Frauen hingegen hatte und hat man am liebsten anschmiegsam, nett und lieblich. Unglücklicherweise ist dieses Bild in vielen Männern ebenso verhaftet geblieben wie in vielen Frauen. Die Konzepte mögen lang überholt und antiquiert sein – solche vererbten Glaubenssätze können trotzdem wie Sekundenkleber im Bewusstsein der Menschen bleiben. Das ist kein Wunder, bedenkt man, dass zum Beispiel in der Schweiz erst in den frühen Siebzigerjahren – ja, wir sprechen vom 20. Jahrhundert! – das Wahlrecht für Frauen eingeführt wurde.

Das Geheimnis für mehr Selbstvertrauen in der Verhandlung

Weißt du, welche Verhandlung in Wahrheit die schwierigste Verhandlung überhaupt ist? Es ist die sogenannte innere Verhandlung. Also die Verhandlung mit dir selbst.

Bevor du irgendeine andere Verhandlung gewinnen kannst, musst du zuerst die Verhandlung mit dir selbst gewinnen. Nur, wenn du von dem überzeugt bist, was du der Gegenseite sagen wirst, kannst du gewinnen. Ein großer Teil deiner Vorbereitung muss also in deinem Kopf, sozusagen zwischen deinen Ohren, stattfinden.

Oft höre ich in den Trainings von meinen Teilnehmer:innen, dass einem das Verhandeln im Blut liegen müsse. Das stimmt nicht! In Wirklichkeit ist alles, was du brauchst, ein wenig Mut.

Du denkst dir jetzt vielleicht: schön und gut, Frédéric. Aber Mut kann ich nicht einfach irgendwo im Supermarkt oder auf Amazon kaufen!

Ja, da hast du recht. Aber du kannst lernen, Schritt für Schritt mutiger zu sein. Dir also selbst immer mehr zuzutrauen. Denn weißt du was? Sobald du mutiger wirst und dir mehr zutraust, wird auch automatisch dein Selbstvertrauen steigen. Ich kenne viele Menschen, die sich mehr Selbstvertrauen wünschen. Ihnen rate ich immer: Trau dir mehr zu! Wage es! Geh den ersten Schritt und die weiteren werden folgen!

Vielleicht hast du ein Business-Vorbild? Jemanden, den du bewunderst? Bei mir waren es damals – und sind es bis heute – die großen Speaker. Diese Leute, die ganze Hallen füllen und vor einem riesigen Publikum sprechen. Die Leute lachen freundlich, sie halten eine Rede oder einen Vortrag und alles wirkt spontan. Alles sieht so einfach aus. Besonders zu Beginn meiner Speaker-Karriere habe ich erfolgreiche Kolleg:innen aus der Szene bewundert und mich immer wieder gefragt, wieso ihnen diese ganze Performance so leicht von der Hand geht.

Heute weiß ich mehr und lass mich dir eines verraten: Viele Menschen haben Selbstzweifel – auch solche Menschen, die vor einem riesigen Publikum auf einer Bühne stehen. Denn eines lässt sich mit Sicherheit sagen: Vieles, was richtig einfach aussieht, ist in Wirklichkeit schwierig. Oder war es zumindest, bis es einfacher wurde und einem schließlich völlig in Fleisch und Blut übergegangen ist.

Seit ich selbst mehr Erfahrung mit Auftritten vor Publikum sammeln konnte, kenne ich das Geheimrezept für einen erfolgreichen Auftritt: gute Vorbereitung, eine feste Struktur und eine große Portion Mut! Der Unterschied zu jenen Leute, die auf der Bühne stehen und jenen, die nur davon träumen, ist, dass sie ihre Vorhaben trotz der Angst, trotz der Selbstzweifel durchziehen. Sie gehen auf die Bühne und überwinden ihre Ängste. Immer wieder.

Das möchte ich dir unbedingt mitgeben, denn du kannst diesen Tipp eigentlich auf fast alle Lebenslagen anwenden:

Überwinde deine Selbstzweifel und mach es trotzdem. Unsicherheit darf keine Entschuldigung sein!

Nur weil du dich bei einer Sache noch nicht vollkommen sicher fühlst, heißt das nicht, dass du sie nicht ausprobieren solltest. Ich kenne viele Menschen, die Hunderte Bücher lesen, Podcasts hören und sich alle Informationen, die sie bekommen können, zu einem Thema reinziehen. Und dann ... passiert nichts. Das ist alles schön und gut, aber die Frage, die ich dann immer stelle, lautet: »Und wann legst du los?«

Viele Menschen warten auf den perfekten Moment, wollen perfekt vorbereitet sein und alle Risiken kennen. Aber hey! Ich verspreche dir, den perfekten Moment gibt es nicht. Deshalb lass in Zukunft deine Unsicherheit keine Ausrede mehr sein für deine Untätigkeit! Wenn du dich das nächste Mal dabei ertappst, wie du aus Unsicherheit zögerst, lass es nicht zu! Traue dir mehr zu! Spring ins kalte Wasser und lerne darin zu schwimmen. Du wirst sehen, on the long run wirst du für deinen Mut belohnt werden!

Das gilt im Übrigen auch dann, wenn du selbst Führungskraft bist: Traue deinen Mitarbeiter:innen mehr zu! Ich kenne viele Unternehmen, in denen Verhandlungen Chefsache sind. Die Mitarbeiter:innen werden zwar supportet und ausgebildet, wenn es dann aber zur Sache geht, vertraut man ihnen nicht ausreichend – man traut ihnen nicht zu, die Verhandlungen selbst in die Hand zu nehmen. Ich kann so etwas nicht nachvollziehen, denn wenn du deinen Mitarbeiter:innen nicht ausreichend Vertrauen entgegenbringst, können sie nicht besser werden, sie können nicht lernen! Im Grund verschwendest du wertvolles Kapital – du hast schließlich in die Ausbildung deiner Mitarbeiter:innen investiert. Nun solltest du sie auch dazu ermutigen, sich auszuprobieren und ihre Fähigkeiten zu testen. Nur so können sie aus ihren Fehlern lernen und besser werden!

Deswegen ist es immer eines meiner großen Ziele, die Mitarbeiter:innen meiner Kunden mit den Führungskräften gemeinsam zu befähigen. Wenn ein Unternehmen gute Verhandler:innen an Bord hat, bleibt automatisch mehr Zeit und Freiheit für die Chefin oder den Chef, um sich anderen Dingen zu widmen. Der Effekt? Die Gewinne steigen, die Mitarbeiter:innen sind zufriedener und das Unternehmen wird mittelfristig erfolgreicher. Nicht schlecht, oder?

Also vergiss nicht: Wenn du eine Führungskraft bist, liegt es in deiner Verantwortung, deinen Mitarbeiter:innen Aufgaben zu- und anzuvertrauen. Es ist dein Job, dafür zu sorgen, dass sie Selbstvertrauen entwickeln können. Ich kann dir versichern, es ist ein wunderbares Gefühl, wenn du beobachten kannst, wie deine Mitarbeiter:innen aufblühen, weil sie schwierige Verhandlungen selbst führen können!

Doch auch wenn du noch Einzelunternehmer:in bist: Probier dich aus! Trau dir mehr zu! Beginne noch heute! Worauf willst du warten?

Glaubenssätze

Ich bin seit über zehn Jahren Dozent und gebe in meinen Kursen unter anderem den Student:innen das Grundhandwerkszeug für erfolgreiches Verhandeln mit. Erst vor Kurzem habe ich nach Kursende mit einer Studentin geplaudert. Ich wollte von ihr wissen, was sie sich aus dem Kurs mitnehmen wird. Sie hat ewig lange um den heißen Brei herumgeredet und ich habe auch bei ihr ein paar Glaubenssätze herausgehört, die sie am erfolgreichen Verhandeln hindern werden.

Und weißt du was? Diese Glaubenssätze höre ich nicht nur bei meinen Student:innen, sondern bei ganz vielen Leuten. Wir alle werden in früher Jugend durch Eltern, Lehrer:innen und andere Personen, die auf uns Einfluss haben, geprägt. Wir übernehmen oft das, was wir hören: »Hör auf, die Leute schauen schon!« »Bescheidenheit ist eine Zier!« »Man kann nicht immer alles haben!« »Zuerst die Arbeit, dann das Vergnügen!« etc. Je öfter wir solche Sätze hören, umso besser verinnerlichen wir sie, bis uns schließlich gar nicht mehr bewusst ist, dass dies alles nicht von uns kommt, sondern die Überzeugungen anderer Personen sind. Und irgendwann haben sich diese Aussagen so in unserem Kopf eingenistet, dass wir sie gar nicht mehr als von uns getrennt wahrnehmen können. Tataaaa, ein Glaubenssatz ist geboren!

Doch diese Glaubenssätze sind nicht untrennbar und für alle Zeit mit uns verbunden. Wir können sie uns bewusst machen und sie wieder loswerden, speziell dann, wenn sie uns nicht förderlich sind.

Damit du dich von diesen Glaubenssätzen leichter befreien kannst – der Feind, dem man ins Auge blicken kann, ist leichter zu besiegen als der, den man nicht kennt –, möchte ich dir hier kurz einige davon vorstellen.

Glaubenssatz 1: Männer verhandeln besser

Das ist eine Überzeugung, die viele Frauen in sich tragen. Völlig zu Unrecht. Denn zumeist sind Frauen fantastische Verhandlerinnen – sie glauben es nur selbst nicht. Denk nur einmal daran, was du in einer Partnerschaft oder Ehe alles zustande bringst! Ich habe es schon erwähnt: Meine Frau hat mit Abstand den größten Anteil im Kleiderschrank und auch meine beiden Mädels setzen sich bei der Süßigkeitenbeschaffung im Supermarkt regelmäßig durch. Nur wenn es ums Berufliche geht, kommen ein paar Vorurteile dazu. Dass der Gedanke, Männer verhandelten besser, eine selbsterfüllende Prophezeiung ist, muss wohl nicht extra erwähnt werden. Es ist ganz natürlich: Sobald du davon überzeugt bist, dass der andere dir überlegen ist, gibst du dich fast automatisch geschlagen – noch bevor die Verhandlung überhaupt begonnen hat. Du nimmst dir selbst jede Chance auf eine faire Verhandlung, allein durch das, was in deinem eigenen Kopf abgeht. Dazu kommt, dass manche Männer vor allem Frauen gegenüber sehr brachial vorgehen. Das hat allerdings nichts mit Verhandlungsgeschick zu tun – es ist oft einfach Machtgehabe, das sich am besten dann entfalten kann, wenn das Gegenüber von vornherein schon ganz klein mit Hut ist. Körpersprache, Stimme, Wortwahl und vieles andere kann eine Rolle dabei spielen, ob du dem Gegenüber die Chance gibst, sich überlegen zu fühlen oder stattdessen in dir eine ebenbürtige Gegnerin beziehungsweise Verhandlungspartnerin zu sehen.

Was du gegen diesen Glaubenssatz tun kannst: Es gibt den alten Trick, dir dein Gegenüber nackt vorzustellen. Ist manchmal sicher hilfreich, aber nicht immer etwas, was du dir wirklich vorstellen möchtest. Mach dir trotzdem bewusst, dass dein Verhandlungspartner auch nur ein Mensch ist. Einer mit Schwächen, Wünschen und Bedürfnissen. Behandle ihn also entsprechend – auch mit der notwendigen Härte, wenn es sein muss, aber immer auf Augenhöhe. Und das bedeutet auch, dass du niemals weniger wert bist als er oder weniger zu sagen hast. Du bist eine tolle Verhandlerin! Du musst es dir bloß bewusst machen.

Glaubenssatz 2: Verhandeln hat etwas mit Manipulation zu tun

In diesem Glaubenssatz steckt eine weit verbreitete Ansicht: Viele Leute stellen sich unter einem erfolgreichen Verhandler einen schmierigen (männlichen) Typen vor, der reihenweise Menschen über den Tisch zieht und dabei manipuliert. Doch das ist nur eine Seite der Medaille.

Was du dagegen tun kannst: Mach dir bewusst, dass diese Ansicht falsch ist! Meiner Meinung nach hat erfolgreiches Verhandeln nichts mit Manipulation zu tun. Du musst nicht manipulieren, um ein guter Verhandler oder eine gute Verhandlerin zu sein. Du brauchst nur ein paar Dinge zu wissen, die deine Verhandlungspartner:innen wahrscheinlich ebenfalls wissen ... oder auch nicht.

Lass mich dir ein Beispiel geben: Stell dir vor, meine kleine Tochter kommt zu mir und fragt, ob sie ihre Lieblingsserie schauen darf. Als Papa ist es mir natürlich lieber, wenn sie sich ab und an auch mit anderen Dingen als dem Fernsehen beschäftigt. Also schlage ich ihr vor zu malen, zu basteln oder auf den Spielplatz zu gehen. Ich unterbreite ihr also verschiedene Lösungen, die alle ihr Bestes im Sinn haben. Sie hat nach wie vor die Möglichkeit, sich eine der Aktivitäten auszusuchen, von denen ich sie zu überzeugen versuche. Sie wird also nicht manipuliert, sondern hat immer noch die Wahl zwischen verschiedenen attraktiven Angeboten.

Das Gegenteil davon wäre folgende Situation: Ich könnte meiner jüngsten Tochter eine Zitronenscheibe hinhalten und sie ihr in den höchsten Tönen anpreisen: »Oh, sieh nur! Wie lecker schaut denn diese gelbe Frucht aus! Beiß doch mal ab!« Wenn meine kleine Tochter mir vertraut, beißt sie beherzt in die Zitrone. Wenn sie dann das Gesicht verzieht, könnte ich mir einen Ast lachen. In diesem Fall würde ich von Manipulation sprechen. Ich überrede jemanden zu etwas und weiß, dass es nicht zu seinem Besten ist, wenn er das macht, was ich vorschlage. (Dieses Beispiel ist natürlich rein hypothetisch und ich habe, wie viele andere Papas auch, so etwas aus reiner Freude am Gesichtsausdruck natürlich noch nie gemacht!)

Richtiges Verhandeln hat also nichts mit Manipulation zu tun! Man bekommt lediglich Werkzeuge an die Hand und entscheidet dann selbst, wie man diese anwendet.

Manipuliert man sein Gegenüber oder überzeugt man es? Mir ist wichtig, dass du den Unterschied erkennst, da solche Tricks sicherlich auch schon bei dir angewandt wurden. Wenn du Manipulationen erkennst, kannst du dich davor schützen. Das ist die Essenz, die wichtige Erkenntnis, die du mitnehmen kannst. Und das bedeutet noch lange nicht, dass du sie auch selbst anwenden musst!

Du kannst dein Gegenüber zu etwas überreden, ihm ein Ohr abkauen und es schließlich so weichkochen, dass es zu allem nur noch Ja und Amen sagt. Das ist nicht Verhandeln, sondern Nötigung. Du kannst deine Verhandlungspartner:innen mit linken Tricks in die Falle laufen lassen. Auch das ist nicht besonders fein.

Aber es gibt auch die Möglichkeit, eine Verhandlung leichtfüßig zu gestalten und dein Gegenüber nicht in den Würgegriff zu nehmen, sondern auf es einzugehen und einen wirklichen guten Konsens zu finden.

Und das hat mit Manipulation nichts zu tun – es ist auch keineswegs verachtenswert, unanständig oder fies. Es ist ... ein Spiel. Es ist wie ein Tanz, bei dem jeder abwechselnd ein paar Schritte vor und dann wieder zurück macht. Ein Reigen, der beiden Seiten Freude bereitet.

Und das ist es schließlich, was wir unterm Strich erreichen wollen, oder?

Was du gegen diesen Glaubenssatz tun kannst: Mach dir bewusst, dass du niemanden manipulierst, wenn du ein Angebot unterbreitest, das ihm nicht schadet, und wenn du auf eine Win-win-Situation hinsteuerst.

Glaubenssatz 3: Das darf oder kann man doch nicht verhandeln

Verhandeln über den Preis für den Anzug samt Krawatte, über den Preis der Beerdigung der geliebten Großtante oder über die Verkehrsstrafe. Das geht nicht, denkst du? Überleg es dir nochmal! Du kannst im Prinzip über alles verhandeln. Du musst dich nur trauen! Und ja, du wirst nicht immer Erfolg haben. Aber wenn du es gar nicht erst probierst, dann hast du auf jeden Fall schon verloren. Was man nicht verhandeln darf oder kann, darüber kann man diskutieren. Ich sage: Man kann über alles reden und man kann so gut wie alles verhandeln. Sei es der Preis fürs Surfbrett oder die schon angesprochene Schulnote. Hier macht vor allem der Ton die Musik. Und es stellt sich immer die Frage: Was kannst du deinem Gegenüber dafür bieten?

Was du gegen diesen Glaubenssatz tun kannst: Versuch es einfach einmal. Du wirst überrascht sein, wie die Reaktionen der anderen darauf sind. Mach es mit Charme und ein bisschen Witz. Stell deine Frage gerne auch mit einem Augenzwinkern. Du wirst sicher nicht immer auf offene Ohren stoßen, aber die Übung macht den Meister und die Meisterin. Also: Just do it!

Glaubenssatz 4: Das tut man doch nicht!

In diesem Glaubenssatz steckt ganz viel Scham. Hier finden wir auch vieles, was wir als Kinder gelernt haben: Das darfst du nicht! Das macht man nicht! Hör auf damit! Du bist lästig, wenn du um etwas fragst oder gar darauf beharrst. Das entspricht nicht dem Benehmen eines wohlerzogenen Kindes! Breaking news: Du bist kein Kind mehr. Und wenn du nicht selbst auf dich schaust, wer sollte es denn sonst tun? Du bist die Person in deinem Leben, die sich darum kümmern muss, dass bei dir etwas Positives passiert. Das geschieht nicht von selbst, da gehört Arbeit und ein bisschen Mühe dazu.

Was du gegen diesen Glaubenssatz tun kannst: Löse dich von diesem Denken und mach dir bewusst, dass du nun erwachsen bist. Dass Fragen und Verhandeln gar nicht peinlich sind, sondern ein Spiel. Fragen kostet schließlich nichts. Man darf fragen, ob es noch etwas zum Nachbessern gibt! Stelle Fragen, um deinen Verhandlungserfolg zu optimieren! Das Schlimmste, was dir passieren kann, ist es, ein Nein zu kassieren. Aber ich kann dir versprechen: Wo es viele Neins gibt, kommt auch irgendwann ein Ja.

Glaubenssatz 5: Verhandeln ist doch nicht nötig!

In diesem Glaubenssatz steckt so etwas wie der Glaube ans Gute im Menschen. Doch genauso steckt hier auch die Angst vor dem Scheitern drin, ebenso wie die Annahme, dass es uns heute so gut geht, dass Verhandeln doch eigentlich gar nicht nötig ist. Es wird sich schon alles von ganz allein zum Guten wenden. Leider stimmt das so nicht. Verhandeln ist immer notwendig. Allein schon deswegen, weil die anderen es ebenfalls tun. Weil jeder ein bisschen ankert, die Grenzen auslotet, seine Wünsche durchzusetzen versucht. Das ist ganz normal und menschlich – es sei denn, du glaubst daran, dass es nicht nötig ist. ;-) Dann wirst du immer den Kürzeren ziehen.

Was du dagegen tun kannst: Überlege dir zunächst, warum es uns so gut geht. Hat vielleicht die Generation vor uns einfach so gut verhandelt, dass wir noch davon profitieren? Hier steckt viel an moralischer Grundhaltung drin. Hinterfrage deine Grundhaltung und finde heraus, wieso du der Meinung bist, dass sich schon alles von allein fair verteilen wird.

Ich kann dir sagen, dass viele Menschen dem Irrglauben, das Universum werde schon für sie sorgen, aufsitzen. Ja, schon. Das heißt aber nicht, dass du nichts dazu beitragen kannst. Leider ticken wir Menschen nicht so, dass wir freiwillig alles geben, was wir können. Ressourcen sind knapp und daher musst du darauf achten, dass auch du deinen Anteil davon bekommst. Tust du dies nicht, gibst du in dieser Situation deine Selbstverantwortung ab. Du versuchst dich leise davonzustehlen, in der Hoffnung, dass es jemand anderes – oder eben das Universum – für dich richten wird. Doch das wird nicht passieren! Immerhin geht es am Ende um einen großen Kuchen, der verteilt wird. Und wer sich als Erstes ein großes Stück davon sichert, gewinnt!

Diese Glaubenssätze sind nur ein paar Beispiele dafür, wie wir uns manchmal mit unseren eigenen Überzeugungen im Weg stehen. Sie sind zum Teil tief in uns verwurzelt. Mach sie dir aber stets bewusst und fall nicht blind auf sie rein. Beobachte dich selbst, wenn du dich vor einer Verhandlung zu drücken versuchst, wenn du etwas einfach hinnimmst. Was geht dabei in dir vor? Überlege dir lieber selbst, welche Glaubenssätze du vielleicht verinnerlicht hast und welche dich vom erfolgreichen Verhandeln abhalten, und mit ein bisschen Selbstbeobachtung und Übung wirst du vielen deiner Muster und Glaubenssätze auf die Spur kommen. Wie gesagt: Der Feind, den man kennt, ist leichter zu besiegen.

Hinderliche Glaubenssätze? Weg damit!

Lass uns diese alten Glaubenssätze hier und jetzt über Bord werfen. Speziell, wenn du eine Frau bist: Ja, du darfst! Du darfst und sollst verhandeln, fordern, Wünsche äußern. Nicht nur für dich selbst, auch um der neuen Generation ein gutes Vorbild zu sein. Kinder lernen, wie wir wissen, nicht durch das, was sie hören, sondern durch das, was sie (von uns) sehen! Daher: Sei unbescheiden, verwegen, mutig! Damit deine Kinder es bleiben, auch wenn sie erwachsen werden (dass sie von Geburt an Verhandlungsprofis sind, wissen wir ja).

Jetzt ist es natürlich nicht so leicht, einen Glaubenssatz einfach so über Bord zu werfen, da gehört schon etwas Arbeit dazu. Schritt eins haben wir ja schon besprochen: Du machst dir bewusst, dass du ihn überhaupt hast. Doch wie geht es weiter? Damit ist er ja noch lange nicht weg!

Aus meiner Sicht kann es zum Beispiel so funktionieren:

Schritt 1: Bewusstmachen

Das hatten wir ja schon.

Schritt 2: Hinterfragen

Was für einen Sinn hat dieser Glaubenssatz in deinem Leben? Ist er dir bei irgendetwas dienlich? Wenn ja, wobei? Und wann behindert er dich? Nimm dir die guten Seiten dieses Glaubenssatzes und behalt sie dir. Dann schau dir an, wo er dich behindert.

Nehmen wir als Beispiel den Glaubenssatz: »Das darf man nicht!«

Er könnte den Sinn haben, dich von illegalen Dingen abzuhalten, die dir echt Trouble bereiten könnten. Wenn es zum Beispiel darum geht, Gesetze zu beachten. Dort hat er wirklich einen Sinn. Und wann ist er hinderlich? Zum Beispiel dann, wenn du der Ansicht bist, dass man nicht verhandeln darf. Warum darf man das nicht? Um andere nicht zu belästigen? Um nicht das »böse Mädchen« zu sein?

Schritt 3: Überdenken

Wie könntest du stattdessen denken? Bleiben wir beim obigen Satz. Du kannst dir zum Beispiel denken: »Gute Mädchen kommen in den Himmel, böse kommen überallhin!«* Du kannst dir auch den umgekehrten Satz denken: Natürlich darf ich das! Ich schade niemandem und ich darf um meinen Vorteil kämpfen. Ich darf nach einem Preisnachlass/einer Lohnerhöhung/einem Goodie fragen! – Ich habe es mir verdient!

---

* Ute Ehrhardt: *Gute Mädchen kommen in den Himmel, böse überall hin. Warum Bravsein uns nicht weiterbringt*. Frankfurt 2000.

Schritt 4: Integrieren

Wenn du deinen sogenannten Erlaubersatz hast, einen Satz, mit dem du dich wirklich wohlfühlst, dann schreib ihn auf. Häng ihn dir an die Wand, mach einen Bildschirmschoner für dein Handy draus, was auch immer. Wichtig ist, dass du ihn immer und immer wieder siehst. Mehrmals täglich. Denn dann hat er die Chance, in dein Unterbewusstsein vorzudringen – solange, bis du ihn wirklich verinnerlicht hast!

Manche meiner Teilnehmer:innen fragen mich, ob sie alle ihre Glaubenssätze aufgeben und bekämpfen müssen. Nein, ganz und gar nicht! Es gibt durchaus auch sinnvolle und gute Glaubenssätze, solche, die uns befeuern, uns Dampf unterm Hintern machen, uns den Rücken stärken. Vielleicht hast du als Kind auch von deinen Eltern oder Großeltern gehört, dass du großartig bist, einzigartig und dass du alles schaffen kannst. Solche oder auch ähnlich positive Glaubenssätze behalte dir bitte. Schreib sie dir groß auf, mach dir Poster damit, lass sie dir tätowieren!

Schulfach: Verhandlungen

In der Schule und in vielen Aus- und Weiterbildungen hat das Thema Verhandlungsführung leider überhaupt keinen Stellenwert. Daher möchte ich mein gesamtes Wissen rund um das Thema Verhandlungsführung mit diesem Buch so vielen Menschen wie möglich zugänglich machen, um ebendiese Ungerechtigkeiten zu beseitigen und gute Bedingungen unabhängig von Geschlecht, Alter und anderen Faktoren zu schaffen.

Sei dir also bewusst darüber, dass du bisher nichts oder nur sehr wenig zu dem Thema gelernt hast. Aber mach dir nichts draus – es geht vielen so wie dir! Es ist noch kein Profi vom Himmel gefallen und auch Verhandlungsexperte und Verhandlungsexpertin wird man nicht mit PowerPoint, sondern am Verhandlungstisch. Und der steht, wie du ja jetzt bereits weißt, überall in deinem Leben. Oder zumindest überall dort, wo du ihn haben möchtest.

Verhandeln als Kinderspiel – wie denken Kinder?

Lass uns einmal einen Blick in die Köpfe von Kindern werfen. Wie sehen die das, bevor sie von uns (v)erzogen werden?

Ich habe – wie schon erwähnt – zu Hause zwei Verhandlungsexpertinnen, die mich tagtäglich auf die Probe stellen und in Verhandlungen mit mir öfter gewinnen als verlieren: meine beiden kleinen Töchter. Aber wie machen sie das? Wie können sie einen langjährigen Verhandlungsexperten einfach so ausknocken?

Weil sich ihr Mindset enorm von dem eines Erwachsenen unterscheidet. Im Folgenden zeige ich dir, wie Kinder ticken und auch, wie du gegen so starke Gegner:innen trotzdem eine Chance hast.

1. Kinder sind flexibel und anpassungsfähig

Kinder fragen sehr viel und sie hören auch sehr gut zu. Das Lustige ist: Immer, wenn ich denke: Jetzt hab ich's im Griff!, kommt von irgendwo eine neue Taktik daher. Das machen die Mädels völlig intuitiv.

Ein Hauptverhandlungsthema sind Süßigkeiten. Ich habe eine Strategie, die normalerweise sehr gut funktioniert: die Alternativfrage. Ich gebe also zwei Antworten vor und lasse meine Tochter entscheiden. Wenn sie kommt mit »Papa, ich hab Hunger, ich will was Süßes!«, dann sag ich zu ihr: »Okay, du kannst einen Apfel oder eine Banane haben!« Sie kann dann selbst wählen, welches von beiden sie möchte. Es ist nicht einfach nur ein »Nein« vom Größeren und Älteren, der am längeren Hebel sitzt, sondern ein gemeinsames Spiel. Diese Taktik hat mehrmals geklappt. Was allerdings ganz spannend zu beobachten ist: Die Kleine durchschaut mich sehr schnell. Da hab ich ihr mehrere Tage – vielleicht knapp eine Woche – die Wahl zwischen Apfel und Banane gegeben. Und plötzlich bemerke ich: Die Verhandlungen stocken.

Deine Take-aways für die nächste Verhandlung

Pass gut auf, lass dich nicht ablenken. Und wenn du merkst, dass du in eine Strategiefalle gelaufen bist, mach einen Schritt zurück und stell neue Forderungen.

Zeit für Plan B

Die Geschichte geht weiter: Es gibt Geschrei, weil keine dieser zwei Optionen passt. Dumm gelaufen! Doch meine Frau hat eine Idee: »Komm, wir kaufen gesunde Kekse«, also gesunde Biscuits, wie wir in der Schweiz sagen. Als meine Tochter abends wieder ankommt und Hunger auf Süßes hat, sage ich wie üblich: »Kannst einen Apfel oder eine Banane haben!«, und dann geht es wieder hin und her. Diesmal aber lenke ich ein, bevor das große Geschrei losgeht: »Okay, ausnahmsweise, weil du so gut verhandelt hast, bekommst du ein Biscuit!«

Damit haben wir eine Win-win-Situation, denn auch das Neue ist etwas Gesundes.

Deine Take-aways für die nächste Verhandlung

Wenn eine Verhandlung stockt, nichts mehr geht und sich die Fronten verhärten, kann es helfen, wenn du eine völlig neue Option auf den Tisch legst.

2. Kinder legen immer noch eins drauf und lassen nicht locker

Kinder haben ihre Forderungsliste jederzeit bereit. In der Verhandlung mit meiner Tochter hab ich die Biscuits ja wortwörtlich auf den Verhandlungstisch gelegt. Sie hat mich misstrauisch beäugt und sich vermutlich gedacht: Okay, was ist denn das für eine neue Taktik? Während ich das Paket langsam geöffnet habe, hat sie mir tief in die Augen geschaut und gesagt: »Papa, aber drei Biscuits!« Sie hat also ihre Forderungen erhöht. Das war für mich als Verhandlungspartner unangenehm, dennoch war ich natürlich ein bisschen stolz auf sie. Sie hat ihre drei Kekse auch bekommen.

Deine Take-aways für die nächste Verhandlung

Die Kleinen probieren einfach aus, was geht. Sie spielen und lassen sich nicht so schnell von ihrem Ziel abbringen. Und das ist etwas, was wir uns durchaus abschauen können! Probier dich aus, nimm es als Spiel und schau, wie weit du gehen kannst. Vielleicht denkt sich jemand: Die ist ja unverschämt! Na und? Dann wissen die Leute wenigstens, was sie von dir zu erwarten haben. Und ist dein Ruf erst betoniert, fragst du sicher ungeniert!

3. Bescheidenheit ist eine Zier ... doch es geht auch ohne

Kinder steigen niemals tief ein und hoffen, dass sie irgendwann mehr bekommen. Ich hab noch nie ein Kind erlebt, das zu seinen Eltern sagt: »Bekomme ich ein bisschen Gemüse?«, in der Hoffnung, dass mit der Zeit aus einem Brokkoli eine Tafel Schokolade wird.

Wir Erwachsene hingegen verfahren sehr oft so. Wir fordern nicht, was wir wollen beziehungsweise was uns zusteht. »Lieber kleine Brötchen backen und hoffen, dass es mit der Zeit mehr wird!« Aber mal ehrlich: Das passiert einfach nicht – im Business ebenso wenig wie zu Hause.

Deine Take-aways für die nächste Verhandlung

Ich kenne so viele Start-ups und selbst Unternehmer:innen, die mit dem Preis tief einsteigen und hoffen, dass es irgendwann besser wird.
Steig besser hoch ein. Überleg dir, was du gerne hättest, wirklich gerne hättest. Und dann verdopple es. Deinen Preis, deine Forderung, dein Ziel. So hast du auch Verhandlungsspielraum nach unten.

4. Kinder nutzen, was sie haben

Ein bestimmter Gesichtsausdruck kann oft mehr sagen als 1000 Worte – und ist noch dazu viel schwieriger zu entkräften. Meine kleinere Tochter kann noch nicht so gut mit Wörtern und Sprache verhandeln, aber das spielt gar keine Rolle. Sie setzt einfach ihre Mimik und Gestik ein: Wenn ihr irgendetwas nicht passt, kann es schon mal sein, dass sie anfängt zu trotzen, ein trauriges Gesicht zieht oder so negativ überrascht wirkt, dass einem als Elternteil das Herz bricht.

Im umgekehrten Fall kann sie uns aber auch mit einem so strahlenden Lächeln belohnen, dass wir einfach nur dahinschmelzen. Du siehst also: Man braucht nicht zwangsläufig Sprache, um zu verhandeln, auch nonverbal ist hier sehr viel möglich – sei es das enttäuschte Gesicht, der gesenkte Blick oder die Belohnung in Form einer Charme-Offensive.

Deine Take-aways für die nächste Verhandlung

Denk einmal an deine Teammeetings, Generalversammlungen oder wo auch immer du so unterwegs bist. Ich bin mir ziemlich sicher, dass du da auch Erwachsene erlebst, die keine Worte brauchen und nahezu ausschließlich mit Körpersprache verhandeln. Sie schweigen, starren niedergeschlagen oder bestechen mit missmutiger Miene. Es funktioniert meistens!

5. Kinder fragen nicht, ob das geht – geht nicht, gibt's nicht

Die Kleinen denken nicht: Das geht nicht! Meine Töchter kommen jederzeit mit ihren Forderungen und trainieren dabei ihr Verhandlungsgeschick – morgens, mittags, abends und das tagtäglich. Wenn wir im Auto unterwegs sind, bei Verwandten zu Besuch, wo auch immer –, sie stellen einfach ihre Ansprüche. Da gibt es keine Begrüßung und keinen Smalltalk, es wird nicht vorher reflektiert, wie die vergangenen zwei Wochen waren und erst nach einer Stunde Gespräch wird der

Wunsch vorsichtig durch die Blume angeteasert. Nein, die Forderung wird immer direkt auf den Tisch geknallt.

Und wenn eine Person ablehnt, dann gehen sie zur nächsten. Wenn sie etwa im Sommer ein Eis wollen und Mama ihnen diesen Wunsch abschlägt, dann warten sie eben, bis Papa nach Hause kommt oder bis die Großeltern da sind. Sie sind beharrlich und probieren es immer wieder.

Natürlich kassieren sie mal ein Nein und das wird dir im Business auch immer wieder passieren. Aber dann versuchen sie es einfach wieder: bei einer anderen Person, auf einem anderen Weg. Sie lassen nicht locker und beweisen mehr Ausdauer, als viele Erwachsene haben, und das ist ein Erfolgsfaktor.

Deine Take-aways für die nächste Verhandlung

Kinder sind einfach überzeugt davon, dass sie bekommen, was sie wollen. Und davon können wir uns alle ein großes Stück abschneiden. Denn wenn du selbst nicht von deinen Zielen und deinen Forderungen überzeugt bist – wie sollen es denn dann deine Verhandlungspartner:innen sein?

6. Kinder sind proaktiv

Kinder warten nicht, bis sie gefragt werden: »Hey, willst du etwas Süßes?« Wir Erwachsene machen das. Ständig. Ich kenne so viele Leute, die hervorragende Leistungen bringen, sehr gut arbeiten und die hoffen, dass irgendwann einmal die Firma kommt und sagt: »Wir haben dich beobachtet und wir zahlen dir jetzt mehr Lohn, weil du das einfach verdienst!« Das passiert nicht! Wenn meine Töchter etwas wollen, würden sie niemals warten, bis jemand auf sie zukommt und es ihnen anbietet. Und wenn du etwas willst – im Business, beim Einkaufen, für deine Karriere –, dann liegt es an dir, das einzufordern und zu verhandeln.

Deine Take-aways für die nächste Verhandlung

Überwinde dich und mache den ersten Schritt. Warte nicht, bis jemand oder etwas auf dich zukommt. Damit ergibst du dich deinem Schicksal. Versuche lieber, bewusst die ersten Schritte zu gehen, um deine Ziele zu erreichen. Du wirst sehen, es wird dir mit jedem Mal leichter fallen, proaktiv zu agieren!

7. Kinder fragen nicht: Steht mir das zu?

Kinder sind vollkommen und mit jeder Faser ihres Körpers davon überzeugt, dass ihnen alles zusteht. Sei es, dass es ihnen zusteht, um 22 Uhr noch ein Eis zu bekommen, eine zweite Tafel Schokolade oder das neueste Tablet, das auch ihre Freund:innen haben. Sie haben die unumstößliche Überzeugung, dass sie alles haben dürfen, können und sollten. Wenn du jetzt denkst: Meine Kinder sind nicht so, dann hast du ihnen vielleicht schon ihre Verhandlungskompetenz abtrainiert. Oder du täuschst dich! Wie auch immer: Wenn es nicht schon passiert ist, dann tu es nicht. Nimm ihnen nicht ihr natürliches Talent zum Verhandeln! Ja, sie können uns damit gehörig auf die Nerven gehen. Aber letztendlich tust du ihnen etwas Gutes, wenn sie die Möglichkeit haben, sich auszuprobieren. Sie werden es dann auch weiterhin tun: im Job, im Geschäft, in jedem Lebensbereich. Sie werden dadurch selbstbewusste, selbstbestimmte Erwachsene, die es im Leben leichter haben.

Deine Take-aways für die nächste Verhandlung

Was bedeutet das für dich? Geh davon aus, dass dir alles zusteht. Nicht in einer unverschämten Art und Weise, sondern einfach als Prämisse. Glaub mir, ich kenne genug Menschen in meinem Leben, die genau damit sehr gut fahren. Und wenn es doch einmal ein Nein gibt? Was soll's? Besser ein Nein als gar nicht probiert – oder?

Kinder, die nichts dürfen, werden Erwachsene, die nichts können.

8. Kinder lassen sich nicht ausbremsen

Kinder sind ruchlos. Auf der einen Seite erzählen sie uns, dass ihre Freunde dies oder das haben und sie das auch unbedingt – UNBEDINGT!!! – brauchen. Auf der anderen Seite ist es jedoch kein Argument, ihnen zu erklären, dass andere Kinder etwas auch nicht haben. Insofern können wir uns auch unsere Geschichten von wegen: »Iss auf, andere Kinder müssen hungern!« auf den Bauch klatschen. Es interessiert sie nicht. Höchstens bekommst du zu hören: »Ja, dann schick das Essen halt zu diesen Kindern, ich mag es nicht!«

Du kennst das sicher: Du bist in einer Verhandlung und dein Gegenüber erklärt dir: »Andere Anbieter geben auch Rabatt …« Ja, und? Es wird einen Grund haben, wieso genau du angefragt wurdest! Und wenn du bei einer solchen Bemerkung (die zudem oft dreist erstunken und erlogen ist) gleich einknickst, dann hast du schon verloren. Stattdessen ignoriere diesen Einwand und mach weiter wie geplant.

Deine Take-aways für die nächste Verhandlung

Kinder wissen genau, was sie von uns Erwachsenen haben wollen – sei es nun die Schoki oder das Tablet. Sie lassen sich nicht durch fadenscheinige Argumente ausbremsen und knicken nicht einfach ein. Versuche bei deiner nächsten Verhandlung, diesen Trick zu beherzigen. Lass dich nicht durch faule Argumente aus dem Konzept bringen und bleibe bei deiner Strategie.

9. Kinder sind beharrlich und durchsetzungsfähig

Kinder gehen dir so lange auf die Nerven, bis du letztendlich doch Ja sagst. Sie spielen mit Suggestivfragen und Suggestion: »Gell Papa, morgen darf ich wieder mit dem Tablet spielen? Aber am Wochenende gibt es einen langen Film, Papa, gell?« Irgendwann knickst du ein und machst zumindest ein halbes Zugeständnis, nur damit endlich Ruhe ist.

Was kannst du davon für dich und deine nächste Verhandlung mitnehmen? Sei ruhig ein bisschen beharrlich. Komm immer wieder auf deine Punkte zurück, wenn du keine zufriedenstellende Antwort bekommst. Und wenn es ein Nein gibt, dann frag nach: »Was kann ich stattdessen bekommen?«

Deine Take-aways für die nächste Verhandlung

Kinder lassen nicht locker. Wenn sie der Überzeugung sind, dass sie etwas unbedingt brauchen, werden sie beharrlich für ihr Recht eintreten. Davon können wir uns alle eine Scheibe abschneiden. Versuche in deiner nächsten Verhandlung nicht einzuknicken – lasse dich nicht durch fadenscheinige Argumente von deinem Ziel abbringen. Bleib bei deiner Strategie und lass nicht gleich locker, wenn du etwas Gegenwind bekommst.

Fazit: Spiel-Raum beim Verhandeln

Betrachten wir das Verhandeln als Spiel. Überleg einmal: In welchen Situationen hast du es nicht gewagt zu spielen, obwohl es durchaus Spiel-Raum gegeben hätte? Und was waren die Gründe dafür? Ich rate jetzt einfach mal! Du hast nicht gespielt, weil du Angst hattest: vor der Reaktion deiner Vorgesetzten, eines bestehenden oder potenziellen Kunden, eines Lieferanten – vor jemandem, dem dein Anliegen unter Umständen möglicherweise eventuell sauer aufstoßen könnte?!

Wir haben oft Angst vor irgendetwas, das noch gar nicht da ist und es vielleicht nie sein wird. Kinder haben diese Angst nicht. Sie verhandeln jeden Tag mit ihren Eltern, ihren Geschwistern, Freundinnen und Freunden – sie spielen dieses Spiel immerzu. Sie probieren sich aus und befürchten nicht ständig, dass die Beziehung Schaden nimmt oder jemand auf sie sauer ist.

Und ein wichtiges Detail am Rande: Wer viel spielt, der wird immer besser. Du kannst nicht jede Verhandlung gewinnen, aber du kannst bei jeder Verhandlung etwas lernen. Ein Versuch lohnt sich! Vielleicht hast du einen Geschäftspartner, bei dem dir irgendetwas nicht passt. Du möchtest es ansprechen, schiebst aber es immer wieder vor dir her. Vielleicht ist es auch eine private Sache oder mehr Gehalt oder ...

Jede Verhandlung, die nicht geführt wird, ist eine Niederlage. Meistens eine Niederlage der eigenen Bedürfnisse, eine Niederlage für dich.

Denk einfach beim nächsten Gespräch daran, wie es die Kinder machen würden, und trau dich!

2. Vorbereitung

Die Vorbereitung ist das Wichtigste an Verhandlungen – und dennoch wird sie am meisten unterschätzt. Ohne Vorbereitung wirst du niemals erfolgreich verhandeln können.

Privat sage ich immer: Verhandeln ist wie Papa werden – wenn du mittendrin steckst, merkst du erst, dass du keinen blassen Schimmer hast! Und es ist eines dieser Themen, über die wir in der Schule nichts lernen. Das gilt auch für mich. Was für eine Bruchlandung man hinlegen kann, wenn man hier nicht aufpasst, habe ich dir ja weiter vorne in meiner persönlichen Fail-Story erzählt, die ich hier wieder aufgreifen werde. So lernst du aus meinen schmerzlichen Fehlern und ersparst dir vielleicht einiges.

Selbst (oder gerade) die besten Verhandler:innen bereiten sich sehr intensiv vor. Es kann sein, dass aufgrund von äußeren Einflüssen oder Überraschungen deine ganze Vorbereitung nicht das Papier wert ist, auf das sie gedruckt ist. Aber dies ist immer noch besser, als keine gemacht zu haben.

Die Big Five in der Vorbereitung – und der Rahmen

Wie man es nicht macht, habe ich anhand meiner Fail-Story zu Beginn erläutert: Ich war bis zu den Zähnen mit Motivation bewaffnet, meinem Gegenüber im Hollywood-Style zehn Prozent abzuknöpfen. Mit smartem Auftreten und meiner felsenfesten Überzeugung im Gepäck ein Klacks – so meine ebenso idealistische wie naive Annahme. Tja, falsch gedacht! Ich hatte nämlich schlichtweg meine Hausaufgaben nicht gemacht, was bedeutet: Ich hatte absolut keine Ahnung, wo diese Maschine im Vergleich preislich einzuordnen war. Ich kannte den Markt nicht, die Mitbewerber, meinen Verhandlungspartner – einfach gar nichts. Meine geistige Festplatte bei dieser »Verhandlung« war genauso leer wie das weiße Blatt Papier, das damals vor mir lag.

Das waren sie also – meine Epic Fails in komprimierter Form. Daher lege ich dir wärmstens ans Herz, vor deiner nächsten Verhandlung die folgenden fünf Punkte zu beherzigen.

1. Sorge für Wettbewerb

Vergleichswerte sind für eine fundierte Orientierung unerlässlich. Denn wenn du nicht weißt, wo du stehst, weißt du auch nicht, was du in der Verhandlung fordern kannst. Ohne deinen Standpunkt und damit auch deinen Spielraum zu kennen, bist du allem, was dein Verhandlungspartner sagt, ausgeliefert.

Für die konkrete Umsetzung bedeutet das, dass du immer mindestens drei Angebote vorliegen haben musst, um wettbewerbsfähig zu sein, wenn du in die Verhandlung gehst. Im Idealfall holst du bei zwei bestehenden Partnern Angebote ein, danach fragst du bei einem neuen Lieferanten an, mit dem dein Unternehmen noch nie zusammengearbeitet hat. Denn dieser macht dann möglicherweise ein Sonderangebot, weil er dich als neuen Kunden gewinnen möchte. Damit hast du mehrere Richtwerte in der Tasche, was für die Beurteilung deiner Position sehr hilfreich ist.

Das Gleiche gilt natürlich auch für Bewerbungsgespräche. Wenn du nur eine einzige Option offen hast, fehlt die Vergleichsmöglichkeit und du kannst die Qualität des Angebots nicht beurteilen. Ohne alternative Asse im Ärmel ist außerdem dein persönlicher Druck viel höher – und das spüren deine Verhandlungspartner:innen. Also sorge immer dafür, dass Wettbewerb herrscht!

2. Lerne den Markt kennen und verstehen

Zum Zeitpunkt meines legendären Verhandlungs-Bauchklatschers waren meine nicht mal im Ansatz recherchierten Branchenkenntnisse rar gesät. Später wusste ich natürlich, dass es um Maschinenbau ging. Ein Check, was in dem Gerät grob verbaut wurde und ob eventuelle materielle Engpässe kostenbestimmende Faktoren waren, wären für die Preisbeurteilung sehr aufschlussreich gewesen.

Daher mein Appell: Beobachte den Markt. Hinterfrage die Branche, in der du dich bewegst. Mehr noch: Setze dich mit den konkreten Preisfaktoren auseinander, etwa mit den Rohmaterialien. Denn die Preise für viele Rohstoffe wie beispielsweise Holz, Kupfer oder Papier sind volatil. Wie wird ein für dein gewünschtes Produkt relevanter Rohstoff gerade gehandelt? Wie sieht es mit der Inflation aus? Gibt es erkennbare Trends? Dieses Know-how bringt dir bei deinen Verhandlungen einen entscheidenden Vorteil!

Auch beim Thema Bewerbung empfiehlt sich ein kritischer Blick auf die Marktlage. Herrscht etwa ein Mangel an Fachkräften, kannst du getrost mehr verlangen. Welche spezifischen Skills hast du noch in die Waagschale zu werfen, die für eine Firma interessant sein könnten?

Was die Höhe des Gehalts betrifft, gibt es Portale, auf denen du nach Durchschnittswerten suchen kannst. Es gibt für viele Sparten Richtwerte. Und wenn dir nichts Besseres einfällt, konsultierst du Dr. Google.

Je genauer du deine Position kennst, desto besser kannst du verhandeln. Denn dann weißt du, ob du gerade am längeren oder am kürzeren Hebel bist und wo du in der Verhandlung stehst.

3. Analysiere deine Verhandlungspartner:innen

Das Unternehmen

Bevor du dich mit einem Geschäftspartner triffst, empfiehlt sich ein Blick auf Google unter dem Punkt »News«. Aktuelle Infos über das Unternehmen können für dich im Gespräch sehr nützlich sein – sei es nun, dass die Firma etwa ein Rekordjahr hatte oder aber auch, wenn es zurzeit einen Einbruch der Auftragslage gibt.

Natürlich ist es auch schlau, in Bezug auf ein Unternehmen, in dem man bereits arbeitet, up to date zu sein. Da ist ein wenig Stöbern im Netz genauso ratsam wie im Pausenraum die Ohren zu spitzen. Denn eine Gehaltsverhandlung ergibt in wirtschaftlich rosigeren Zeiten zweifelsfrei mehr Sinn.

Die paar Minuten für die Recherche sind in jedem Fall sehr gut investierte Zeit!

Das Einzige, was ich im Rahmen meiner Fail-Story über das Unternehmen im Vorfeld ausgekundschaftet hatte, war übrigens die Adresse. Ich bin einfach blauäugig hingefahren und hatte keine Ahnung, mit wem ich es überhaupt zu tun hatte. Dadurch bin ich natürlich umso leichter in jede Falle getappt.

Welche Person sitzt dir gegenüber?

Es ist wichtig, im Vorfeld zu wissen, wer bei der Verhandlung dein Gegenüber sein wird. Daher ist es völlig legitim und ebenso ratsam, das auch gezielt anzufragen.

Damit komme ich auch schon wieder zu den weiten Welten des WWW. Denn so gut wie jede Führungskraft und jede Person, die in Verhandlungen geht, hat ein LinkedIn-Profil, manche sogar eine Webseite. Schau dir an, welche Beiträge dein Verhandlungspartner oder deine Verhandlungspartnerin schreibt, welchen Gruppen er oder sie angehört und wo es Überschneidungen zwischen euch gibt. Vielleicht habt ihr gemeinsame Kontakte, ähnliche Hobbys oder einmal in derselben Firma gearbeitet. Gemeinsamkeiten verbinden und im Gespräch lässt sich auf der Sympathieebene viel herausholen! Du bekommst außerdem einen Einblick, welche Werte diese Person hat, welche Einstellungen und welche Vorlieben.

Ein weiterer Knackpunkt ist die Abhängigkeit, sowohl finanzieller als auch emotionaler Natur. Je weniger abhängig du bist, umso freier kannst du natürlich verhandeln. So ist es ein enormer Unterschied, ob du mit einem deiner langjährigen oder größten Kunden verhandelst oder mit einem Neukunden.

Wie schwierig eine Verhandlung ist, entscheidet auch über die Beziehungsebene zwischen den Verhandlungspartner:innen.

Ich bin bei meinen Mädels auf jeden Fall nachgiebiger als in einer knallharten geschäftlichen Verhandlung. Und wenn du mit deinem Liebsten das Aufräumen verhandelst, hast du ebenfalls einen anderen Zugang, als wenn du auf dem Wochenmarkt um den Preis einer Melone feilschst. Auch wenn deine direkte Vorgesetzte, die du um eine Gehaltserhöhung fragen möchtest, deine Mutter ist oder dir dein Vater als Verhandlungspartner gegenübersitzt, hast du meist schlechtere Karten, weil du eben die Liebe deiner Familie nicht aufs Spiel setzen möchtest. Selbst wenn dir eine Person gegenübersitzt, die du sehr attraktiv findest, kann das deine Position beeinflussen. Deshalb haben viele Unternehmen im Vertrieb eine Art »Job rotation« eingeführt. Richtig gelesen, sie sorgen bewusst dafür, dass die Protagonist:innen von wichtigen Beziehungen zum Beispiel im Key Account Management alle drei bis fünf Jahre gewechselt werden – damit dort eben keine zu freundschaftlichen Verhältnisse entstehen können. Die Mitarbeiter:innen wechseln sich intern ab und übernehmen andere Kunden oder Projekte.

Vor mehr als zehn Jahren hatte ich ein Erlebnis der sechsten Art. Auf der Gegenseite saß eine unglaublich attraktive Frau. Sie war bei allen Verhandlungen dabei, sagte aber kein relevantes Wort. Meine Kollegen waren gelinde gesagt leicht abgelenkt und verhandlungstechnisch streichfähig. Irgendwann reichte es mir und ich fragte bei einem Vier-Augen-Gespräch an der Kaffeemaschine nach, welche Funktion diese Frau hatte. Die Antwort war ebenso dreist wie erhellend: Keine – ihr einziger Job war es, die Gegenseite zu verwirren und so die Verhandlungen zugunsten dieser Firma zu beeinflussen. Natürlich habe ich mir ausbedungen, dass die Dame beim nächsten Mal der Verhandlung fernbleiben möge. Wobei man ehrlich sagen muss, dass es natürlich auch nicht gerade für meine lieben Kollegen spricht, wenn sie beim Anblick einer atemberaubenden Frau sofort ihre Gedanken abdriften und sich über den Tisch ziehen lassen. Sie wollten einfach vor der hübschen Dame als Kavaliere auftreten und nett sein.

Für dich bedeutet das: Wenn es dir egal ist, was dein Gegenüber von dir hält, dann hast du in jedem Fall bessere Karten.

Tipp:

Frag nach, wer die Verhandlung mit dir führen wird. Dann nimm dir ein paar Minuten Zeit, um herauszufinden, wer deine Verhandlungspartnerin oder dein Verhandlungspartner ist. Es bringt dir einen Vorteil – und es ist wirklich gut investierte Zeit!
Und noch etwas: Verlass dich niemals hundertprozentig darauf, dass dir tatsächlich nur diese Person gegenübersitzen wird!

Hätte ich mich damals entsprechend vorbereitet, dann wäre ich nicht so überrascht gewesen, dass sich der Oberboss persönlich Zeit nimmt. Ich wäre dann auch sicher weniger eingeschüchtert und überrumpelt gewesen.

4. Analysiere deine Position

Ich ging damals in dieses Treffen mit dem Selbstverständnis des Siegers. Ich wollte und würde mindestens zehn Prozent herausholen! Wie gut das lief, wissen wir ja ...

Aus heutiger Sicht kann ich dir nur raten: Nimm dir Zeit, deine eigene Position zu analysieren. Stell dir die folgenden Fragen:

- Wie wichtig ist mir das Verhandlungsziel?
- Habe ich Zeitdruck?
- Habe ich anderweitigen Erfolgsdruck?
- Welchen Verhandlungsspielraum habe ich oder will ich mir geben?

Je mehr Druck herrscht, desto schwieriger ist es, zu verhandeln.

Frag dich auch:

- Was ist sonst noch wichtig?
- Könnten wir Gegengeschäfte machen?
- Wie ist unsere gemeinsame Vergangenheit gelaufen?

- Wie stehe ich zu diesem Verhandlungspartner oder dieser Verhandlungspartnerin?
- Was könnten elegante Optionen sein?

Das dauert nicht lange, bringt dich aber in eine weitaus bessere Position.

Hätte ich mir diese Fragen damals gestellt – und vor allem: Hätte ich diese Fragen meinem Chef gestellt –, dann wäre mir bewusst gewesen, dass man bereits intern über den Liefertermin diskutierte und der Deal eigentlich schon fix stand. Ich wäre ganz anders in diese Verhandlung hineingegangen. Ich hätte meine Position viel besser einschätzen können.

5. Bereite dich schriftlich vor

Auch wenn die Verhandlung eine kleine und unwichtige zu sein scheint, bereite dich schriftlich vor. Mit meinen Kund:innen erarbeite ich eine Checkliste – wenn du die mal verinnerlicht hast und regelmäßig anwendest, dann kostet dich auch die schriftliche Vorbereitung wenig Zeit. Ich schreibe mir immer auf:

- Was sind meine Ziele?
- Was sind meine Minimumziele, also das Mindeste, was ich erreichen möchte?
- Was sind aus meiner Perspektive die realistischen Ziele und was sind, wenn alles klappen und alle Ziel-Wünsche in Erfüllung gehen würden, meine Maximalziele?

Ich überlege mir auch vorab eine Strategie, die ich anwenden werde, und mache mir mögliche Szenarien bewusst, male mir also im Kopf aus, was im besten oder im schlechtesten Fall passieren könnte. Worauf muss oder darf ich mich einstellen? Wenn du dich so vorbereitest, dann bist du zumindest im Ansatz vor Überraschungen gefeit, was auch passieren mag. Du stellst so deine Erwartungshaltung viel besser ein.

Was ebenso wichtig ist: Schreib dir deinen Nutzen auf. Was spricht für dich und dein Angebot? Dafür ist es oft notwendig, ein wenig zu recherchieren. Was braucht dein Gegenüber am dringendsten? Wenn dir das klar ist, kannst du um Längen besser für dein Angebot argumentieren.

Wenn du dir diese Szenarien nicht überlegst, dann könnte es dir so wie mir gehen und du schaust verzweifelt in dein blankes weißes Notizheft und zudem blöd aus der Wäsche.

Wenn du entsprechend vorbereitet bist, dann weißt du immer, was du sagen und wie du reagieren kannst.

Und warum sollst du dich schriftlich vorbereiten? Weil du so alles dabeihast, auch wenn dein Kopf dich in der Aufregung im Stich lässt.

Jeder von uns kennt das Gefühl, dass uns erst nach dem Ende einer Verhandlung, auf dem Nachhauseweg – und leider erst dann – all die tollen Kontersprüche und Forderungen in den Sinn kommen, die wir noch hätten stellen können. In der Verhandlung, in der Hitze des rhetorischen Gefechts, haben wir meist Scheuklappen auf und sehen nicht mehr, was links und rechts passiert. Deshalb ist es umso wichtiger, dass du wenigstens auf dem Papier, auf deiner Checkliste ein paar Hilfsmittel dabei hast. Lieber bereitest du dich vorher vor, als dass du dich im Nachhinein ärgerst.

Du denkst dir jetzt vielleicht: Ja, Frédéric, ich habe am Tag zehn Kundentermine – wie soll ich mich da auf jeden schriftlich vorbereiten? Der Aufwand lohnt sich doch nicht. – Da muss ich widersprechen! Mit einer einfachen Checkliste, die du einmal erstellst und immer wieder verwenden kannst, geht es sehr schnell. Und Übung macht die Meisterin und den Meister!

Schwierigere Verhandlungen sind natürlich aufwendiger, aber in einfachen Verhandlungen reichen fünf oder sechs Punkte und das sind meist die gleichen. Du musst also nicht jedes Mal das Rad neu erfinden. In solchen Diskussionen nehme ich immer gerne ein Zitat von Benjamin Franklin zur Hand, der sagte nämlich: »Indem man sich nicht vorbereitet, bereitet man sein Scheitern vor.«

Ohne Klarheit kein Verhandlungserfolg

Weißt du, woran ich merke, dass ich mit einem Amateur oder einer Amateurin verhandle? Wenn einer in eine Verhandlung geht und sich denkt: Schauen wir mal, was passiert. Er oder sie kommuniziert nicht klar und weiß nicht genau, was eigentlich das Ziel ist.

Wenn du nun an meine persönliche Fail-Story zurückdenkst, wirst du merken: Ich war ein richtiger Amateur. Ich bin völlig blauäugig und ohne Vorbereitung losgefahren und dachte, es wird schon gut gehen.

Jemand, der so verhandelt wie ich damals, hat einen ganz wichtigen Schritt vergessen: nämlich sich Klarheit über die eigenen Verhandlungsziele zu verschaffen.

Lass mich dir eines sagen: Du wirst nur erfolgreich verhandeln, wenn du wirklich weißt, was du willst. Erst wenn in deinem Inneren die notwendige Klarheit herrscht, kannst du es auch nach außen klar kommunizieren.

Du musst dich also fragen: Was ist das Ziel? Worum geht es in dem Gespräch und vor allem: Wo möchte ich hin?

Lege immer ein Killer-Kriterium für dich fest. Mit diesem Killer-Kriterium gehst du an den Verhandlungstisch. Was ich damit meine? Lass mich dir ein Beispiel dafür geben. Sagen wir, es geht um Gehaltsverhandlungen: Dein Killer-Kriterium ist eine bestimmte festgesetzte Summe, die du nach Abschluss haben möchtest. Viele Menschen machen dann den Fehler, stundenlang drumherum zu reden und erst ganz am Schluss des Gesprächs ihr Killer-Kriterium nennen. Das Gegenüber weiß jedoch die ganze Zeit über gar nicht, worum es uns wirklich geht. Es bekommt wahrscheinlich den Eindruck, dass dieser Punkt eigentlich gar nicht so wichtig ist. Ganz schnell wird dann unsere Forderung abgeschmettert und wir stehen ohne Erfolg da. Wenn wir uns aber schon vor dem Termin Klarheit verschaffen, werden wir viel selbstbewusster in das Gespräch gehen. Wir müssen uns dann nämlich schon im Vorhinein überlegen, was wir machen, wenn wir unser Ziel nicht erreichen. Wenn wir vorab bereits eine Entscheidung getroffen haben, wird uns das Verhandeln definitiv viel leichter fallen. Einfach weil die Gegenseite merkt, dass uns dieser bestimmte Punkt wirklich wichtig ist. Oft erlebe ich, dass bei einer Verhandlungsrunde beide Seiten stundenlang reden, ohne preiszugeben, was sie wirklich wollen. Dabei kann ich dir verraten, dass es enorm wichtig ist, einen Ausblick zu geben und vor allem in schwierigen Zeiten ist klare Kommunikation das Nonplusultra! Du musst einfach ganz klar sagen, was du meinst. Dein Gegenüber darf nicht verwirrt zurückgelassen werden. Was heißt denn zum Beispiel das Wort »dringend«? Heute? Morgen? In zwei Wochen? Jeder kann darunter etwas völlig anderes verstehen. Du siehst, diese Art der Kommunikation lässt viel Spielraum und damit auch viel Platz für Missverständnisse. Je klarer du kommunizierst, desto erfolgreicher wirst du schlussendlich verhandeln!

Zusammengefasst heißt das für deine nächste Verhandlungsvorbereitung:

- **Schaffe Wettbewerb:** Finde Vergleichswerte und hole mindestens drei Angebote ein. Somit hast du mehrere Richtwerte in der Tasche und das Verhandeln wird dir leichter fallen, da du dich auf verschiedene Werte beziehen kannst.
- **Kenne deinen Markt wie deine Westentasche:** Recherchiere Branchenkenntnisse, vergleiche Preise und erkenne Trends. Nur wenn du weißt, wie der Markt, in dem du arbeitest, tickt, kannst du dich darin erfolgreich bewegen. Hast du hingegen keine Ahnung, ist dir eine Bruchlandung à la Frédéric garantiert.
- **Analysiere deine Verhandlungspartner:innen:** Ja, du sollst ein wenig Detektiv spielen. Das ist kein Scherz! Finde so viel wie möglich über das Unternehmen und die Personen, mit denen du verhandeln wirst, heraus. Das ist nicht nur hilfreich in der Verhandlung selbst, sondern auch in der Beziehungspflege. Information bedeutet immer Vorsprung!
- **Kenne deine eigene Position:** Bevor du in eine Verhandlung gehst, musst du immer zuerst deine eigene Position kennen. Nur, wenn du weißt, was du erreichen willst, aber auch, was du überhaupt erreichen kannst, wird deine Verhandlung von Erfolg gekrönt sein. Wer sich selbst überschätzt, wird am Ende auf der Nase laden – versprochen!

- **Lege eine Checkliste an:** Checklisten können eine große Hilfe bei der Vorbereitung auf Verhandlungen sein. Hast du einmal eine gute Checkliste erstellt, kannst du sie immer wieder verwenden. Das spart nicht nur Zeit, sondern schont auch deine Ressourcen, da du nicht jedes Mal von vorne beginnen musst.
- **Kommuniziere klar:** Vermeide Missverständnisse, indem du klar zum Ausdruck bringst, was du willst. Verwende keine schwammigen Formulierungen, die dein Gegenüber im Dunkeln tappen lassen! Stelle möglichst früh in der Verhandlung deine wichtigste Forderung und rede nicht zu lange drumherum.

Den Rahmen nicht vergessen – das Kindertheater

Während ich die Zeilen dieses Buches schreibe, flattert gerade die alljährliche Einladung ins Haus: In der Schule meiner Tochter findet ein Weihnachtstheater statt, bei dem die Kinder ein Stück aufführen. So weit, so gut.

Liebevoll statt Einheitsbrei

Aber nicht, dass du denkst, es handele sich dabei um eine stinknormale Langweilereinladung aus einer Word-Vorlage. Nein! Die Einladung wurde von den Kindern liebevoll gestaltet. Freudestrahlend holt sie meine Tochter vom Briefkasten und überbringt sie mir. Dabei kann ich in ihren Augen sehen, wie aufgeregt sie ist. Sie zappelt vor Freude und sie strahlt übers ganze Gesicht. Meine Frau und ich lassen uns diese Veranstaltung natürlich nicht entgehen und die Einladung bekommt einen Ehrenplatz bei uns am Kühlschrank, damit alle sie sehen können.

Am Tag der Veranstaltung ist bei uns daheim die Vorfreude besonders groß. Bis wir uns gemeinsam auf den Weg machen, hat uns meine Tochter mit ihrer Aufregung schon angesteckt, und wir freuen uns gemeinsam, gleich etwas Besonderes geboten zu bekommen.

Das Theater findet im Freien statt und schon die Ankunft ist ein Erlebnis: Wir werden überschwänglich begrüßt und bekommen heißen Glühwein zum Aufwärmen in die Hand – die Kinder natürlich etwas Alkoholfreies. Herrlich, wie gut das riecht! Richtig nach Vorweihnachten! Zudem ist der ganze Hof weihnachtlich geschmückt: Überall flackern Kerzen, die eine angenehme Wärme verbreiten, und in der Luft liegt ein leichter Duft von Zimt. Ich schwöre dir, sogar der Grinch persönlich würde hier in Weihnachtsstimmung kommen.

Apropos Stimmung: Meine Frau und ich plaudern bei solchen Gelegenheiten gerne mit den anderen Eltern, während wir mit alle gemeinsam dem Auftritt unserer Kinder entgegenfiebern. Die Atmosphäre ist gemütlich, die Stimmung heiter und entspannt.

Alle freuen sich, dass nun endlich der große Tag gekommen ist: Wochenlang wurde daheim für diesen Moment geübt. Es wurden Texte gelernt, Kostüme genäht und das Bühnenbild gemeinsam gemalt. Und dann kommt der Tag der Aufführung und alle Eltern und Großeltern stehen voller Stolz in diesem Hof.

Achtung, Auftritt!

Wenn es dann langsam still wird, nehmen wir alle vor der großen Bühne Platz. Die Lehrerin tritt ins Scheinwerferlicht und begrüßt uns voller Überschwang. Und dann geht es auch schon los! Wenn ich in diesem Moment einen Blick in die Menge werfe, sehe ich nicht nur jede Menge stolze Eltern, sondern auch jede Menge Handykameras. Niemand möchte den Auftritt seines Kindes verpassen! Nach der Aufführung, die wir alle gebannt verfolgen, gibt es tosenden Applaus und herzliche Umarmungen. Man stößt gemeinsam auf die großartig gelungene Vorstellung und den tollen Abend an und alle gehen beseelt und glücklich nach Hause. Was für ein Erlebnis!

Warum ich dir diese Geschichte erzähle? Du wirst vielleicht lachen, aber auch hier kannst du jede Menge für deine nächste Verhandlung mitnehmen. Du fragst dich jetzt vielleicht, was das sein soll? Nun, lass mich es dir verraten: Wenn ich mich Wochen später an diese Veranstaltung zurückerinnere, dann bleibt mir vor allem der wunderbare Rahmen in Erinnerung. Die Dekoration, der Glühwein, die liebevolle Einladung und so weiter. Vermutlich ist kaum jemandem der Inhalt der Vorstellung im Gedächtnis geblieben; vielmehr geht es um das Gesamtpaket, das einen nachhaltig beeindruckt. Ob sich eines der Kinder immer wieder versprochen hat, ob ein Weihnachtsengel umgefallen ist oder irgendjemand falsch gesungen hat ... völlig egal! Als Gesamtpaket war es einfach wunderschön!

Und genauso ist es bei Verhandlungen. Verhandlungen sind zwar kein Kindertheater, aber auch hier hat der Rahmen eine enorm große Bedeutung für einen erfolgreichen Abschluss. Im folgenden Kapitel widmen wir uns deshalb der Rahmengestaltung etwas genauer. Denn eines ist fix: Wie beim Kindertheater spielt im Businesstheater der Rahmen eine große Rolle. Ohne die Liebe zum Detail, ohne das richtige Ambiente und eine schöne Einladung wäre es nur eine Verhandlung von vielen. Deshalb mach das Beste daraus und lerne im kommenden Kapitel, wie du dein Rahmenprogramm perfektionieren kannst!

Wie du mit dem richtigen Rahmen deine Verhandlung beeinflussen kannst

Offline – im richtigen Leben

Zuerst sehen wir uns an, was du bei einem Meeting alles richtig (oder falsch) machen kannst. Es gibt ein paar Variablen, die du vor einer Verhandlung planen und beeinflussen kannst. In Summe führen diese Variablen dann dazu, dass du einen besseren Abschluss hinbekommen wirst. Man spricht hier auch vom Rahmen der Verhandlung – hast du davon schon gehört?

Im Grunde geht es dabei um das Setting deiner Verhandlung. Damit du weißt, was ich meine, möchte ich dir eines meiner Erlebnisse erzählen: Ich war damals, zusammen mit einem Kollegen, in ganz Europa unterwegs. Wir besuchten unterschiedlichste Lieferanten, um herauszufinden, wer am besten zu uns passt. Automatisch verglichen wir die unterschiedlichen Firmen miteinander. Jedoch nicht nur in Bezug auf ihre Endprodukte, an denen wir interessiert waren, sondern es ging auch um das ganze Drumherum. Wie wurden wir empfangen? Hat man uns vom Flughafen abgeholt? Gab es eine Dinnereinladung? In welchem Raum wurden wir empfangen? Wie lange mussten wir auf den Verantwortlichen warten? Das heißt, wir haben uns auch sehr genau den Rahmen angeschaut, der uns geboten wurde. Oder anders gesagt: Wie sehr wurde darauf geachtet, dass wir uns wohlfühlen?

Jetzt war es so, dass wir bei Lieferant A wunderbar umsorgt wurden. Alles schien professionell und überlegt zu sein: Wir wurden vom Flughafen abgeholt und ins Headquarter gebracht. Dort begrüßte man uns bereits am Empfang mit unseren Namen und wir wurden in ein gut vorbereitetes Sitzungszimmer geführt. Auf dem Tisch standen Snacks und Getränke bereit und es gab einen Zettel mit dem WLAN-Passwort. Die Verhandlung war gut strukturiert und wir fühlten uns rundum wohl und gut aufgehoben.

Am selben Abend stiegen wir auch schon wieder in ein Flugzeug und machten uns auf den Weg zu unserem nächsten Verhandlungspartner. Von diesem wurden wir nicht vom Flughafen abgeholt und als wir am nächsten Tag ganz allein den Weg ins Headquarter gefunden hatten, hatte man am Empfang keine Ahnung. Weder wer wir waren noch was wir überhaupt dort zu suchen hatten. Dann endlich, nach ein paar aufklärenden Telefonaten, platzierte uns die Empfangskraft im Wartebereich. Es verstrich einige Zeit, in der gar nichts passierte. Als ich nach gut 15 Minuten nachfragte, wann denn die Verhandlung losgehe, bekam ich die lapidare Antwort: »Verzeihung, aber Ihre Verhandlungspartner verspäten sich. Sie sind gestern Abend noch sehr spät geflogen!« Tja, an dieser Geschichte gab es nur einen Haken: Durch Zufall saßen unsere Verhandlungspartner am Vorabend im selben Flieger wie wir. Sie hatten uns nicht bemerkt, aber wir konnten sehen, wie sie im vorderen Bereich des Flugzeuges Platz nahmen und in ziemlicher Feierlaune waren. Das heißt also, während auch wir spät geflogen waren und es trotzdem pünktlich zum vereinbarten Termin geschafft hatten, ließen unsere Gastgeber auf ziemlich unangenehme Art auf sich warten.

Als unsere Verhandlungspartner schließlich erschienen, war unsere Stimmung, wie du dir denken kannst, im Keller. Und apropos Keller: Nachdem für uns nicht einmal ein Sitzungszimmer vorbereitet worden war, mussten wir auf einen schäbigen kleinen Raum im Keller ausweichen. Ja, wirklich im Keller! Dort hing ein verwaistes Kabel aus der Wand, es gab keine Fenster und nicht einmal eine Internetverbindung. Und das Beste an der Story: Unsere Verhandlungspartner waren nicht nur völlig verschlafen, sondern auch komplett unvorbereitet. Ich kann dir sagen, dieses Meeting war ein richtiger Reinfall!

Jetzt stell dir vor, du müsstest diese beiden Treffen bewerten: Was würdest du alles in diese Bewertung einfließen lassen? Natürlich denkst du auch an das Setting! Wie hat man dich behandelt? War dein Gegenüber wertschätzend? War ein Sitzungsraum vorbereitet? Wie hat man dich empfangen? Wie hast du dich gefühlt?

Du siehst also: Der Rahmen spielt eine große Rolle! Mach nicht den Fehler und unterschätze dieses ganze Drumherum! Es kann über Erfolg oder Misserfolg deiner Verhandlung bestimmen!

Daher empfehle ich dir folgende Punkte, um deinen Rahmen zu optimieren.

Zu dir oder zu mir?

Im Idealfall lädst du zu dir ein. In dein Büro, in deine Domäne. Dann kannst du dir sicher sein, dass du die Rahmengestaltung in deiner Hand hast. Du kannst den Tag und das Sitzungszimmer wählen, kannst Snacks und Getränke vorbereiten, die Agenda festlegen und WLAN-Passwörter bereitstellen. Schau auch darauf, dass gut gelüftet ist, vielleicht ein zarter Duft im Raum hängt. Dass es hell genug ist und alles vorhanden ist, was man brauchen könnte: Blöcke, Kugelschreiber, Wasserkrug, eine Box Taschentücher, Servietten und vieles mehr. Du hast es in der Hand, deinem Gegenüber zu signalisieren: Mir ist das wichtig! Du bist mir wichtig! Schau, ich habe mich um dich bemüht! Lass uns nun vernünftig verhandeln!

Ein guter Sitz

Achte bei deinen Meetings unbedingt auf die Sitzordnung! Es macht einen Unterschied, ob ihr nebeneinander oder euch gegenübersitzt. Im besten Fall sorgst du dafür, dass du als Verhandlungsleiter:in dem oder der Leiter:in der Gegenseite gegenübersitzt. Dabei spielt es auch eine Rolle, ob der Abstand zwischen euch zwei oder zehn Meter beträgt. Du kannst mit diesem Abstand gezielt Nähe oder Distanz signalisieren.

Wenn du ein internes Meeting hast und eine Abteilung einlädst, die dir oder euch nicht wohlgesonnen ist, probier einmal einen kleinen Trick aus. Sitze mit deinen Kolleg:innen über Eck. Zeige ihnen, dass ihr zusammengehört, dass du gemeinsam mit ihnen arbeiten und eine Lösung für euer gemeinsames Problem finden willst. Glaube mir, du wirst überrascht sein, wie gut dieser Move wirkt!

In Führung gehen

Einen anderen meiner kleinen Geheimtricks möchte ich dir in diesem Zusammenhang ebenfalls nicht vorenthalten: Beschaff dir unbedingt ein Flipchart! Du kannst damit relativ mühelos die Verhandlungsführung übernehmen. Bereite vor der Verhandlung eine kleine Agenda auf dem Flipchart vor. Immer, wenn das Gespräch aus dem Ruder zu laufen droht, ihr euch in Details verstrickt oder du das Wort ergreifen möchtest, kannst du aufstehen, zum Flipchart gehen und noch einmal auf die Tagesordnungspunkte hinweisen. Im besten Fall setzt du neben alle bereits erledigten Punkte einen dicken, grünen Haken. Du bist in diesem Moment sozusagen der Dompteur der Verhandlungsszenerie und führst. Es kommt automatisch Bewegung in das Gespräch und jeder im Raum erkennt, dass du hier im Lead bist! Bei uns in der Schweiz sagt man, du bist der Tätschmeister oder die Tätschmeisterin im Raum. Falls du nicht schon ein Flipchart bei dir im Büro hast, setze es unbedingt auf die nächste Einkaufsliste!

Ein kleiner Snack …

Ganz wichtig bei einem Meeting sind die drei K: Kaffee, Kuchen und Kaltgetränke. Wir wollen, dass unsere Gäste sich wohlfühlen. Denk daran, wie du zu Hause mit Gästen umgehst. Du bietest ihnen etwas zu trinken an, fragst sie vielleicht, ob die Temperatur so passt, ob sie sich wohlfühlen. Du nimmst Anteil daran, wie es ihnen bei dir geht. Treat your businesspartners as your guests. Auch deine Verhandlungspartner:innen sind Menschen und wollen sich wohl und willkommen fühlen. Ihr wollt Geschäfte miteinander machen, aber sie sollen sich auch wertgeschätzt und gut aufgehoben wissen.

… oder lieber essen gehen?

Ich werde immer wieder gefragt, ob man mit seinen Businesspartner:innen essen gehen soll. Ich antworte darauf grundsätzlich: Ja! Warum? Nun, essen ist ein menschliches Grundbedürfnis. Wenn wir gemeinsam mit jemandem essen, dann stärkt das automatisch unsere Bindung und hinterlässt einen positiven Eindruck. Dadurch steht man sich auch in der Verhandlung wohlwollender gegenüber. Daher rate ich dir, besonders bei wichtigen Aufträgen oder langjährigen Kunden, diese Technik des gemeinsamen Essens anzuwenden. Sie wird auch Luncheon-Technik genannt und geht auf den Psychologen Gregory Razran* zurück.

Außerdem hat es einen anderen Nebeneffekt, bei dem du viel über dein Gegenüber lernen kannst. Du hast die Möglichkeit zu beobachten, wie der andere mit vermeintlich sozial Unterlegenen umgeht. Mit dem Kellner, der Garderobenfrau oder der Kassiererin. Das sagt dir oft mehr

* Gregory H. Razran (1901–1973) war ein russisch-US-amerikanischer Experte für russische psychologische Forschung. Er verließ Russland 1920, um an der Columbia University zu studieren. 1940 wurde er an ebendieser Universität Professor.

über einen Menschen, als du unter Laborbedingungen (also im Meetingraum abgeschottet von der richtigen Welt) so schnell erfahren könntest.

Online – der erste Eindruck zählt auch hier

Die Zukunft wird uns einen hybriden Mix aus Verhandlungssettings bescheren, davon bin ich überzeugt. Auch davon, dass wir viele Meetings, Verhandlungen und Gespräche zum Teil oder auch gänzlich online abhalten werden. Sei es, dass die erste Runde im Bewerbungsgespräch oder auch ein erstes Beschnuppern von potenziellen neuen Geschäftspartner:innen zunächst in einem Online-Setting stattfindet. Unsere Treffen werden jedenfalls hybrider und vielfältiger werden. Das ist gut, weil es uns unterm Strich enorm viel Zeit sparen wird, die Umwelt schont und auch unsere Nerven. Wenn sich jemand zu einem Online-Treffen verspätet (was naturgemäß weniger oft der Fall sein wird als bei echten Treffen, denn immerhin fallen mit der Anreise einige zeitkritische Faktoren weg), dann können wir uns einfach mit einem anderen Projekt beschäftigen und uns etwas später wieder zuschalten. Wenn wir extra quer durch die Stadt oder gar in ein anderes (Bundes-)Land gefahren sind, nur um dann festzustellen, dass unsere Gesprächspartner:innen noch gar nicht da sind, dann können wir im Normalfall die Zeit nur totschlagen.

Wie auch immer, wir sollten darauf achten, auch online einen guten Eindruck zu hinterlassen und auf dem Gebiet der Online-Meetings up to date zu sein. Hier kommen ein paar Tipps von mir, wie du solche Meetings rockst.

Ich bin mir sicher, auch du kennst den häufigsten Satz seit 2020: »Hallo, hört ihr mich?« Na, klingelt es bei dir? Richtig! In gefühlt Hunderten Online-Meetings haben wir alle diesen Satz gehört. Gleich darauf folgt schließlich: »Sorry, aber du bist gemutet, bitte stell dein Mikro an. Wir hören dich nicht!«

Quasi über Nacht haben wir alle begonnen, unsere Businesstreffen online abzuhalten. Zu Zeiten der Pandemie war das auch nicht anders möglich. Aber ich bin der festen Überzeugung, dass uns das Verhandeln online auch in der weiteren Zukunft erhalten bleiben wird. Daher kann ich dir sagen, auch online ist der erste Eindruck entscheidend! Immerhin lädst du sozusagen fremde Menschen in deine vier Wände ein.

Das heißt: Speziell wenn du deine Gäste nicht in deinem Firmen-Headquarter empfängst, sondern in deinem persönlichen Homequarter, gibt es einiges zu beachten.

Damit dir dein Online-Auftritt gelingt, habe ich folgenden Tipp für dich:

Achte stets auf Bild, Licht und Hintergrund!

Vor dem Meeting

Ein klares Bild

Warum das, fragst du dich? Nun, zunächst einmal möchtest du sicherlich, dass deine Online-Verhandlungspartner:innen dich deutlich und klar sehen können. Investiere daher im besten Fall in eine externe Kamera. Du wirst sehen: Der Bildqualitätsunterschied zu jenen Kameras, die standardmäßig in unseren Laptops verbaut sind, ist frappierend.

Im rechten Licht

Der nächste Tipp lautet: Sorge immer für eine gute Beleuchtung. Im Idealfall hast du hinter deiner Kamera natürliches Tageslicht. Das heißt, wenn möglich, setz dich mit deinem Laptop vor ein Fenster, sodass du natürliches Licht als Beleuchtungsquelle nutzen kannst. Das Licht sollte von vorne kommen, also hinter deinem Bildschirm leuchten. Auf keinen Fall darf die Lichtquelle hinter dir sein und Richtung Bildschirm leuchten, denn dadurch wirst du zu einem unklaren Umriss ohne Gesicht.

Das natürliche Licht von vorne schmeichelt am meisten, glaube mir. Falls du das nicht einrichten kannst, weil deine Calls vielleicht vor allem abends stattfinden, du keine natürliche Lichtquelle im Raum hast oder dein Schreibtisch sich nicht entsprechend platzieren lässt, dann kannst du ein wenig tricksen: Schaff dir ein LED-Ringlicht – oder besser noch Soft-Boxen – an oder kaufe spezielle Glühbirnen, die du dimmen kannst. Der Unterschied macht sich wirklich bezahlt! Auch diese Lichtquelle sollte unbedingt von vorne kommen. Auf keinen Fall von oben oder unten, sonst siehst du schlimmstenfalls aus wie der Bösewicht im Gruselkabinett.

Hinter allen guten Verhandler:innen steht ...

... ein schöner Hintergrund. Achte bitte immer auf einen ordentlichen Hintergrund. Vielleicht denkst du dir jetzt: kein Problem! Wenn ich wieder einmal nicht zum Aufräumen gekommen bin, stelle ich einfach die Funktion »blur« ein. Aber ich kann dir versichern, das ist keine gute Idee! Jeder, der deinen verschwommenen Hintergrund sieht, wird sich automatisch fragen, was du zu verbergen hast. Und im Endeffekt ist die Aufmerksamkeit deiner Verhandlungspartner:innen nicht auf dich gerichtet, sondern fokussiert sich auf den mysteriösen Hintergrund. Wir alle kennen die Videos, in denen plötzlich nackte Mitbewohner:innen, seltsame possierliche Tiere oder Kinder durch den Hintergrund tollen. Das alles wollen wir nicht zeigen und auch gar nicht den Verdacht aufkommen lassen, dass es bei uns gerade rundgeht. Auch Fake-Hintergründe sind ein No-Go. Während du knallhart über Preise verhandelst, macht sich ein Fake-Beach als Background einfach nicht gut, zumal du, wenn du nicht gerade eine Vollglatze hast, immer ein leichtes Flimmern an den Haarspitzen sehen kannst, was ebenfalls die Aufmerksamkeit der Meetingpartner:innen ablenken kann.

Sorge deshalb für einen ruhigen und aufgeräumten Hintergrund. Oder aber investiere in einen ordentlichen Hintergrund mit Firmenbezug. Rollups oder Ähnliches kannst du dir ohne großen Aufwand und relativ preisgünstig nach deinen Bedürfnissen bedrucken lassen! Und im schlimmsten Fall setz dich vor eine leere saubere Wand, sodass nichts das Auge deines Gegenübers ablenkt. Kurz gesagt: Lass dir von deinem Background nicht die Show stehlen!

Sei Gastgeber:in mit Herz und Seele

Achte ganz besonders auf dein Mindset vor einer Online-Verhandlung! Normalerweise würdest du deine Verhandlungspartner:innen in deinem Headquarter begrüßen. Sobald du den Verhandlungsraum betrittst, sind wahrscheinlich all deine Sinne unter Hochspannung – du weißt, jetzt geht es los!

Damit dir dieser Effekt auch online gelingt, verinnerliche dir am besten den Satz: This is my room! Bringe dir diesen Satz irgendwo gut sichtbar in deinem Homequarter an. Und jedes Mal, bevor du ein Meeting startest, mach dir bewusst, dass es jetzt losgeht! Aus eigener Erfahrung kann ich dir verraten, dass es wirklich funktioniert. Auch ich habe mir einen Zettel mit diesem Satz in mein Homeoffice gehängt. Jedes Mal, bevor ich die Kamera einschalte, halte ich kurz inne, lese den Satz und stelle mich auf das neue Meeting ein.

Während des Meetings

Feuer frei!

Beginne deine Meetings stets mit einem Feuerwerk. Warum? Ganz einfach, die meisten deiner Verhandlungspartner:innen sitzen wohl gerade im Homeoffice. Sie jagen von einem Meeting zum nächsten und wissen vor lauter Links, auf die sie heute schon klicken mussten, gar nicht mehr, in welcher Besprechung sie sich überhaupt befinden. Ich nenne diese Leute auch Meeting-Hopper, sie hüpfen von morgens bis abends von einem Meeting ins nächste, ohne sich dazwischen eine Auszeit zu gönnen oder sich vorzubereiten. Deshalb ist es deine Aufgabe, diese Hopper abzuholen und ihren Fokus zu steuern.

Du kennst sicher den Spruch: Der hat eine Aufmerksamkeitsspanne wie ein Goldfisch. Tja, schön wär's! Seit 2013 wissen wir durch eine Studie, dass ein moderner Mensch eine durchschnittliche Aufmerksamkeitsspanne von acht Sekunden hat. Ein Goldfisch hingegen hat eine Spanne von neun Sekunden. Du merkst also, worauf ich mit dem Feuerwerk hinauswill? Eröffne dein Meeting mit einem großen

Kaboom und sichere dir die Aufmerksamkeit aller Beteiligten. Damit du deine Gesprächspartner:innen gleich von Beginn an catchst, sprich sie mit ihren Namen an, stelle eine spannende Frage oder verrate gleich zu Beginn eine überraschende Information, die sie neugierig macht.

Zeig dich!

Apropos Kamera: Nutze einen einfachen psychologischen Effekt für dich: Menschen fühlen sich sicherer und haben mehr Vertrauen in die andere Person, wenn sie diese sehen können. Schalte daher stets deine Kamera ein. Damit ist dir die Aufmerksamkeit der anderen Seite sicher und gleichzeitig schaffst du Vertrauen. Wenn du sprichst oder zuhörst, versuche immer wieder, direkt in die Kamera zu schauen. Wir neigen dazu, anderen beim Sprechen in die Augen zu sehen, und das ist gut so. Wenn wir das allerdings online machen, dann sieht es für unser Gegenüber so aus, als blickten wir nach unten oder nach oben je nach Position deiner Kamera. Direkt angeschaut fühlt sich der andere in der Online-Besprechung, wenn wir unseren Blick in die Kamera richten. Daher ist es auch sinnvoll, diese mittig und direkt über dem Bildschirm zu platzieren, damit wir uns nicht unnötig verrenken müssen und damit einen etwas schrägen Eindruck hinterlassen. Solltest du mit zwei Bildschirmen arbeiten, mach dir immer bewusst, wo deine Kamera sitzt. Ich hatte schon Meetings mit Menschen, die ich eine Stunde lang nur im Profil gesehen habe, weil sie ihren Zoom-Bildschirm auf dem zweiten Monitor hatten.

Nutze dein Gesicht

Wie bitte? Was? Vielleicht überrascht dich dieser Tipp ein wenig. Du denkst, dein Gesicht ist ja sowieso da und lässt sich bei eingeschalteter Kamera kaum verstecken. Das stimmt zwar, aber trotzdem spielt dein Gesicht in einer Online-Verhandlung eine große Rolle, wenn nicht sogar die Hauptrolle! Gestik und Körpersprache sind online sehr schwierig. Dein Gegenüber sieht nur einen kleinen Ausschnitt von dir – meist eben nur dein Gesicht. Deswegen nutze umso mehr deine Mimik! Übe vor dem Spiegel eine besonders ausdrucksstarke Mimik, die man auch durch die Kamera gut wahrnehmen kann.

Und noch ein Tipp:

Hänge deine Zähne immer mal wieder zum Trocknen raus. Sprich: Lächle! Du wirst sehen, welchen Unterschied das macht.

Flinche, was das Zeug hält!

Und nun verrate ich dir noch einen meiner Lieblingstricks: Hast du schon einmal von der Flinch-Technik gehört? Falls nicht: Dabei geht es um einen erstaunten Gesichtsausdruck, eine übertriebene Gefühlsreaktion, die du zum richtigen Zeitpunkt aufsetzt, dann eine Zeit lang hältst und dazu schweigst. Was das Ganze soll? Deine Gesprächspartner:innen werden deinen Gesichtsausdruck sofort richtig lesen und wissen: Oh, oh ... hier ist etwas nicht in Ordnung! Wenn du dann auch noch schweigst, bin ich mir sicher, dein Gegenüber wird allerhand Argumente, Optionen und Begründungen auf den Tisch legen. Also, flinche wie ein Weltmeister und nutze die Macht deiner Mimik!

Dresscode im Homeoffice

Wenn du dich schon zeigst, dann ist es natürlich auch angesagt, dass du auf dein Äußeres achtest. Sprechen wir kurz über den Homeoffice-Dresscode. Bist du auch jemand, der fünf vor acht aufsteht, wenn das erste Meeting um acht Uhr startet? Ich weiß, es ist verlockend, einfach länger im Bett zu bleiben. Immerhin sparst du dir den lästigen Weg zur Arbeit, für den du in der Früh immer ein paar Minuten mehr einrechnest, weil der Stau wahrscheinlich eh wieder elendslang ist.

So knapp aufzustehen ist trotzdem keine gute Idee. Steh rechtzeitig auf, mach dich frisch und zieh dich ordentlich an. Ja, auch untenrum! Du ahnst nicht, wie viele Menschen bis zur Taille ordentlich gekleidet sind und sonst nur Boxershorts oder Pyjamahosen tragen. Erspar dir mögliche Peinlichkeiten und zieh dich vor einem Meeting an, als würdest du jeden Moment das Haus verlassen! Wieso Peinlichkeiten? Weil es immer wieder sein kann, dass du kurz aufstehen musst, um Unterlagen zu holen, oder dir vielleicht in einer kleinen Pause Kaffee nachzuschenken. Und dann sieht dein Gegenüber vielleicht mehr, als es jemals wollte!

Ruhe jetzt!

Noch ein wirklich wichtiger Punkt: Wenn du dein Homeoffice noch nicht richtig etabliert hast, dann achte ganz besonders darauf, dass du ungestört bist! Nicht nur, dass viele unserer Gespräche eventuell vertraulich sind, ist es für unsere Gesprächspartner:innen auch verstörend bis irritierend, wenn ständig Kindergequietsche im Hintergrund zu hören ist, alle zwei Minuten eine Hundeschnauze vor der Kamera auftaucht oder du gar mit deiner Katze plauderst, die quer über deine Tastatur liegt. Auch das Schnarchen deines oder deiner Angetrauten im Hintergrund macht keinen sonderlich professionellen Eindruck. Daher: Tür zu (sofern das irgend möglich ist), Kopfhörer aufsetzen und dein Online-Tool so einstellen, dass du möglichst alle Hintergrundgeräusche ausfiltern kannst. Mein persönliches Highlight war es, als in einer größeren Verhandlungsrunde einer der Teilnehmer:innen während des gesamten Gesprächs parallel eine Fußballübertragung geschaut hat. Leider war ihm die Mute-Taste wohl unbekannt und so haben wir eine Halbzeit (fast) live mitgekriegt. Da diese Person hierarchisch die wichtigste Person war, hat sich niemand getraut etwas zu sagen.

Dont't fu*k up!

Wir alle kennen mittlerweile mehr oder weniger witzige Fuck-up-Storys von Online-Meetings. Also Geschichten von Online-Meetings, bei denen etwas in die Hose gegangen ist. Ich denke da an Menschen, die vor laufender Kamera in der Nase bohren oder an ihren Pickeln herumdrücken, in Unterhosen zur Kaffeemaschine laufen und sich Nachschub holen. Und das alles, weil sie sich unbeobachtet fühlen. Dass das ein No-Go ist, brauche ich vermutlich nicht zu erwähnen. Du weißt sicher selbst, was alles schief gehen kann, wenn die Kamera an ist. Also vergiss nicht: Du bist für alle sichtbar, auch wenn du gemütlich in deinem Homequarter sitzt!

Fazit: Du siehst, es gibt ein paar Tricks und Kniffe, mit denen dein Homequarter zu einem erfolgreichen Verhandlungsfeld werden kann. So wie der Hauptsitz deiner Firma bei einem Kundenbesuch in vollem Glanz erscheinen sollte, ist es auch, wenn sich jemand bei dir im digitalen Meetingraum einloggt. Probier ein paar meiner Tipps vielleicht gleich bei deinem nächsten Online-Meeting aus und schau, ob du den Unterschied bemerkst!

Sei dir bewusst, dass dieser Rahmen eine große Rolle für das Ergebnis deiner Meetings spielt. Wenn der Rahmen passt, dann ist dir dein Gegenüber wohlwollend und positiv gestimmt und für dich kommen erfolgreichere Verhandlungen mit besseren Ergebnissen dabei heraus!

Der Rahmen auf einen Blick:

- **Sorge stets für einen Feel-Good-Moment:** Informiere dich über deine Gesprächspartner:innen. Überlege, ob es Gemeinsamkeiten gibt, die sich für Small Talk eignen. Vielleicht habt ihr ein gemeinsames Hobby? Erwähne es vor dem offiziellen Beginn des Meetings und schaffe so eine angenehme Atmosphäre. Durch zwangloses Plaudern ist man sich nicht mehr so fremd und baut gleichzeitig eine Verbindung zueinander auf. Man nennt das auch Beziehungspflege betreiben. Und das ist nicht nur im privaten Umfeld wichtig, sondern kann dir auch im geschäftlichen Kontext vieles ermöglichen. Du wirst sehen, das Verhandeln fällt allen Beteiligten leichter, wenn sich ein Feel-Good-Moment einstellt.
- **Zu einem anständigen Rahmenprogramm für dein nächstes Meeting gehört auch ein ansprechender Meeting-Raum:** Achte darauf, dass der Raum dem Anlass entsprechend gewählt ist. Meide dunkle, stickige Kellerzimmer ohne Fenster! Sorge für eine ruhige, ungestörte Atmosphäre. Dein Gegenüber soll sich im Raum wohlfühlen – dazu gehört es auch,

ordentlich zu lüften oder für eine zarte (!) Beduftung zu sorgen. Es gibt nichts Schlimmeres, als in einem stickigen kleinen Raum an einem Deal zu basteln. Signalisiere deinem Gegenüber bereits mit deiner Raumwahl: Du bist mir wichtig! Ich habe mir etwas überlegt!

- **Wenn du einen passenden Raum für dein Meeting gefunden hast, geht es nun darum, ein Auge für Kleinigkeiten zu entwickeln:** Sorge für ein Rundum-sorglos-Paket! Organisiere vorab für deine Gäste das WLAN-Passwort und lege es gut sichtbar im Raum aus. Stelle entsprechende Infrastruktur bereit: Beamer, Flipchart etc. Kleiner Tipp: Teste vorab alle Geräte. Es gibt kaum etwas Nervigeres als einen Beamer, der sich nicht mit dem Laptop connecten will oder ein fehlendes Kabel, das dann erst im ganzen Haus gesucht werden muss.
- **Runde den perfekten Rahmen ab:** Wenn du wirklich für ein einwandfreies Setting sorgen und nichts dem Zufall überlassen möchtest, achte unbedingt auf die Verpflegung deiner Gäste. Gerade, wenn sich Verhandlungen in die Länge ziehen, sind die drei Ks (Kaffee, Kuchen und Kaltgetränke) von unschätzbarem Wert. Oft hilft eine kleine Kaffeepause, um eine festgefahrene Verhandlung wieder zu lockern. Sorge dafür, dass deine Gäste weder hungrig (und infolgedessen hangry) noch durstig sind. Beides führt nur zu Verstimmungen!
- **Außerdem rate ich dir, wenn du auf der Kunden-Seite stehst:** Lade eure Geschäftspartner:innen zum Essen ein. Nutze die Luncheon-Technik (also den gemeinsamen Lunch), um euch noch besser kennenzulernen und auch um einmal abseits des Büro-Settings ins Gespräch zu kommen. Du wirst sehen: Ein Treffen in informellerer Atmosphäre kann wahre Wunder bewirken! Ich habe nie so viele Hintergrundinformationen erhalten wie während Geschäftsessen. Mehr über deine Geschäftspartner:innen, mehr über die Firma und somit mehr über ihre Motive zu erfahren, kann wahre Verhandlungswunder bewirken.

3. Der Start

Smalltalk zum Start: Wie du Smalltalk zielgerichtet einsetzen kannst

Wie sollten wir starten, wenn wir zum ersten Mal auf einen neuen Verhandlungspartner oder eine neue Verhandlungspartnerin treffen? Wie kannst du Smalltalk gezielt einsetzen, damit du deine Verhandlungsziele schlussendlich erreichst?

Zuerst ist es sinnvoll, wenn du den **Anfang** machst. Zu lächeln ist ein super Anfang. Wenn jemand in dein Unternehmen kommt und du holst die Person am Empfang oder an der Tür ab, dann zeig zunächst einmal, was du zu bieten hast. Das Ziel dahinter ist, deinen Besuch für dich, deine Firma, dein Produkt zu begeistern.

Wenn du umgekehrt als Verkäufer:in eingeladen bist, dann stell Fragen zu den Produkten, zu den News, die es gibt. Das ist ein guter erster Punkt, um Smalltalk zu starten. Sei dir auch darüber bewusst, dass viele Menschen unsicher sind, was Smalltalk anbelangt. Gerade jene, die normalerweise nicht so viel Kundenkontakt haben. Du kannst diese ungemütliche Stille, die entsteht, wenn keiner etwas zu sagen weiß, durchbrechen, indem du eine gute Frage stellst. Eine Frage, mit der dein Gegenüber etwas anfangen kann. Hol deine Gesprächspartner:innen einfach auf ihrer »Homebase« ab.

Als Zweites versuche, eine **positive, freundliche Atmosphär**e zu schaffen. Ich habe das früher als Einkaufsleiter folgendermaßen gemacht: Immer, wenn ein Termin vereinbart war, wurden die Gäste namentlich begrüßt, das Firmenlogo des Gastes wurde irgendwo auf einem Bildschirm gezeigt. Zudem gab es vorab eine Mail betreffend Parkplatz, Anreise mit öffentlichen Verkehrsmitteln etc., um es dem Besucher möglichst einfach zu machen. Das fällt bei mir unter Gastfreundschaft.

Du solltest auch immer gleich etwas zu trinken anbieten. Auch das gehört zu den Regeln der Gastfreundschaft. Wenn du einen positiven Start hast, wenn dein Unternehmen positiv rüberkommt, du als Person positiv rüberkommst, freundlich und offen bist, dann verläuft eine Verhandlung deutlich positiver. Die Grundatmosphäre ist entscheidend, ob du im Anschluss erfolgreich verhandelst oder nicht.

Drittens: **Finde Gemeinsamkeiten**! Smalltalk ist nicht nur dazu da, um ein höfliches Blabla runterzuleiern und dann direkt zu starten. So wie ein klassischer Zwei-Minuten-Smalltalk im deutschsprachigen Raum stattfindet: »Regnet es bei euch auch? Ja? Dann lasst uns mit Punkt eins loslegen!«

Es lohnt sich, bewusst mehr Zeit dafür einzuplanen. Die Kunst des Smalltalks liegt darin herauszufinden, ob es Gemeinsamkeiten gibt. Gemeinsamkeiten bei den Unternehmen, aber vor allem Gemeinsamkeiten auf persönlicher Ebene.

Du kannst dich vorab über dein Gegenüber informieren, zum Beispiel auf Social Media. Vielleicht kannst du einen Beitrag erwähnen, den du gerade gelesen hast. Vielleicht kennt ihr dieselben Leute, vielleicht seid ihr in gemeinsamen Gruppen aktiv, habt an derselben Universität studiert oder habt gemeinsame Hobbys. Wenn man Gemeinsamkeiten findet, ist man sich eher sympathisch. Wenn man sich sympathisch ist, ist das Verhandeln viel einfacher. Du bist offener und eher bereit, einer sympathischen Person ein Zugeständnis zu machen als einer Person, die du nicht magst.

Es gibt allerdings ein paar No-Gos und die wären: alles, was mit Politik oder Religion zu tun hat. Und dann gibt es die langweiligen Themen, vor allem bei uns im deutschsprachigen Raum sehr verbreitet: »Haben Sie gut hierher gefunden?« Ich denke mir da immer: Ja logisch, sonst würden wir jetzt nicht miteinander sprechen!

Gute Themen sind: gemeinsame Hobbys und Interessen, wie ist die Situation in der Branche, auf dem Markt, wie steht es um die aktuelle Rohstoffknappheit? Was auch immer funktioniert sind Themen wie Essen, Urlaub, Sport und Bücher. Daraus können spannende Diskussionen entstehen, die Einblick geben in die Welt und die Gedanken deiner Gesprächspartner:innen.

Vielleicht hast du ja wie ich eine Besonderheit, auf die du immer angesprochen wirst? Möglicherweise einen bekannten Familiennamen, eine spannende Herkunft, einen großen Schnurrbart, eine tolle Uhr, ein Tattoo auf der Stirn oder ein spezielles Hobby.

Ich werde zum Beispiel immer auf zwei Sachen angesprochen: erstens auf meinen Dialekt und zweitens auf meinen Familiennamen. Ich komme aus dem Süden der Schweiz, dem Kanton Wallis. Weltweit bekannt für seine Berge und seine Schönheit. Du kennst sicher den Berg auf der Toblerone-Schokolade, aus dieser Region komme ich. Zudem ist meine Muttersprache Walliserdeutsch. Dieser Dialekt wird in der Schweiz als sehr sympathisch wahrgenommen und ist sehr beliebt. Es gibt viele, die sagen, Walliserdeutsch sei der schönste Dialekt der Schweiz. Da ich bei dieser Einschätzung nicht ganz unvoreingenommen bin, überlasse ich diese Einschätzung lieber anderen. Der zweite Punkt ist meine Heimat und mein Familienname. Ich komme ursprünglich aus Salgesch, dem schönsten Weindorf der Schweiz, und habe den gleichen Familienname wie ein paar schweizweit bekannte Winzer. Darum werde ich immer auf mögliche Verwandtschaft, direkte Bezugsquellen und die hervorragende Qualität des Weines angesprochen. Ich bin zwar kein Thronfolger dieser Weindynastien, kenne aber natürlich alle und so habe ich immer ein Thema, das sich für einen leichten und lockeren Smalltalk eignet. Vielleicht hast auch du eine Eigenschaft, eine Besonderheit, auf die du angesprochen wirst oder die du erzählen kannst. Mach deine Geschichte zum Smalltalk-Thema.

Doch wie schaffst du es, diesen Smalltalk zielgerichtet zu führen? Das heißt, nicht nur aus reiner Höflichkeit, sondern auch zielgerichtet auf die anstehende Verhandlung, auf das Gespräch.

Sprich nicht nur über dich und sprich weniger als dein Gegenüber, stell offene Fragen, so kannst du Infos sammeln. Alles, was ein Mensch sagt, verrät etwas über seine Motive, was ihm wichtig ist, wie es ihm gerade geht, wie es dem Unternehmen geht. Mit den klassischen W-Fragen: Was, wieso, wer, wie, wann und wo kannst du sehr viele Infos sammeln.

Aus meiner Erfahrung kann ich dir sagen, dass ich beim Mittagessen, an der Kaffeemaschine oder beim Abendessen vieles erfahren habe, was mir in der Verhandlung enorm helfen konnte.

Damit der Smalltalk »small« bleibt und nicht in stundenlanges Gequatsche ausartet, kann man von der Kaffeemaschine gemeinsam zum Tisch gehen, an dem die Verhandlung stattfindet. Das gibt dir einen Endpunkt. Du setzt dich, begrüßt noch einmal offiziell und startest deine Präsentation. Ein eleganter Übergang zur Verhandlung. Und dann kommt das Wichtigste, was viele vergessen: Nenne dein Ziel zum Start.

Also, nochmal zusammengefasst:

- **Mach den Anfang** und brich das Eis, indem du deine Kund:innen lächelnd empfängst und sie schon an der Tür oder am Empfang abholst. Zeige, was du zu bieten hast, und führe sie kurz herum.
- **Schaffe eine positive und freundliche Atmosphäre, sei ein guter Gastgeber.** Dazu gehört, dein Gegenüber gleich mit Namen zu begrüßen oder aber auch – als kleiner Extrapunkt – das Firmenlogo deines Kunden auf dem Empfangsbildschirm zu präsentieren. Außerdem solltest du als guter Gastgeber stets etwas zu trinken anbieten.
- **Finde rasch Gemeinsamkeiten:** Damit der Smalltalk nicht in sinnloses Blabla ausufert, informiere dich vorab über deine Kund:innen und sprich gezielt Themen an, die euch verbinden. Finde heraus, ob ihr ein gemeinsames Hobby, eine Ausbildungsstätte oder auch gemeinsame Bekannte habt. Das schafft Verbindungen und führt zu einem positiven Gesamtbild.
- **Aber Achtung: Nicht alles eignet sich für einen guten Smalltalk:** Lass kontroverse Themen wie Politik und Religion weg. Es soll schließlich keine Grundsatzdiskussion zwischen euch entbrennen. Damit ihr euch aber auch nicht über das Wetter unterhalten müsst: Bereite dich vor!
- **Stelle offene Fragen:** Niemand mag Labertaschen, die einen nicht zu Wort kommen lassen. Stelle daher so gut es geht offene Fragen, um ein Gespräch am Laufen zu halten, aber auch, um mehr über dein Gegenüber zu erfahren. Das kann in deiner Verhandlung von enormem Wert sein! Außerdem achte darauf, nicht mehr als dein Gegenüber zu sprechen. Das Verhältnis sollte zumindest ausgewogen sein – im besten Fall spricht der oder die andere mehr als du.

- **Setze einen Endpunkt:** Damit du nicht zu viel Zeit verlierst und der Smalltalk vielleicht den Großteil eures Treffens beansprucht, achte darauf, einen Endpunkt zu setzen. Du kannst zum Beispiel den Kaffee gemeinsam an der Maschine holen, dort kurz plaudern und dann gemeinsam in den Besprechungsraum gehen. Wenn ihr euch dort an den Tisch setzt, weiß jeder: Jetzt geht es los.

Abchecken – wie machst du es richtig?

Stell dir vor, du hast ein großartiges Auto geerbt, vielleicht sogar ein Cabriolet. Du stellst es online zum Verkauf und bald melden sich ein paar Leute. Natürlich stellen alle Fragen, machen Fotos und wollen eine Testfahrt machen. Das alles kostet dich ganz schön viel Zeit. Schlussendlich findest sich eine Person, die von dem Auto total begeistert ist. Du hast bereits Zeit aufgewendet und machst dir Hoffnung, dass du den Wagen bald gewinnbringend loswirst. Doch noch bevor ihr euren Deal besiegelt, gesteht dir die Person, dass ihr das Auto eigentlich zu teuer ist. Und wieder beginnt der Zirkus von vorne.

Ist es dir schon einmal ähnlich ergangen? Das Problem dabei ist nicht nur, dass du dich über diese Person ärgerst. Vielmehr geht es um die Ressourcen, die du bis dahin verschwendet hast.

Und wenn du dir jetzt überlegst, wie du in Zukunft diesen Prozess abkürzen kannst, dann rate ich dir dazu, stets die Grundvoraussetzungen zu prüfen!

Voraussetzungen prüfen

Was das heißt? Noch bevor du viel Zeit, Ressourcen und Kapital in einen Kunden investierst, musst du herausfinden, ob er sich deine Dienstleistung überhaupt leisten kann. Man sagt dazu auch qualifizieren. Du qualifizierst also deinen zukünftigen Kunden.

Jetzt denkst du dir vielleicht: Frédéric, wie mache ich das denn? Schließlich möchtest du nicht unhöflich erscheinen und schon gar keinen schlechten Eindruck hinterlassen. Ich verstehe das, glaube mir. Aber ich kann dir versprechen, dass das nicht passieren wird.

Nehmen wir an, du bewirbst dich für einen Job. Der Bewerbungsprozess ist sehr aufwendig und du investierst viel Zeit. Du wirst nach mehreren Bewerbungsrunden auch tatsächlich zur Schlussrunde eingeladen, bei der das Gehalt besprochen wird. Schlussendlich musst du jedoch enttäuscht feststellen, dass dein potenzieller Arbeitgeber sich deinen Lohn nicht leisten kann. Was übrig bleibt, sind Frust und Enttäuschung sowie verlorene Zeit, und zwar auf beiden Seiten.

Daher mein Rat: Qualifiziere nicht nur Kunden, sondern auch potenzielle neue Arbeitgeber. Finde heraus, ob der Gap, also der Abstand zwischen euren Gehaltvorstellungen, nicht zu groß ist, um ihn aus dem Weg räumen zu können. Sonst haben all das Sprechen und Verhandeln keinen Sinn! Sieh es als gewissen Schutz deiner Ressourcen. Versuche, durch Fragen herauszufinden, ob der Job wirklich das hält, was er verspricht. Ein entsprechender Lohn kann schon einmal ein guter Hinweis auf die Verantwortung sein, die du in dieser Anstellung tragen wirst. Pass auf, dass du dich nicht durch ausgefallene Namensbezeichnungen wie zum Beispiel Senior Project Manager täuschen lässt. Überprüfe, ob die dargebotene Verpackung auch wirklich zum Inhalt und der Verantwortung passt. Ein Hauswart heißt bei manchen Unternehmen auch Head of Facility Management, also qualifiziere das Angebot!

Das Gleiche gilt für den Verkauf: Bevor du anfängst, ausgeklügelte Konzepte zu entwickeln und seitenweise Angebote zu schreiben, qualifiziere deinen Kunden.

Kann sich dein Kunde dich leisten? So findest du es heraus!

Sprich: Finde heraus, ob er sich deine Dienstleistungen, deine Produkte leisten kann oder dies überhaupt möchte.

Wie du das machst? Ich würde es zum Beispiel so machen: Wenn ich eine Anfrage per Mail bekomme, würde ich zunächst die Person telefonisch kontaktieren. Nach einem ersten kurzen Smalltalk würde ich einen Terminvorschlag machen. Doch bevor ich das Gespräch beende, teile ich meinem Gegenüber eine realistische Preisspanne für seine Wünsche mit. Ich würde sagen: »Bei den Dienstleistungen, die Sie in Anspruch nehmen wollen, bewegen wir uns bei einem mittleren vierstelligen, knapp fünfstelligen Betrag – passt das so für Sie?«

Du wirst damit sehr schnell herausfinden, ob der Kunde sich diese Summe leisten kann oder nicht. Es gibt meist drei Möglichkeiten, wie dein Gegenüber reagiert: Erstens: Er sagt, das passe, in der Größenordnung hätten sie das erwartet. Oder zweitens: Er ringt nach Luft und lehnt dann dankend ab und du hörst nie wieder etwas von ihm. Oder drittens, und das ist die interessanteste Option: Der Kunde lehnt zunächst ab, meldet sich aber nach einiger Zeit wieder bei dir und ist nun bereit, den Betrag zu bezahlen. Entweder er hat sich den Markt genauer angeschaut und erkannt, dass er mit seinen Preisvorstellungen falsch lag, oder er hat in der Zwischenzeit erkannt, dass deine Dienstleistung für ihn einen großen Nutzen hat. Sollte beides nicht der Fall ist, dann hast du die Person zwar nicht als Kunden gewonnen, aber deine wertvollen Ressourcen gespart.

Und noch etwas: Wenn du gleich im ersten Gespräch eine ungefähre Preisspanne festlegst, hast du zwei Fliegen mit einer Klappe geschlagen: Du hast die Machbarkeit des Budgets abgeklärt und gleichzeitig geankert. Wenn der Kunde dann mehr Dienstleistungen von dir in Anspruch nehmen möchte, kannst du jederzeit auf euer Gespräch verweisen. Du kannst zum Beispiel sagen: »Wir haben bei unserem Erstgespräch eine vierstellige Summe festgemacht. Da Sie ein paar mehr Leistungen beziehen wollen, bewegen wir uns nun in Richtung eines fünfstelligen Betrages. Ist das in Ordnung?« Auch hier qualifizierst du wieder deinen Kunden, bevor du zu viele Ressourcen investierst.

Was ich dir also mitgeben möchte: Bevor du zu viel Zeit aufwendest, qualifiziere deinen neuen Kunden oder auch deinen Arbeitgeber.

Tue dies, um deine eigenen Ressourcen zu schützen und lerne auch Stopp beziehungsweise Nein zu sagen. Im schlimmsten Fall stehst du sonst mit geplatzten Erwartungen und falschen Hoffnungen da.

Zusammengefasst:

- **Finde heraus, ob dein potenzieller neuer Kunde sich deine Dienstleistung überhaupt leisten kann:** Noch bevor du seitenweise Angebote und Konzepte erstellst – und damit reichlich Zeit und Ressourcen aufwendest –, musst du deinen Kunden qualifizieren. Ist er den Aufwand wirklich wert? Das Gleiche gilt übrigens bei Jobangeboten: Prüfe immer, ob die Verpackung (meist eine cool klingende englische Berufsbezeichnung) wirklich zum gebotenen Inhalt (sprich zum Beispiel zu einem spannende Verantwortungsbereich und deinen Gehaltsvorstellungen) passt. Investiere nur, wenn es sich für dich lohnt, anstatt drei Gesprächsrunden und zwei Assessmentcenter zu bestehen.
- **Lege schon im ersten Gespräch eine ungefähre Preisspanne für deine gebotenen Dienstleistungen fest.** Du kannst zum Beispiel sagen: »Für die von Ihnen gewünschten Leistungen bewegen wir uns in einem vierstelligen Bereich.« Du wirst dann sehr schnell merken, ob der Kunde sich deine Dienstleistung wirklich leisten kann und will. Damit sparst du nicht nur Zeit und Ressourcen, sondern vor allem Nerven! Du kannst mit dieser Vorgehensweise auch die Erwartungshaltung und die Zielgruppe besser eingrenzen.

Die Eigenschaft Nummer eins für deinen Verhandlungserfolg …

… lautet: Begeisterungsfähigkeit. Ein einzelnes Wort mit großer Wirkung. Ich kann dir versichern, wenn du diese Eigenschaft besitzt, ist es leichter für dich, ein erfolgreicher Verhandler oder eine erfolgreiche Verhandlerin zu sein! Einer der ehemals besten Verkäufer der USA, der weltbekannte Autor Frank Bettger, sagte sogar: »Begeisterungsfähigkeit ist die bestbezahlte Eigenschaft der Welt.«

Vielleicht kennst du diese Situation selbst: Du bist einkaufen und lässt dich im Geschäft beraten. Wenn dein Gegenüber nur so vor Begeisterung für seine Produkte sprüht und du merkst, er oder sie steht voll hinter dem Produkt, nun, dann wird sich sicher wohl auch bei dir die Geldbörse etwas leichter öffnen, oder nicht? Bei mir ist es jedenfalls so.

Doch leider geht es auch anders. In meinem letzten Urlaub wollte ich mir unbedingt einen neuen Neoprenanzug leisten. Du musst wissen, ich bin begeisterter Surfer und durchaus auch bereit, einmal mehr für meine Ausrüstung auszugeben, sofern das Package und die Beratung stimmen. Ich ging also in einen richtig modernen, großen und unfassbar toll ausgestatteten Surferladen. Mein Herz begann wie wild zu pochen, als ich all die schönen Holzbretter und die tolle Aufmachung des Ladens sah. Leider kam dann relativ schnell die Ernüchterung: Nach einer sehr knappen Begrüßung würdigten mich die Verkäufer keines Blickes mehr. Etwas verloren stand ich völlig allein im Laden und fühlte mich komisch. Statt mich zu beraten, ignorierten sie mich lieber gekonnt und spielten demonstrativ auf ihren Handys. Ich hatte schon das Gefühl unsichtbar zu sein. Nachdem ich gut 15 Minuten allein und verlassen im Geschäft umhergestreift war, wurde es mir zu blöd. Ohne einen einzigen Cent auszugeben, verließ ich frustriert den Ort des Grauens. Ohne Neoprenanzug und ohne Begeisterung.

Long story short: Du kannst den besten und schönsten Laden haben. Die tollsten Produkte und das modernste Design. All das wird dir keinen Erfolg bringen, wenn du nicht Leute in deinem Laden hast, die gute und begeisterte Verkäufer sind. Daher musst du dir immer die Frage stellen: Was habe ich für Mitarbeiter:innen? Wie begeistere ich mich und andere?

Hire for attitude, train for skills

Mein Motto für neue Mitarbeiter:innen lautet: Hire for attitude, train for skills! Was dir dieser berühmte Spruch von Herb Kelleher, einem der Co-Gründer von Southwest Airlines, sagen soll? Nun, stelle lieber jemanden an, der Gas geben will, der begeistert ist, als jemanden, der zwar Dutzende Diplome und Zertifikate hat, aber eine wahre Schlaftablette ist. Die Begeisterten kannst du trainieren und schulen. Bei den Schlaftabletten wirst du dich schwertun, sie auf Schiene zu bekommen.

Im Grunde geht es also darum, eine gewisse Energie, eine Begeisterungsfähigkeit, in jedem Gespräch mit einem Kunden, Lieferanten oder Mitarbeiter zu transportieren. Damit dir und deinen Leuten das gelingt, muss allen bewusst sein, welchen Mehrwert eure Arbeit, eure Dienstleistung oder euer Produkt hat. Welchen Impact hat deine Arbeit auf die Menschen? Erst wenn du dir und allen anderen diese Frage aufrichtig beantworten kannst, wirst du den Unterschied spüren.

Ich habe früher junge Einkäufer:innen immer mit auf Tour genommen. Ich wollte, dass sie sehen, was die Maschinen, die sie bei unseren Lieferanten einkaufen, bewirken. Wie viele Arbeitsplätze dadurch gesichert werden, welchen Einfluss sie auf die wirtschaftliche Lage eines Ortes haben können. Erst wenn sie das gespürt hatten, konnten sie sich für ihre Arbeit begeistern. Eine Quelle für Begeisterungsfähigkeit ist es, das Resultat, den Nutzen, die Wirkung zu sehen, die deine Entscheidungen, deine Verhandlungsskills und du selbst haben.

Ich denke du weißt, worauf ich hinaus will? Achte immer auf die Begeisterungsfähigkeit in deinem Mindset und sorge dafür, dass auch alle Menschen, die mit dir arbeiten, diese Begeisterung versprühen. Am besten findest du schon in deinem nächsten Bewerbungsgespräch heraus, wie begeisterungsfähig dein Gegenüber ist.

Vergiss nicht, jede Verhandlung ist auch immer ein Spiel. Und Spiele müssen Spaß machen! Man kann zwar nicht immer gewinnen, aber trotzdem jede Menge Erfahrungen sammeln. Vertrau mir, wenn du von dir und deinem Business überzeugt bist, wenn du von dem, was du tust, begeistert bist, hast du vielen Menschen schon eine gewaltige Menge voraus!

Kurz gesagt:

- **Sei begeisterungsfähig:** Nur wenn du Begeisterungsfähigkeit besitzt, wirst du erfolgreich sein. Du kannst das trendigste Produkt, den modernsten Laden oder die coolsten Ideen haben, wenn du und deine Mitarbeiter:innen eure Begeisterung für eure Dienstleistung nicht in die Welt hinaustragen könnt, habt ihr keine Chance auf Erfolg. Daher: Verbreite die Begeisterung über deine Arbeit und reiße andere mit!

- **Team Powerpeople:** Deine Mitarbeiter:innen sind das Aushängeschild deines Unternehmens. Umgib dich daher mit richtigen Powerpeople, die Gas geben wollen und vor Begeisterung sprühen. Der Rest ist erlernbar! Spüre den Unterschied, den du mit deiner Arbeit oder deinem Produkt in der Welt machst.
- **Know your impact:** Erkenne den Mehrwert deiner Arbeit oder deines Produktes in der Welt. Sorgst du für sichere Jobs in einer Branche, macht dein Coaching Menschen glücklich, hilfst du einer Region dabei, sich zu entwickeln? Was auch immer du machst, sei dir stets über deinen Einfluss auf das große Ganze bewusst und du wirst kaum zu bremsen sein. Verbreite die Begeisterung darüber und reiß andere mit!

Die WHID-Frage

Du wirst es mir kaum glauben, doch in Wahrheit musst du nur eine einzige Frage beantworten, um andere Menschen von dir zu überzeugen. Diese alles entscheidende Frage ist die WHID-Frage: die Was-habe-ich-davon-Frage.

Falls du jetzt mit gerunzelter Stirn ungläubig vor diesem Buch sitzt, dann lass mich dir zeigen, wie diese Frage auch für dich funktionieren kann.

In jeder Verhandlung, immer dann, wenn du ein Angebot stellst, fragt sich dein Gegenüber: Was habe ich davon? Ob du nun einen Newsletter versendest, eine LinkedIn-Nachricht schreibst oder persönlich etwas pitchen oder verkaufen willst. Die Frage bleibt immer dieselbe. Und ich verspreche dir, nur wenn du imstande bist, diese Frage zu beantworten, wirst du erfolgreich sein.

Meine erste Intention ist daher immer herauszufinden, wie ich meinem Gegenüber helfen kann. Das mag vielleicht auf den ersten Blick naiv wirken, doch nur wenn ich verstehe, was mein Gegenüber bewegt, kann ich ein wirklich passendes Angebot machen. Daher habe ich es mir angewöhnt, zunächst ein paar Fragen zu stellen: Wie haben Sie dieses oder jenes gemeistert? Wo sehen Sie die größten Herausforderungen? Gibt es Hürden, bei deren Überwindung ich helfen kann? Damit zeige ich der Person in einem ersten Schritt, was durch eine Zusammenarbeit mit mir möglich sein könnte, ich biete quasi einen Mehrwert für mein Gegenüber. Erst dann mache ich ein Angebot – und zwar eines, das wirklich auf meinen Kunden oder meine Kundin passt.

Du kennst vielleicht selbst diese unpersönlichen E-Mails oder Instagram-Nachrichten, die fast täglich in unseren Postfächern landen. Angebote, die in Massen versendet werden, ohne dass sich jemals jemand mit den Empfänger:innen beschäftigt hat. Dennoch werden sich alle, die diese Nachricht bekommen, die Frage stellen: Was habe ich davon? Beantwortet die E-Mail oder die Online-Nachricht diese Frage nicht zufriedenstellend, landet sie im Papierkorb. Hasta la vista und ab damit in die runde Ablage, wie ein ehemaliger Einkaufskollege immer zu sagen pflegte.

Daher mein Tipp:

Stell dir immer die Frage, was die andere Seite von deinem Angebot hat. Egal ob du Akquise betreibst, deine Preise erhöhen oder eine Idee pitchen möchtest. Schlussendlich muss bei deinem Gegenüber ein Gefühl von Fairness, ein sogenanntes Win-win-Gefühl übrig bleiben. Denn seien wir ehrlich: Wer steht schon auf einseitige Abmachungen?

Mach auch nicht den Fehler anzunehmen, das Problem und die Wünsche deines Gegenübers schon von vornherein zu kennen. Ich kenne das sehr gut von mir selbst: Oft bin ich mit einer sehr konkreten Vorstellung in ein Gespräch gegangen. Ich war fest davon überzeugt, die Herausforderungen der Person auf der anderen Tischseite genau zu kennen. Oft fiel es mir erst durch ein längeres Gespräch wie Schuppen von den Augen: Meine Vorstellung war völlig daneben! Mein Angebot hätte überhaupt nicht gepasst!

Auch wenn du eine Idee vor mehreren Leuten präsentierst, darfst du keinesfalls vergessen, die WHID-Frage zu beantworten. Aber Achtung: Die Frage bleibt zwar immer gleich, ihre Antwort variiert aber von Person zu Person.

Nehmen wir an, du möchtest mehr Budget für eines deiner Projekte. Du bereitest dich vor und präsentierst deine Idee vor dem CEO des Unternehmens. Mit dabei ist auch sein Finanzchef. Ich kann dir versprechen, beide werden sich die WHID-Frage stellen, aber jeweils andere Antworten von dir erwarten. Beantworte die Frage daher nicht einseitig und gehe auf die Standpunkte aller Teilnehmenden ein.

Also: Je individueller du die WHID-Frage für dein Gegenüber beantworten kannst, desto überzeugender bist du! Am besten, du nimmst die Frage gleich vorweg. Glaube mir, allein durch diesen Move wirst du im Gedächtnis bleiben und einen riesigen Vorteil gegenüber all jenen haben, die diese Frage nicht beantworten können!

Kurz gesagt:

- **Beantworte immer die WHID-Frage:** egal, was du für dein Business tust. Ob du nun Newsletter versendest, Angebote schreibst oder in eine Verhandlung trittst, beantworte immer schon vorab die Was-habe-ich-davon-Frage. Jeder Mensch stellt sich diese Frage. Nur wenn du sie überzeugend beantworten kannst, werden sich deine Verhandlungspartner:innen auf dich einlassen. Wir sprechen hier von der wichtigsten zu beantwortenden Frage überhaupt! Am besten, du überlegst dir schon im Vorhinein, wie du sie für deine Verhandlungspartner:innen beantworten kannst.
- **Sorge für ein Win-win-Gefühl:** Im besten Fall gelingt es dir, bei der Beantwortung der WHID-Frage ein Win-win-Gefühl zu erzeugen, also eine Situation, von der ihr beide profitiert. Denn seien wir ehrlich: Niemand mag einseitige Abmachungen.

Starten mit einer hohen Forderung = Ankern Schokoeis zum Frühstück

Ich habe mich schon sehr oft durchgesetzt und wie du bereits weißt, liebe ich es zu verhandeln. Darum dachte ich auch immer, das hätte ich richtig gut im Griff und mich würde so leicht nichts erschüttern. Und dann habe ich meine härteste Verhandlungspartnerin getroffen. Das war nicht etwa ein Mitarbeiter eines großen Unternehmens oder eine Top-Rechtsanwältin. Mitnichten. Die besten Verhandlungsprofis der Welt kenne ich erst, seit ich vor ein paar Jahren zum ersten Mal Papa geworden bin.

Ich kann mich noch gut an eine Verhandlung erinnern, als meine Tochter dreieinhalb Jahre alt war. Diese Verhandlung startete bei uns frühmorgens in der Küche, als ich vor der Kaffeemaschine stand. Ich drückte auf den Knopf, der köstliche Kaffee strömte heraus, das verlockende Aroma stieg mir in die Nase. In Vorfreude auf den ersten Schluck war meine Welt gerade richtig schön in Ordnung. Da ging hinter mir die Tür auf und es trippelte und trappelte aus dem Kinderzimmer. Und schon stand sie da, rieb sich die Augen, gähnte und streckte sich, bevor sie sagte: »Papi, Schoki Glace!«

Als guter Vater verweigerte ich ihr das: »Nein, Süße, es ist sieben in der Früh, es gibt jetzt sicher kein Schokoeis!«

»Papi, Schoki Glace!«

»Nein, du kannst etwas anderes haben, aber kein Schokoeis, sicher nicht!«

»Papi, Schoki Glace – oder Erdbeeri?!«

Diese Verhandlungen enden meist mit einem strahlenden kleinen Mädchen am Küchentisch, mit einer Schüssel frischer Erdbeeren vor sich und hochzufrieden, weil sie das erreicht hat, was sie wirklich wollte: ein leckeres Frühstück. Wie sie das macht? Sie wirft gleich zu Beginn einen Anker. Einerseits führen hohe Forderungen zu höheren Resultaten. Andererseits setzt der Anker einen Referenzpunkt. Das heißt, sie stellt hohe Forderungen und ich versuche automatisch, mich darauf zuzubewegen. Sie fragt nicht, ob ich der Dienstleister bin für die

Frühstückslieferung oder wann der Liefertermin ist – das wird einfach vorausgesetzt.

Ankern ist etwas, was wir alle schon einmal gemacht haben. Wahrscheinlich sogar sehr oft. Erinnern wir uns zurück an die Jugend. Was hast du gemacht, wenn du am Abend ausgehen wolltest? Die meisten haben etwas gesagt wie: »Mein bester Freund darf bis morgens um drei wegbleiben. Darf ich das auch?«

Matrosen werfen den Anker aus, damit sich das Schiff nicht mehr wegbewegen kann, jedenfalls nicht weiter, als die Kette am Anker lang ist. Bei einer Verhandlung ist es sehr ähnlich. Wenn einer als Erster ankert, kann sich der andere nur noch auf denjenigen, der bereits geankert hat, zubewegen. Spielraum gibt es nur noch wenig. Daher ankere ich unbedingt als Erster.

Als Einkäufer erhielt ich immer Briefe, meistens im Oktober, November. »Sehr geehrter Herr Mathier, besten Dank für die tolle Zusammenarbeit in diesem Jahr. Aufgrund der Marktsituation und der gestiegenen Rohstoffpreise sehen wir uns leider gezwungen, die Preise ab erstem Januar um fünf Prozent zu erhöhen.« Bei mir im Büro meinten alle: »Huch!« Ich begann, diese Briefe zu sammeln, und dann schrieb ich zurück. An alle ging der gleiche Brief. »Sehr geehrter Herr/Frau Lieferant, besten Dank für Ihren Brief. Auch wir bedanken uns für die tolle Zusammenarbeit. Ich habe gerade gesehen, dass sich die Marktpreise nicht so wirklich verändert haben. Sie sind eher günstiger geworden. Und die Umsatzzahlen mit uns sind in den letzten Jahren gestiegen. Somit erwarten wir eine Preissenkung ab ersten Januar von 7,9 Prozent.« Das Verrückte ist, es funktioniert. Es funktioniert. Ein Anker, das ist wie Magie!

Und so ist es auch ohne Verhandlung möglich, den Referenzwert hoch oder eben niedriger anzusetzen.

Der weltberühmte Psychologe und Nobelpreisträger Daniel Kahneman und sein Kollege Amos Tversky führten bereits 1974 ein eindrückliches Experiment durch, um den Ankereffekt zu demonstrieren. Dabei mussten die Proband:innen ein Glücksrad mit einem Zahlenfeld von 1 bis 100 drehen und danach schätzen, wie viel Prozent aller afrikanischen Staaten Mitglied in den Vereinten Nationen waren. Das

Glücksrad war so eingestellt, dass es bei jedem Dreh entweder bei der Zahl 10 oder 65 stehen blieb. Das Ergebnis: Die Leute, die beim Glücksrad eine 10 drehten, schätzten daraufhin durchschnittlich nur 25 Prozent aller afrikanischen Staaten als UNO-Mitglied ein, während Personen, bei denen das Glücksrad bei 65 stehen blieb, durchschnittlich 45 Prozent schätzten. Sie vermuteten also umso mehr Staaten in Afrika, je höher ihre Zahl beim Drehen des Glücksrads ausgefallen war. Das Faszinierende dabei ist, dass das Glücksrad nichts mit der anschließenden Frage zu tun hatte – und trotzdem funktionierte der Anker.

Diese Erkenntnis kannst du dir auch im Verkauf zunutze machen.

Nicht hinterfragen – machen!

Zurück zu meiner Tochter. Sie fragt auch nicht: »Papa, möchtest du der Dienstleister für die Herstellung meines Frühstücks sein?« Nein, sie nimmt diese Tatsache als gegeben an. Als völlig selbstverständlich! Und das solltest du auch tun: nicht fragen, ob es eine Lohnerhöhung gibt, sondern fragen, wie hoch sie sein wird. Das kannst du natürlich auch wieder auf alle anderen Themen umlegen. Nicht fragen, ob jemand den Geschirrspüler ausräumt, sondern wann.

Diese Punkte kannst du mitnehmen:

- **Versuche immer, als Erster oder Erste den Anker zu werfen.** Damit erzielst du den Effekt, dass dein Gegenüber sich auf dich und deine Forderung zubewegen muss. Im Idealfall ankere gleich zu Beginn und setz damit einen Referenzpunkt.
- **Steig hoch ein.** Du bist dir nicht sicher, was hoch ist? Ganz einfach: Denk dir eine hohe Zahl, runde sie auf – und dann verdopple sie! Wenn dir die Zahl richtig Angst macht ... dann bist du im richtigen Bereich!
  - Höherer Einstieg = höhere Resultate. Warum das so ist? Weil du bessere Resultate bekommst, wenn du höher einsteigst. Denn: Klein anfangen und sich dann steigern funktioniert nicht.

- Brokkoli wird nicht zu Schokolade, wenn man ihn lange genug isst, ohne zu jammern.
- Und auch die gängige Taktik, beim Preis unten einzusteigen, um ihn dann langsam zu steigern, funktioniert nicht Denn bei deinen Verhandlungspartner:innen hat es sich dann im Kopf schon etabliert, dass du niedrige Preise hast.

Fruchtgummis mit Ankergeschmack

Ich hab da noch eine Geschichte zum Ankern für dich. Und wieder spielen meine Mädels die Hauptrolle. Weißt du, wann es bei uns zu Hause das größte Geschrei gibt? Immer dann, wenn die Süßigkeiten knapp werden. Vor einiger Zeit waren nur noch sechs Fruchtgummis übrig. Meine beiden Töchter kämpften unerbittlich um diese letzten sechs Süßigkeiten. Es gab ein riesiges Geschrei und sogar einige Tränen. Als Papa wollte ich natürlich für eine faire Verteilung sorgen und drei Haribos meiner größeren Tochter und drei Haribos meiner kleineren Tochter geben. Ist doch fair, oder? Tja, diese Rechnung hatte ich ohne meine ältere Tochter gemacht. Schnurstracks kam sie auf mich zu und sagte völlig entrüstet: »Papa, wieso bekomme ich nur drei Stück?! Ich bin sechs Jahre alt! Also doppelt so alt wie meine kleine Schwester! Das heißt, ich bekomme auch doppelt so viele Fruchtgummis!« Und weißt du was? Am Ende hat sie auch tatsächlich mehr von den Süßigkeiten bekommen. Sie hat in diesem Moment einen Anker gesetzt, der ihr zum Erfolg verholfen hat. Natürlich war es ein völlig irrationaler Anker, denn was hat das Alter mit der Menge an Fruchtgummis zu tun? Nichts! Doch obwohl es keine nachvollziehbare Verbindung zwischen diesen beiden gab, hat der Anker funktioniert. Und weißt du warum? Nun, ein guter Anker funktioniert auch dann, wenn er überhaupt nichts mit dem eigentlichen Verhandlungsgegenstand zu tun hat. Und ich verrate dir noch etwas: Wenn du als Erwachsener auf etwas mehr als ein paar Fruchtgummis aus bist, funktioniert dieser Trick ebenso gut.

Nehmen wir das Beispiel Lohn. Oft ist es in Unternehmen so, dass Mitarbeiter:innen, die schon länger dabei sind, auch mehr verdienen. Aber eigentlich müsste man sich das genauer anschauen. Sind die Jahre, die der Mitarbeiter oder die Mitarbeiterin länger im Unternehmen tätig ist, wirklich mehr wert? Oder hat vielleicht jemand, der noch nicht so lange dabei ist, dafür eine tolle Ausbildung und möglicherweise anderswo Erfahrungen sammeln können? Wo ist hier also die rationale Messbarkeit? Es ist nahezu unmöglich, hier einen rationalen Anker zu werfen, denn Mitarbeiter:innen, die schon zehn Jahre in einem Unternehmen in der IT arbeiten, haben meist weniger Kenntnis über den aktuellen Stand als eine Person, die frisch aus dem Studium kommt.

Also: Wenn du beim Lesen dieser Zeilen jetzt vielleicht geschmunzelt hast und dich schon darüber gefreut hast, ab jetzt immer mehr Fruchtgummis zu bekommen, vergiss nicht zu überlegen, wo du in deinem Business diese Verhandlungstaktik sonst noch anwenden kannst!

4. Forderungsliste

Scheibchenweiser Elefant

Weißt du, wie man einen Elefanten isst? Scheibchenweise! Dieser alte Kinderwitz kann dir in schwierigen Verhandlungen, in denen du eine große Forderung durchbekommen möchtest, sehr hilfreich sein.

Wenn du eine sehr große Forderung hast, also einen richtigen Elefanten im Raum, dann rate ich immer dazu, scheibchenweise vorzugehen. Das heißt, du machst am besten zunächst einen kleinen Schritt in die Richtung deiner großen Forderung. Das funktioniert meist besser, als wenn du gleich mit der Tür ins Haus fällst.

Ein Beispiel gefällig? Denke an Preiserhöhungen. Im Moment ist unser Markt beispielsweise äußerst volatil. Überall erhöhen sich die Preise. Jetzt gibt es Unternehmen, die noch nie zuvor ihre Preise angepasst haben, sie haben es versäumt oder gar vergessen. Plötzlich sehen sich diese Unternehmen jedoch gezwungen, etwas zu unternehmen. Ihre Margen werden durch die allgemeinen Preissteigerungen buchstäblich weggefressen, in der Regel reagieren sie mit großen Preiserhöhungen, um diesen Verlust irgendwie auszugleichen. Natürlich verärgert eine solche drastische Erhöhung die Kunden und Geschäftspartner. Niemand möchte so eine Preiserhöhung einfach hinnehmen. Möglicherweise sehen sie sich gar gezwungen, sich nach einer Alternative umzusehen.

Wie dir das nicht passiert? Nun, diese hohe Preiserhöhung wäre viel verdaulicher für alle Beteiligten, wenn du sie scheibchenweise umsetzt. Sprich, statt einer großen Erhöhung setzt du lieber Stück für Stück Erhöhungen um. Da sich der Preis mit dem Markt entwickeln muss, wäre eine nicht so drastische Erhöhung für alle gut nachvollziehbar. Du präsentierst deinen Elefanten im Raum einfach scheibchenweise und schon wirkt er nicht mehr so monströs. Im Übrigen wird diese

Taktik auch oft in der Politik eingesetzt: Unpopuläre Maßnahmen sind leichter verdaulich, wenn sie scheibchenweise umgesetzt werden, also Schritt für Schritt.

Vorteile – Nachteile

Vielleicht ist dir auch der Begriff der Salami-Taktik* für dieses Vorgehen bekannt. Diese Taktik beschreibt eben genau das: große Ziele durch kleine Schritte erreichen.

Ich persönlich halte in Verhandlungen nicht allzu viel von dieser Taktik. Warum? Nun, die Gefahr, dein Gegenüber zu verärgern, ist sehr groß. Überlege nur mal: Du möchtest am liebsten eine wirklich große Forderung durchsetzen. Damit du diese erreichst, forderst du zunächst dieses und dann bald jenes. Wie du dir vielleicht vorstellen kannst, kommt das bei deinem Gegenüber gar nicht gut an. In gewisser Weise fühlt er sich sogar über den Tisch gezogen. Du siehst also, diese Taktik kann auch mal schnell ins Auge gehen. Also wende sie – wenn überhaupt – nur zum geeigneten Zeitpunkt an.

Achte immer darauf, dass zwischen deinen Forderungen auch ein wenig Zeit liegt. Niemand kann es nachvollziehen, wenn du in einem Monat deine Preise um zehn Prozent erhöhst und im nächsten Monat wieder und dann wieder und wieder. Sorge lieber dafür, dass deine Kunden oder Geschäftspartner deine Forderungen ordentlich verdaut haben, bevor du weiter gehst.

---

* Der Ausdruck *Salami-Taktik* wurde von Zoltán Pfeiffer, dem damaligen Chef der Kleinlandwirtepartei, geprägt. Als nach den Wahlen von 1947 in Ungarn die kommunistische Partei scheibchenweise immer mehr Macht übernahm, indem sie ihre Gegner entweder stückchenweise durch allerlei Tricks ausschaltete oder sie dazu brachte, sich ihr anzuschließen, nannte Pfeiffer diese Vorgehensweise »szalámitaktika«, also Salami-Taktik.

Was willst du wirklich?

Es gibt sicher vieles, was du aus einer Verhandlung mitnehmen kannst. Kleine und große Siege. Reiche Beute oder ein paar Goodies. Um deine Ziele zu kennen und keines davon zu vergessen, ist es sicherer, sie aufzuschreiben.Daher mein Tipp: Stell dir eine Liste mit mindestens 30 Forderungen zusammen. Warum? Ich gebe dir ein Beispiel.

Stell dir vor, dass du eine Familienfeier, deinen runden Geburtstag oder eine Hochzeit planst. Wenn du nun deinen Gästen nur ein einziges Menü anbietest und darauf hoffst, dass es allen schmeckt, geht das vermutlich nicht gut.

Dann kommt der Erste daher und sagt: »Ich mag kein Schweinefleisch«, der Zweite ist Vegetarier, der Dritte Veganer, der Vierte hat eine Glutenunverträglichkeit und einer ist vielleicht sogar Frutarier und isst nur Obst, das vom Baum gefallen ist (ja das gibt es wirklich!).

Du hast also keine Chance, mit einem einzigen Menü alle zufriedenzustellen. Klüger ist es, ein Buffet zu haben, an dem sich jeder sein eigenes Menü zusammenstellen kann.

Auch in einer Verhandlung ist es sinnvoll, mehrere Forderungen zu haben, denn nun kann sich die Gegenseite aus dem, was du möchtest, etwas aussuchen, was ihr ebenfalls passt. Auf diese Weise könnt ihr gemeinsam einen Deal entwickeln, mit dem beide glücklich sind.

Wenn du dir mehrere Forderungen überlegt hast, kannst du besser parieren: Sobald die Gegenseite eine Forderung stellt – sie wollen weniger bezahlen –, kannst du ebenfalls eine Forderung auf den Tisch legen. Du musst dir das bildlich vorstellen: Die Gegenseite will etwas – du legst etwas auf den Tisch. Die Gegenseite sagt nein – du nimmst es wieder weg vom Tisch und legst etwas Neues drauf. Damit du das genau im Moment der Verhandlung machen kannst, musst du dir vorher überlegt haben, welche Forderungen du überhaupt hast.

In meinen Trainingsprogrammen erstelle ich mit den Teilnehmer:innen eine sogenannte Forderungsliste: Ich schreibe alle Optionen auf diese Liste, die für die Person oder das Unternehmen wichtig sind. Das Wichtigste kommt ganz nach oben. Das ist das, was du als Erstes auf den Tisch legst.

Ich unterteile meine Forderungen immer nach dem Minimum – was ist realistisch – und dem Maximum. Zum Beispiel: Wenn du ein Produkt kaufst, das eine Garantiedauer hat, ist das Minimum zwölf Monate, realistisch wären 24 Monate und das Maximum wären fünf Jahre. Also starten wir mit der maximalen Forderung und dann verhandeln wir.

Dein Vorteil: In der Hitze des Gefechts, in der Verhandlung, kannst du jederzeit eine Forderung obendrauf packen – eben weil du sie parat hast. Wenn du mitten in der Verhandlung bist, dann kommt dir meist nicht alles in den Sinn. Genau aus diesem Grund ist eine Forderungsliste so enorm wichtig. Und das Allerbeste ist: Meistens investierst du einmal die Zeit dafür, solch eine Liste zu erstellen, und kannst sie dann für viele, viele Verhandlungen verwenden.

Auch bei der Lohnverhandlung gilt: Geh nicht nur rein mit der Forderung nach einer Lohnerhöhung, sondern betrachte immer das Gesamtpaket. Dieses könnte noch aus weiteren Forderungen bestehen wie ein Bonus, eine Provision, eine Beteiligung an einer Weiterbildung, ein Geschäftsfahrzeug, ein größerer Anteil an Homeoffice-Stunden, ein Handy, ein Sabbatical oder whatever. Wichtig ist, dass du dir deine Forderungen aufgeschrieben hast. Und zwar *vor* der Verhandlung.

Das Beste kommt zum Schluss

Beim letzten Auto, das ich gekauft habe, hab ich sehr lange verhandelt und ganz am Schluss, als wir das Geschäft schon praktisch eingetütet hatten, warf ich ein: »Meine Frau wünscht sich da noch so einen ganz speziellen Kindersitz. Der kostet so und so viel, aber jetzt hab ich mein Budget mit dem Auto ausgeschöpft. Wie sieht's aus? Schenkt ihr uns den dazu für unser Baby, das bald kommen wird?« Sie gaben mir tatsächlich noch einen Schlussrabatt. Er war genauso hoch wie der Preis dieses Kindersitzes.

Wie funktioniert das? Es ist höchst menschlich. Man ist durch diese ganzen Verhandlungen durch, kurz vorm Kauf und der Verkäufer möchte einfach nur noch abschließen. Daher ist er sehr gewillt, uns noch einen letzten Wunsch zu erfüllen. Das funktioniert übrigens auch in jedem Kleiderladen: Wenn du ein schickes Kleid oder einen Anzug kaufst, gibt es meistens noch irgendwas dazu, und sei es nur eine Krawattennadel.

Probier es einfach mal aus. Verlang beim nächsten Deal, beim nächsten Geschäft noch ein kleines Geschenk als Draufgabe, stell eine kleine Abschlussforderung. Ich kann dir garantieren, das funktioniert, und du wirst ab sofort deine Verhandlungen am Schluss noch etwas optimieren können.

Es funktioniert übrigens auch umgekehrt, also, wenn du selbst der Verkäufer oder die Verkäuferin bist. So kannst du ganz am Ende noch fragen: »Können Sie mich weiterempfehlen?«

Zusammengefasst:

- **Erstelle eine Forderungsliste:** Gehe mit einem Buffet an Forderungen in deine Verhandlungen. Gemeinsam könnt ihr dann anhand dieser Auswahl an Forderungen einen Deal ausarbeiten, quasi euer gemeinsames Menü zusammenstellen. Hab diese Liste stets parat, damit du jederzeit auf Gegenforderungen kontern kannst.
- **Setze ein Minimum und ein Maximum fest:** Lege in deiner Liste immer eine minimale, aber auch eine maximale Forderung fest. So hast du eindeutige Referenzpunkte und kommst auch während einer hitzigen Verhandlung nicht ins Schleudern. Beginne bei deiner Maximalforderung und verhandle keinesfalls unter deine Minimalforderung!
- **Pack eine Kirsche oben auf die Torte:** Kurz vor Abschluss einer Verhandlung, insbesondere, wenn diese sehr langatmig war, möchte jeder nur noch den Sack zumachen. Nutze diese Chance und verlange am Schluss, wenn du beim Deal bei 99,9 Prozent bist, noch ein kleines Geschenk. Dein Gegenüber wird so kurz vor dem lang ersehnten Ende nichts gegen ein kleines Entgegenkommen haben. Aber mach es leicht, locker und humorvoll. Sieh es als ein Spiel an: Manchmal gewinnst du, manchmal verlierst du – Hauptsache, du spielst!

5. Lass uns spielen!

Ich habe lange Zeit Fußball gespielt. Wir haben mehrmals pro Woche trainiert, am Wochenende ging es ab zum Match. Man geht in die Kabine, zieht sich um, wärmt sich auf ... und dann geht es die Treppen rauf aufs Spielfeld. Nun kommt das Schönste: Wir spielen! Und das tun wir jetzt auch.

Was brauchst du, um gut spielen zu können?

Zunächst einmal musst du die richtigen Fragen stellen, um zu wissen, wo du und deine Verhandlungspartner:innen stehen beziehungsweise was sie wollen.

Danach kannst du manchem zustimmen – du solltest aber auch nein sagen, wenn du mit einer Forderung nicht mitgehen kannst oder willst.

Was es dazu braucht, ist die nötige Flexibilität sowie die Fähigkeit, den Verhandlungskuchen zu vergrößern.

Sinnvoll ist es auch, die Motive deiner Verhandlungspartner:innen zu kennen. Was steckt dahinter? Denn dann kannst du anders agieren und noch viel besser zu einer Win-win-Situation kommen. Und natürlich spielt die Sympathie eine wichtige Rolle.

Hab ich dich neugierig gemacht? Dann komm, lass uns spielen!

Strategie versus Taktik

Kennst du den Unterschied zwischen einer Strategie und einer Taktik? Falls nicht, lass mich es dir kurz erklären.

Eine Strategie ist das big picture, also der große Plan für deine Verhandlung. Im Unterschied dazu besteht eine Taktik aus Teilschritten, Mitteln und Werkzeugen, die du benötigst, um dein großes Ziel zu erreichen. Ich gebe dir ein Beispiel: Wenn du von Thun nach Bern willst, dann hast du verschiedene Möglichkeiten. Du kannst entweder den öffentlichen

Verkehr nutzen, also den Zug, die Straße nehmen und selbst fahren oder sogar im Sommer übers Wasser der Aare mit dem Gummiboot nach Bern paddeln. Die Wahl, den Zug zu nehmen, selbst mit dem Auto auf der Straße oder mit dem Gummiboot nach Bern zu fahren, ist hier gleichgesetzt mit der Auswahl der Strategie. Wenn ich nun auf der Straße vom Auto auf ein Motorrad wechsle, um beispielsweise bei einem Stau einfacher voranzukommen, dann passe ich meine Taktik an. Die Strategie »Straße« bleibt dieselbe. Taktiken der Straße sind somit Auto, Bus, Motorrad, E-Bike usw.

In diesem Kapitel werde ich dir einige Strategien und viele Taktiken vorstellen, damit du je nach Situation die bestmögliche Strategie und Taktik auswählen kannst. Aber zuerst zu den Hard Facts!

Hard Facts – wie setzt du dich durch?

Dein Herz klopft schnell, deine Hände sind schwitzig und deine Stimme zittrig, denn gleich kommt der Punkt im Kundengespräch, der dir schlaflose Nächte bereitet. Der Punkt, an dem du deinen Preis nennen musst.

Kommt auch dir diese Situation bekannt vor? Ich kann dir versprechen, so wie dir geht es ganz vielen Leuten. Viele bekommen bei dem Gedanken, ihren Preis – also eine Zahl – zu nennen, regelrechte Panikattacken.

Lass mich dir diese Angst nehmen, ich kann dir versprechen, sie ist unbegründet!

Der Wert einer Zahl ist subjektiv

Zuerst einmal vorneweg: Der Wert einer Zahl ist subjektiv. Ja, wirklich! Was für dich eine sehr hohe, fast schon unverschämte Summe ist, kann für dein Gegenüber ganz normal sein.

Denk einmal zurück an deine Kindheit. Kannst du dich noch erinnern, wie stolz du warst, als dir jemand zum Geburtstag Geld schenkte? Ich kann mich erinnern, dass ich es als kleiner Junge kaum fassen konnte, als ich meinen ersten 50-Franken-Schein bekam. Mit Stolz erfüllt zeigte ich ihn meinem Bruder und verwahrte ihn anschließend sicher in einer geheimen Ecke in meinem Kinderzimmer. Immerhin war ich jetzt reich! Wer hat schon 50 Franken daheim? Heute sehe ich das naturgemäß anders. Denk auch an Wasser. Ja, Wasser! Wenn du ein Glas aus der Leitung trinkst, dann kostet das so gut wie nichts. Kaufst du es im Supermarkt, dann kostet die Flasche 50 Cent oder maximal einen Euro. Im Lokal zahlst du dafür 2,50 Euro und im Nobelschuppen vielleicht sogar fünf oder sieben Euro. Und stell dir vor, du würdest in der Wüste mehrere Stunden ohne Wasser auskommen müssen, wie viel wärst du nach ein paar Stunden bereit zu zahlen, wenn du fast verdurstet auf einen rettenden Wasserverkäufer treffen würdest? 100 Euro, vielleicht sogar 1000 Euro? Es ist alles Wasser, doch je nachdem, wo du es trinkst, kostet es unterschiedlich viel.

Du siehst, der Wert einer Zahl ist subjektiv. Was für den einen viel ist, kann für den anderen ganz normal oder sogar wenig sein.

Glaub an deinen Preis!

Lass mich dir eines verraten: Wenn du selbst der Meinung bist, dein Preis ist unfair oder gar unverschämt, dann merkt man dir das an. Die Unsicherheit steht dir quasi auf die Stirn geschrieben und dein Gegenüber wird merken, dass du nicht von dir und deiner Leistung überzeugt bist. Keine gute Basis für erfolgrciches Verhandeln! Das ist im Übrigen mit ein Grund, warum viele Leute zu wenig verdienen – sie formulieren ihre Forderung nicht selbstsicher.

Wie hilfreich es sein kann, selbstsicher für sich und seine Forderungen einzutreten, kann ich dir aus eigener Erfahrung berichten: Als ich mich um einen neuen Job beworben hatte, kam in unserer zweiten Gesprächsrunde das Thema Lohn auf. Ich wurde gefragt, welches Gehalt ich mir vorstellen würde. Selbstsicher nannte ich daraufhin meinen Preis, den ich mir im Vorhinein ordentlich überlegt und kalkuliert hatte.

Der HR-Mitarbeiter schrieb die Summe auf und wartete. Er wartete in der Hoffnung, dass ich noch etwas sagen, noch etwas ergänzen würde. Als ich das nicht tat – ich saß ihm schweigend gegenüber –, sah er mir schließlich tief in die Augen und sagte: »Nun ja, das ist aber schon sehr viel. Ich meine, für jemanden in Ihrem Alter.« Ich wusste, dass ich hundertprozentig auf die ausgeschriebene Stelle passte und so sah auch ich ihm tief in die Augen und antwortete mit voller Überzeugung: »Schauen Sie, wenn Sie jemanden finden mit meiner Ausbildung, mit meiner Erfahrung, der weniger verlangt ... dann bitte, nehmen Sie um Gottes Willen diese Person und nicht mich. Ich weiß nämlich, dass ich das wert bin und das ist mein Preis.« Dann folgte Stille. Schlussendlich gingen wir schnurstracks zum nächsten Punkt über.

Ganz oft möchte dein Gegenüber nur herausfinden, wie ernst es dir mit deinem Preis ist. Es ist quasi ein Test. Wenn du dann nicht auf einem soliden Fundament stehst und im Gespräch zu wackeln beginnst, ist das der Startschuss für eine unerbittliche Preisschlacht.

Was du denkst, ist, was du ausstrahlst

Deine Gedanken beeinflussen immer die Verhandlung. Wenn du unsicher bist und nicht hinter deinen eigenen Forderungen stehst, dann strahlst du das aus! Auch wenn ihr im Team verhandelt und nur ein Einziger oder eine Einzige von euch nicht hinter dem genannten Preis steht, wird die Gegenseite das spüren und zu ihrem Vorteil nutzen!

Und noch etwas: Bereite dich in Ruhe vor und überlege dir schon im Vorhinein die Summe, die du nennen willst.

Du fragst dich, wie das geht? Setze am besten deinen Preis etwas höher an. Führe wenn nötig einen Marktvergleich durch. Runde deinen Preis auf und verdopple ihn anschließend. Wenn du den Preis dann anschaust und das Gefühl hast, er liegt außerhalb deiner Komfortzone, dann bist du auf dem richtigen Weg!

Wenn du deinen Preis also festgelegt hast, gilt es, diesen nun selbstsicher nach außen zu vertreten. Das kannst du üben und lernen!

Schreib dich (und deinen Preis) GROSS

Am besten beginnst du damit, deinen Preis groß aufzuschreiben. Einfach auf ein Blatt Papier, damit er Gestalt annimmt. Aus Tausenden Verhandlungen kann ich dir sagen, dass viele Menschen den Fehler begehen, sich ihre Preise nicht zu notieren. Die Zahl schwirrt dann nur in deinem Kopf herum und wenn du sie schlussendlich nennen musst, wirst du unsicher und nennst automatisch eine niedrigere Zahl.

Gerade beim Thema Lohnverhandlung kann dir dieser Tipp sehr hilfreich sein. Vor einiger Zeit unterstützte ich eine Kundin rund um dieses Thema. Nach einem Marktvergleich stellten wir fest, dass sie in der Vergangenheit sage und schreibe 750 Franken pro Monat zu wenig verdient hatte! Ich bemerkte sehr schnell, dass sie von dieser hohen Zahl nicht überzeugt war und es ihr nicht möglich sein würde, diese in der nächsten Lohnverhandlung zu nennen. Also gab ich ihr den Tipp, diese Zahl auf zwei Blättern zu notieren. Eines sollte an ihrem Kühlschrank, das andere an ihrem Badezimmerspiegel angebracht werden. So war sie über mehrere Tage gezwungen, immer wieder auf diese Zahl zu blicken. Doch nicht nur sie nahm diese Zahl wahr. Auch ihr Mann fragte nach, was es damit auf sich habe. Als sie ihm von ihrem Plan erzählte, wurde die Zahl noch greifbarer. Nun würde ihr Mann nach dem nächsten Gespräch automatisch fragen, ob sie die 750 Franken Lohnerhöhung gefordert hatte. Sie hatte nun also eine Verpflichtung, nicht nur sich selbst, sondern auch ihrem Mann gegenüber. Spoiler: Im Endeffekt funktionierte diese Strategie.

Auftritt, bitte!

Ein weiterer wichtiger Punkt, um deinen Preis selbstsicher zu nennen, ist dein Auftreten. Du musst deine Zahl stets bestimmt und klar nennen. Erde dazu deine Füße, stell sie hüftbreit auf und schau deinem Gegenüber selbstbewusst in die Augen. Wenn du deine Zahl dann in einem bestimmten, selbstsicheren Tonfall genannt hast, schweige, so wie ich es bei meiner Verhandlung gemacht habe. Hier gilt das Sprichwort: Reden ist Silber, Schweigen ist Gold!

Viele begehen an diesem Punkt des Gesprächs einen gravierenden Fehler: Gleich nachdem sie ihren Preis genannt haben, rechtfertigen sie sich dafür. Zum Beispiel, indem sie nach der Zahl sagen: »Aber das Gehalt ist ja nicht das Wichtigste.« Damit signalisieren sie ihrem Gegenüber, dass es hier noch etwas zu holen gibt!

Also Achtung, auch wenn es dir schwer fällt: Nenne deinen Preis und schweige!

Die Wiederholung macht's

Ein weiterer Tipp, der dir in der nächsten Preis- oder Lohnverhandlung weiterhelfen kann, ist, die Zahl mindestens drei Mal im Gespräch zu wiederholen. Wozu das Ganze? Wenn du die Zahl nur einmal nennst, kann sie im Laufe des Gesprächs schnell untergehen. Nennst du sie mindestens drei Mal, kannst du sicher sein, dass sie bei deinem Verhandlungspartner ankommt.

Durchhalten!

Abschließend möchte ich dir ans Herz legen, niemals zu früh nachzugeben. Es wirkt schlicht und ergreifend unseriös, wenn du deinen Preis nennst und sofort zurückruderst. Nehmen wir wieder das Beispiel meiner Kundin. Stell dir vor, sie hätte in der Gehaltsverhandlung die Zahl 750 genannt. Wenige Sekunden, nachdem sie diese Forderung gestellt hat, fängt sie an sich zu rechtfertigen und nachzugeben: »650 wären auch okay. Eigentlich kann ich auch mit 500 Franken noch gut leben.«

Wie, denkst du, wirkt das auf ihr Gegenüber? Genau, die andere Person denkt, der genannte Preis wäre eine unkalkulierte Fantasiezahl, die man nicht ernst nehmen kann.

Etwas hergeben, anstatt nachzugeben

Natürlich kann es trotz meiner genannten Tipps in Preisverhandlungen zu dem Punkt kommen, an dem du merkst, dass du Kooperationsbereitschaft zeigen musst.

Doch anstatt einfach deinen Preis zu senken, probiere lieber einmal folgende Strategie: Gib deinem Gegenüber etwas, das für dich weniger wert ist, weniger Aufwand bedeutet, für ihn aber einen hohen Wert besitzt.

Erhöhe also den Wert für deinen Kunden, ohne deinen Preis zu senken. Damit verteidigst du deinen Preis und gibst deinem Kunden gleichzeitig einen Mehrwert. Du könntest zum Beispiel deinem Arbeitgeber anbieten, eine Vertretung zu übernehmen oder eine bestimmte Ausbildung zu absolvieren, die die Firma weiterbringt. Packe also immer zuerst noch etwas obendrauf, bevor du mit deinem Preis runtergehst.

Du siehst: Es besteht kein Grund, in Panik auszubrechen, wenn du im nächsten Verhandlungsgespräch deinen Preis nennen musst. Wenn du ein paar meiner Tipps umsetzt, kann ich dir versprechen, es wird dir von Mal zu Mal leichter von der Hand gehen.

Zusammengefasst:

- **Der Wert einer Zahl ist subjektiv.** Bedenke: Jeder empfindet etwas anderes als viel. Während Kinder 50 Franken für ein Vermögen halten, siehst du darin wahrscheinlich nur einen Restaurantbesuch. Das heißt: Zahlen sind subjektiv und nur, weil du glaubst, dass dein Preis zu hoch ist, muss das noch lange nicht stimmen.
- **Glaub an deinen Preis.** Zeige von Beginn deiner Verhandlung an, wie ernst es dir mit deinem Preis ist. Stehe hinter dieser Zahl und du wirst dies auch ausstrahlen. Man merkt es, wenn du es nicht tust!
- **Runden und verdoppeln.** Wenn du nicht weißt, wie du deinen Preis festmachen sollst, gebe ich dir den Tipp, deine Wunschzahl aufzurunden und anschließend zu verdoppeln. Du bewegst dich damit wahrscheinlich außerhalb deiner Komfortzone – und das ist gut so. Du setzt damit einen deutlichen Referenzpunkt, von dem aus es sich gut verhandeln lässt.

- **Schreib dich (und deinen Preis) GROSS.** Damit dir dein Preis in der Verhandlung nicht mehr unangenehm ist und du ihn selbstsicher nennen kannst, solltest du dich an die Zahl gewöhnen. Schreibe sie dir groß auf einen Zettel und hänge diesen gut sichtbar auf. Je öfter du die Zahl siehst, desto normaler wird sie für dich. Und das Wichtigste: Glaube an dich, steh hinter dir und deiner Forderung! Nur wenn du deine Zahl selbstsicher nennst, kannst du dein Gegenüber überzeugen.
- **Schweigen ist Gold.** Sobald du in deiner Verhandlung deinen Preis genannt hast, heißt es Klappe halten. Fang bloß nicht an, dich zu rechtfertigen! Schweige und warte, was passiert.
- **Aller guten Dinge sind drei.** Damit deine Preisforderung in der Verhandlung nicht untergeht, nenne sie im Laufe des Gesprächs am besten drei Mal. Dadurch stellst du sicher, dass dein Gegenüber die Zahl wirklich bewusst wahrnimmt. Zeige Kooperationsbereitschaft: Ich rate immer dazu, niemals zu schnell nachzugeben. Sollten sich die Fronten allerdings zu sehr verhärten, zeige Kooperationsbereitschaft. Biete deinem Gegenüber etwas an, was für dich vielleicht weniger Wert hat (zum Beispiel ein längeres Zahlungsziel). Senke nicht einfach deinen Preis, gib etwas mit Mehrwert für deinen Kunden!

Taktiken zum Durchsetzen deiner Ziele

Ich möchte dir nun ein paar Taktiken verraten, die dir in Live-Verhandlungen (auch online) helfen können.

Shut the f**k up! Oder: Klappe zu!

HDL. Was heißt das? Im Familienchat bedeutet dies meistens »Hab dich lieb«, doch das meine ich hier nicht. In der Verhandlung bedeutet HDL: »Halt den Latz!« Mach den Mund zu! Schweig! Klappe zu! Um Gottes Willen, rede dich nicht um Kopf und Kragen!

Es gibt Leute, die schwatzen und schwatzen und schwatzen und verraten alles. Sie reden sich wortwörtlich um Kopf und Kragen. So verhandelt man nicht. Ich empfehle dir, zu schweigen, und immer daran zu denken: Halt den Latz.

Enjoy the silence

Der Mensch hält Stille nicht aus. Wenn du in einer Verhandlung eine Forderung stellst und schweigst, dann ist das unangenehm. Und dein Gegenüber beginnt zu reden und zu reden und zu reden. Und du schreibst einfach nur noch auf. Wenn du jemand bist, der gerne redet so wie ich, kannst du das am Telefon oder in Online-Meetings trainieren. Denn am Telefon oder online ist zu schweigen viel einfacher als im realen Leben. Warum, fragst du dich? Nun, ganz einfach, es gibt online den sogenannten Mute- oder Stummschaltebutton. Mit dieser Taste kannst du das Mikrofon ausschalten. Probier am besten einmal Folgendes aus: Das nächste Mal, wenn der Chef oder deine Frau oder dein Mann anruft und irgendwas fordert, dann stellst du eine Gegenforderung und dann mutest du dich selbst. Oder stelle in deiner nächsten Online-Verhandlung eine Forderung. Anstatt sofort für diese Forderung zu argumentieren, schalte dich auf stumm und warte ab. Weißt du, was passieren wird? Aus meiner Erfahrung kann ich dir berichten, dass mit hoher Wahrscheinlichkeit dein Gegenüber zu sprechen beginnen wird. Womöglich wird dein Verhandlungspartner oder deine Verhandlungspartnerin jede Menge Argumente und Infos munter ausplaudern, während du schweigst. Und schlussendlich hat immer derjenige mit den meisten Informationen die größere Verhandlungspower!

Plötzlich geht es auf der anderen Seite los, es kommen Vorschläge und du brauchst nur noch auszuwählen. Ist gut, machen wir so. Und das funktioniert.

Daher ist die erste und fast wichtigste Taktik das Schweigen. Schweigen ist grundsätzlich in allen Verhandlungssettings sehr wichtig. Aber natürlich nur im richtigen Moment!

Stummschalten – andersrum

Und noch ein kleiner Tipp: Den Mute-Button kannst du auch bei anderen anwenden! Ja, du liest richtig. Wenn du einen Kollegen bei dir im Team hast, der dir ständig zu den unpassendsten Momenten reinquatscht: Schalte ihn auf stumm, mute ihn. Das geht zwar leider nur, wenn du das Meeting erstellt hast oder zumindest Admin bist, aber dann ist es umso hilfreicher. Und seien wir ehrlich, manchmal könnte man diese Stummschalteoption auch im echten Leben brauchen, oder etwa nicht?

Im Übrigen empfehle ich dir auch, einen Redeanteil von 70 zu 30 in deinen Verhandlungen – höre mehr zu und sage weniger. Überlass das Reden deinem Gegenüber und du wirst sehen, wie viele Informationen es preisgeben wird. Die meisten Menschen sind nicht gut im Schweigen und reden sich schnell um Kopf und Kragen. Nutze das für dich und deinen Verhandlungserfolg. Denn nur wenn du schweigst, kannst du aktiv zuhören und herausfinden, was für dein Gegenüber wichtig ist. Darum: Mute yourself!

Das Schweigen live

Aber auch offline ist Schweigen ein wichtiges Instrument. Auch wenn das berühmte Sprichwort »Reden ist Silber, Schweigen ist Gold« vielleicht schon etwas abgedroschen ist, solltest du es dir unbedingt bei deiner nächsten Verhandlung zu Herzen nehmen. Schweigen halte ich für so wichtig, dass ich immer sage: »Reden ist Silber, Schweigen ist Platin«, da Platin noch wertvoller ist als Gold.

Was ich genau damit meine? Ganz einfach: Sag einfach mal nichts!

Schweigen hilft dir, unvoreingenommen zu sein

Vielleicht hast du auch immer wieder die gleichen internen Meetings mit denselben Leuten und denselben Themen? Du hast das Gefühl, schon vor dem Meeting das Ergebnis zu kennen?

Probiere beim nächsten Mal Folgendes aus: Anstatt dem Kollegen, der in jedem Meeting einen Dauermonolog hält, reinzureden, schweig und hör zu! Auch wenn es dir vielleicht nicht leichtfällt. Im besten Fall erfährst du durchs Zuhören Neuigkeiten oder erhältst zumindest einen anderen Blickwinkel auf das Gesagte.

Das Schweigen und der Anker

Kontere durch Schweigen einem unverschämten Anker: Stell dir vor, ein Mitarbeiter kommt zu dir und stellt eine unverschämte Forderung. Der Anker, den er zu setzen versucht, hat es wirklich in sich. Anstatt wild dagegen zu argumentieren, schweige! Sage für drei Sekunden einfach nichts. Und vielleicht schaust du auch noch etwas schockiert. Was wird passieren? Nun, da wir Menschen im Allgemeinen die Stille nicht gerne haben, wird dein Gegenüber damit beginnen, sie mit Wörtern zu füllen. Du wirst sehen, oftmals kommen durch die Taktik des Schweigens ganz neue Optionen deines Gegenübers auf den Tisch, die mit dem ursprünglichen Anker gar nichts mehr zu tun haben. Dafür reichen wirklich schon drei Sekunden Stille aus! Probiere es aus: Drei Sekunden können sich wie eine Ewigkeit anfühlen, dich aber in eine gute Verhandlungsposition befördern.

Stille schützt vor Dummheit

Wahrscheinlich kennst du auch die Art von Leuten, die erst sprechen und dann denken? Besonders in Situationen, in denen es heiß hergeht und verschiedene Argumente ausgetauscht werden, neigen viele dazu, sich um Kopf und Kragen zu reden. Ich hatte wirklich schon zahlreiche Verhandlungen, in denen ich einem meiner Teammitglieder etwas uncharmant unterm Tisch gegen das Schienbein getreten habe, um ihn vom Reden abzuhalten! Daher mein Tipp: Lerne zuzuhören und zu schweigen! Je mehr deine Mitstreiter:innen und du schweigen, desto mehr Infos wird euch die Gegenseite liefern, wodurch du automatisch am längeren Hebel sitzen wirst! Und ein netter Side-Effekt: Schweigen schützt dich davor, dumme Zugeständnisse zu machen!

Also, mein Fazit: Schweige, anstatt dich um Kopf und Kragen zu reden! Du wirst sehen, dein Gegenüber wird sich in einen Monolog stürzen, wenn du auch nur drei Sekunden nichts sagst, nur um die Stille zu unterbrechen. Plötzlich werden Optionen auf dem Verhandlungstisch liegen, von denen zuvor gar keine Rede war. Glaub es mir und probiere es einfach mal aus.

Nie ohne meinen Partner!

Eine weitere Taktik, die ich dir empfehlen möchte, nenne ich »Never negotiate alone«. Verhandle also am besten – besonders bei großen Aufträgen und schwierigen Verhandlungen – nicht allein. Besorg dir einen Sparringspartner oder eine Sparringspartnerin. Teile dazu vor dem Meeting deinen Teammitgliedern bestimmte Rollen zu. Gib am besten die Moderation des Online-Meetings an deinen Partner oder deine Partnerin ab. Damit hat er oder sie eine der wichtigsten Aufgaben überhaupt, dirigiert sozusagen das Gespräch und kann in heiklen Situationen gut gegensteuern, indem er oder sie zum Beispiel die Verhandlung unterbricht oder zum nächsten Punkt überleitet. Glaube mir, das ist wirklich praktisch. Und noch etwas: Wenn du jemanden dabeihast, dann kann der- oder diejenige nicht nur das Protokoll verfassen, sondern notfalls auch wichtige Infos online recherchieren und dir so unter die Arme greifen. Das alles funktioniert wunderbar im Online-Meeting, also nutze es!

Wichtig dafür ist, auch das kann ich dir aus eigener Erfahrung sagen, dass dein Partner oder deine Partnerin das Ziel des Meetings kennt und auch in die geplante Strategie eingeweiht ist. Denn nur wenn er oder sie sicher auf den Beinen steht und genau weiß, worauf es hinauslaufen soll, kann diese Taktik aufgehen.

Sei positiv!

Die dritte Taktik, die ich dir ans Herz lege, ist es, positive Wörter und Sätze zu verwenden. Nein, keine Sorge, du sollst deinem Gegenüber nicht übertrieben Honig ums Maul schmieren.

Aber: Setze bewusst positive Sätze und Wörter ein, um deine Argumente besser bei der Gegenseite ankommen zu lassen. Bedenke: Dein Gegenüber hat ein Headset auf und deine Körpersprache ist online kaum sichtbar. Daher nutze die Kraft der Wörter.

Positive Wörter sind zum Beispiel: Garantiert, einfach, problemlos, verbindlich, Mehrwert usw.

Positive Sätze können sein: »Vertrauen Sie meiner Expertise.« – »Ja, das machen wir gerne für Sie.« – »Wir haben dieses Problem schon für andere Kunden gelöst.« – »Wir verstehen Sie.«

Du merkst, diese Wörter und Sätze vermitteln sofort ein positives Bild.

Falls du diese Taktik verwendest, dann meide bitte unbedingt folgende Sätze, damit du dir den Effekt nicht gleich wieder zerstörst: »Das müssen wir uns noch einmal genauer ansehen.« – »Lassen Sie uns noch einmal zusammenkommen.« – »Das können wir jetzt nicht entscheiden.« – »In der aktuellen Situation ist das schwierig.«

Du fragst dich, was an diesen Sätzen schlecht ist? Nun, ich bin der Überzeugung, dass es in einer Verhandlung stets wichtig ist, Verbindlichkeit und Vertrauen zu schaffen. Mit Sätzen wie diesen erzeugst du jedoch genau das Gegenteil. Diese Follow-up-Mentalität kann dazu führen, dass Verhandlungspartner:innen das Vertrauen in dich verlieren. Also: Finger weg!

Was du mitnehmen solltest:

- **Halte den Latz.** So hart das klingen mag, aber halte lieber öfter mal den Latz. Wir neigen alle dazu, uns um Kopf und Kragen zu reden, sobald in einem Gespräch Stille eintritt. Dabei verraten wir oft wichtige Fakten, die eigentlich besser bei uns geblieben wären. Und das alles nur, weil wir die Stille nicht ertragen können. Rede dich also nicht um Kopf und Kragen –

mach die Stille zu deinem Verbündeten. Wenn du dir unsicher bist, übe das Schweigen am besten. Am einfachsten geht das am Telefon oder auch in Online-Meetings, bei denen du dich einfach selbst muten kannst. Oder noch besser: Bitte einen Kollegen oder eine Kollegin, dich zu muten, dann klappt's ganz bestimmt.

- **Die Drei-Sekunden-Regel.** Kontere eine unverschämte Forderung beim nächsten Mal einfach mit einer Drei-Sekunden-Stille. Diese wenigen Sekunden werden sich für dein Gegenüber wie eine Ewigkeit anfühlen. Sofort wird es damit beginnen, die unangenehme Stille zu füllen und dir Optionen auf den Tisch legen, von denen zuvor nicht einmal die Rede war.
- **Setze auf Teamwork.** Ich rate dir, gerade bei großen Verhandlungen niemals alleine aufzukreuzen. Setze auf Teamwork und bitte deinen Kollegen oder deine Kollegin, dich als Sparringspartner:in zu begleiten. Weihe ihn oder sie davor jedoch auf jeden Fall in deine Strategie ein und teile deine Ziele. Während der Verhandlung kannst du dann Unterstützung bekommen, indem er oder sie den Verlauf neutral beobachtet, Protokoll führt oder dir – in Online-Verhandlungen – kurzerhand wichtige Infos aus dem WWW besorgt. Ein guter Partner oder eine gute Partnerin kann dir in schwierigen Verhandlungen schnell einmal den Kopf retten – verzichte nicht darauf!
- **Verbreite positive Vibes.** Nein, du sollst nicht schleimen. Ich meine damit, dass du durch positive Worte und Sätze gezielt eine Atmosphäre des Vertrauens und der Verbindlichkeit erzeugst. Zeige deinem Gegenüber, dass auch du an einer Win-win-Lösung interessiert bist.

Lass uns die Preise verhandeln

Auf den nachfolgenden Seiten geht es um die meistgeführten Verhandlungen überhaupt: Preisverhandlungen. Genau wie bei meinen kleinen Verhandlungsexpertinnen zu Hause gibt es auch in jedem Gespräch den Moment, in dem mein Businesspartner:innen etwas Süßes wollen. Etwas Süßes in Form von Zugeständnissen und Rabatten. Wie du deinen Businesspartner:innen nicht zu viel Zucker gibst, verraten dir die nachfolgenden Taktiken.

»Können Sie bei dem Preis noch etwas machen?«

In so gut wie jedem Verkaufsgespräch kommt früher oder später die Frage: »Können Sie bei dem Preis noch etwas machen?« Auf Kind übersetzt: »Darf ich noch was Süßes zum Nachtisch?«

Wahrscheinlich hast auch du diese Frage schon öfter gehört oder vielleicht sogar schon einmal selbst gestellt? Viele Leute stellen diese Frage aus purer Gewohnheit. Einfach, um gefragt zu haben. Mach also nicht den Fehler und steige gleich darauf ein. Geh nicht automatisch davon aus, dass es jetzt tatsächlich nur um den Preis gehen muss!

Falls du in deinem Verkaufsgespräch dann tatsächlich an den Punkt kommst, wo der Preis zur Debatte steht, kannst du mit einfachen Tricks und Kniffen das Preisspiel zu deinen Gunsten entscheiden.

Ich folge dabei einem einfachen Motto: Gib nie zu früh, gib nie zu einfach, gib nie zu viel und das Wichtigste: Gib *nichts* ohne Gegenleistung!

Gib nie zu früh, gib nie zu einfach, gib nie zu viel und gib nichts ohne Gegenleistung!

Gib nie zu früh

Fange in einem Gespräch nie – wirklich nie! – direkt mit einem Preisnachlass an! Du suggerierst deinem Gegenüber sonst lediglich, dass es bei dir viel zu holen gibt … und schon bist du in die Preisnachlassfalle getappt.

Gib nie zu einfach

Stell dir vor, du nennst deinen Preis und kassierst ein einfaches »Okay, passt!« von deinem Gegenüber. Wahrscheinlich hast du sofort das Gefühl, zu wenig verlangt zu haben. Stimmt's? Um diesem Gefühl vorzubeugen, rate ich dir Folgendes: Wird man sich erst nach einer längeren Verhandlung einig, so haben beide Seiten das Gefühl, etwas gewonnen zu haben. Es war für beide Seiten nicht einfach, beide Seiten haben Zeit investiert, beide Seiten haben etwas bekommen und etwas gegeben. Ein echtes Win-win-Gefühl stellt sich ein, von dem ich nebenbei bemerkt ein Fan bin! Achte also darauf, niemals zu rasch einen Preisnachlass zu gewähren. Es darf nicht zu einfach gehen. Einen Nachlass muss man sich erarbeiten.

Gib nie zu viel

Wirfst du mit Schleuderrabatten um dich, erweckst du schnell den Anschein, nicht ordentlich zu kalkulieren und dein Gegenüber fühlt sich über den Tisch gezogen. Wie sagt man so schön? Die Welt ist ein Dorf und so ein Verhalten spricht sich herum. Was du in Preisverhandlungen sagst und machst, gibt viel über dich und dein Unternehmen preis. Pass immer auf, welche Signale du sendest: Kommunizierst du dein Honorar klar und selbstbewusst oder stammelst du unsicher herum? Signalisierst du deinem Gegenüber (un-)bewusst, dass deine Preise nicht in Stein gemeißelt sind? Zusammenfassend kann ich dir raten: Gib nie zu hohe Preisnachlässe – das wirkt unsicher und vor allem unseriös. Beides sind keine Attribute, die man einem erfolgreichen Unternehmen zuschreiben würde!

Du siehst: Ich bin kein Freund von unüberlegten Preisnachlässen, da sie meistens mehr schaden als nutzen!

Was bekomme ich dafür?

Wenn dich das nächste Mal jemand fragt »Können Sie bei dem Preis noch etwas machen?«, antworte doch einmal mit einer Gegenfrage: »Ja, klar kann ich da etwas machen. Auf welche Punkte/Leistungen könnten Sie am ehesten verzichten?«

Durch diese geschickte Frage lenkst du die Situation sofort in eine andere Richtung. Statt einer blutigen Preisschlacht kannst du jetzt ein konstruktives Gespräch führen. Vielleicht ist dein Kunde sogar froh über diese Frage, weil dein Angebot für ihn eine wahre Luxusvariante dargestellt hat. Pass deine Leistungen an die Vorstellungen deiner Kunden an. Wer nicht alles bezahlt, bekommt auch nicht alle Leistungen – eine einfache Rechnung! Wer 90 Prozent bezahlen will, soll 90 Prozent der Leistung bekommen, stimmst du mir dazu? Hört sich doch logisch an.

Eine wichtige Erkenntnis möchte ich dir noch mitgeben: Gib nie etwas, ohne etwas dafür zu erhalten. Halte stets deine Forderungsliste aus dem Kapitel 4 parat! So bist du auch für jene Kunden gerüstet, die nicht den vollen Preis bezahlen wollen, aber auch auf keine deiner Leistungen verzichten möchten. Frage, was der Kunde dir im Gegenzug anbieten kann. Klassiker sind hier zum Beispiel Mengenrabatte, die du gewähren kannst, wenn er dir mehr Ware abnimmt, oder aber ihr einigt euch auf eine langfristige Zusammenarbeit. Wie auch immer euer Arrangement aussieht, achte darauf, dass du den Kuchen vergrößerst.

Schenke nichts, ohne etwas im Gegenzug dafür zu bekommen.

Also, noch einmal:

- **Gib nie zu früh.** Wer schon mit einem Preisnachlass in die Verhandlung einsteigt, hat bereits verloren! Tappe nicht in die Preisnachlassfalle – bleib cool und warte lieber ab!
- **Gib nie zu einfach.** Jeder kennt das beglückende Gefühl nach einer langen Verhandlung, wenn man sich endlich einig ist! Nutze das für dich und gib nicht zu schnell nach. Arbeite lieber an einer Win-win-Situation für beide Seite.
- **Gib nie zu viel.** Schleuderrabatte sind nie eine gute Idee. Anstatt mehr Kunden anzulocken, wirkt man schnell unseriös und der Preis unkalkuliert. Also lieber: Finger weg!
- **Passe die Leistung an.** Wenn dein Kunde fragt, ob du ihm einen Preisnachlass gewähren kannst, stimme nicht einfach zu. Vielmehr frage zuerst, worauf dein Kunde im Gegenzug verzichten könnte. Das heißt: Statt einfach nur einen Preisnachlass zu geben, passt du deine Leistung an die Geldbörse deines Kunden an!

Der beste Weg, um Rabatte zu gewähren – ohne zu verlieren

Vielleicht hast du dich auch schon oft gefragt, wann es sinnvoll ist, Rabatte zu geben? Oder denkst du möglicherweise, dass du nur durch Rabatte deine Produkte verkaufen und Kunden an dich binden kannst? Bevor ich dir mehr zu diesem Thema erzähle, gleich eines vorweg: Ich bin kein Fan von Rabatten! Ein alter Witz unter Verkäufern sagt, dass für die guten Verkäufer Rabat nur eine Stadt in Marokko ist und sonst gar nicht existiert.

Es gibt Produkte auf dem Markt, die preislich eher höher angesiedelt sind. Trotzdem gibt es nie einen Rabatt auf diese Produkte – ich denke da zum Beispiel an ein Handy mit angebissenem Apfel auf der Rückseite. Niemals würden diese Firmen großzügige Rabatte gewähren oder sich in eine Preisschlacht werfen. Sie haben ihr Produkt durch geschicktes Marketing klug positioniert. Der Preis scheint gerechtfertigt, das Produkt geht weg wie warme Brötchen und die Kunden greifen von selbst immer wieder darauf zurück – ganz ohne Rabatt!

Grundsätzlich antworte ich dir also auf die Frage, ob du einen Rabatt geben sollst: Nein, lass es bleiben!

Doch ich weiß, dass in fast jedem Verkaufsgespräch früher oder später die Preisgestaltung zum Thema wird. Ich kenne auch das betretene Schweigen der Verkäuferseite gut, welches entsteht, wenn man von der Frage überrumpelt wird. Daher wollen viele meiner Kund:innen von mir wissen, wie sie in solchen Businesssituationen souverän reagieren können.

Was bedeutet der Rabatt für deine Marge?

Nun, bevor du überhaupt auf die Frage nach einem Rabatt eingehst, musst du dir überlegen, welchen Sinn ein Preisnachlass für dich hat. Stell dir folgende Fragen: Welche Auswirkungen haben diese Rabatte auf mein Geschäft? Was bedeutet das für meine Marge? Wie viele zusätzliche Aufträge muss ich an Land ziehen, damit ich die gewährten Rabatte wieder reinhole? Erst wenn du dir diese Fragen beantwortet hast, solltest du über einen Preisnachlass sprechen.

Niemals beginnen!

Doch Achtung! Nicht immer sind es die Kunden, die die Rabattschlacht eröffnen. Oftmals erlebe ich, dass Leute von sich aus die Preisdiskussion starten. Sie bieten unbewusst einen Rabatt an oder senden ein Signal aus: »Beim Preis werden wir uns schon einig« oder »Das ist die Preisliste, aber da kann man noch was machen« sind nur zwei meiner liebsten Sätze dazu. Pass also auf, welche (un-)bewussten Signale du aussendest, damit du dich nicht selbst mit dem Rücken an die Wand manövrierst.

Nach meiner Erfahrung kann ich dir sagen, dass ein Preisnachlass nur dann sinnvoll ist, wenn er tatsächlich an der Kaufentscheidung deiner Kunden etwas ändert. Dies kann zum Beispiel bei öffentlichen Ausschreibungen der Fall sein, wo der günstigste Anbieter den Auftrag zugesprochen bekommt. Ein Rabatt kann da ausschlaggebend sein.

Sind die Kunden aber von dir und deinem Produkt ohnehin überzeugt – denk an das Apfelhandy! –, dann haben sie sich bereits für dich entschieden. Ein Rabatt würde nichts an der Kaufentscheidung ändern, deinen Gewinn aber schmälern.

Daher mein Tipp für solche Situationen:

Sag nein! Benutze diese magischen vier Buchstaben. Und wenn du doch Rabatte gibst, dann keinesfalls zu früh, zu einfach und schon gar nicht zu hoch. Versuche zuerst den Kuchen zu vergrößern, bevor du mit Zahlen um dich wirfst.

Ausnahme-Rabatte

Natürlich gibt es auch Ausnahmen von dieser Regel. Wenn du mit Rabatten ein klares Ziel verfolgst, dann können diese, sofern sie klug gewählt sind, einen Gewinn für dich erzielen.

Durch Preisreduktionen kannst du beispielsweise versuchen, den Verkauf in umsatzschwachen Zeiten anzukurbeln, oder aber dir entscheidende Marktanteile sichern, die auf lange Sicht gesehen dein Unternehmen nach vorne bringen. Sinnvoll sind Rabatte auch dann, wenn du dir durch den Verkauf deines Produktes gleichzeitig Folgeaufträge sicherst. Ich denke da im Speziellen an Branchen, die Wartungsverträge anbieten. Du siehst, worauf es hinausläuft? Auf Situationen, die dir langfristig etwas bringen.

Denk also daran: Wenn du Rabatte gewährst, behalte stets dein Ziel im Auge und frage dich zuallererst, was der Nachlass für dich bringt!

Jetzt möchte ich dir noch zwei essenzielle Tipps mitgeben, wie du Rabatte sinnvoll gestalten kannst und nicht in die Preisschlachtfalle tappst:

Verknüpfe deine Rabatte immer mit einer glaubhaften Story!
Warum gibt es diesen Spezialrabatt gerade jetzt? Warum machst du heute eine Ausnahme und gibst einen Preisnachlass? Ein Rabatt ist bei dir immer etwas Besonderes, etwas, das du mit einer Story erklärst und nichts Inflationäres, mit dem es stets zu rechnen gilt.

Ein Rabatt muss immer zeitlich begrenzt sein!
Erziehe deine Kunden nicht zu Rabatthamstern. Sie werden sonst immer nur dann kaufen, wenn sie wissen, dass es einen Rabatt gibt. Ich glaube, du kennst das selbst sehr gut. Denke nur an Phänomene wie den alljährlichen Sommerschlussverkauf oder den Black Friday. Die Leute erwarten sich Schleuderpreise. Ich selbst ertappe mich manchmal dabei, wie ich mit dem Kauf eines Produktes abwarte, da ich natürlich wie jeder andere auch Geld sparen möchte und nicht bereuen will, zu viel für ein Produkt bezahlt zu haben. Lass deine Kunden niemals

glauben, dass deine Rabatte nun das »New Normal« sind. Zeitlich begrenzte Rabatte haben immer ein festgelegtes Ende. So kommst du erst gar nicht in die Verlegenheit, sie immer wieder anbieten zu müssen, und konterst souverän auf die Frage danach mit: »Tut mir leid, dieser Rabatt war zeitlich begrenzt und gilt nicht mehr.«

Zusammengefasst, merke dir Folgendes:

- **Denke immer an die Marge.** Noch bevor du damit beginnst, über einen Rabatt zu sprechen, musst du dir überlegen, welche Auswirkungen dieser auf dein Business, noch konkreter auf deine Marge hat. Wenn du tatsächlich einen Rabatt gewährst, wie viele zusätzliche Aufträge musst du an Land ziehen, damit du das wieder ausgleichst? Wann ist der Verlust also wieder wettgemacht? Erst wenn du dir diese Fragen beantwortet hast, sprich über Rabatte!
- **Eröffne niemals selbst die Rabattschlacht.** Vielleicht sendest auch du unbewusste Signale und landest immer wieder wie von selbst in der Rabattschlacht? Achte immer darauf, deinem Kunden nicht zu vermitteln, dass es bei dir noch etwas zu holen gibt. Bleibe selbstsicher und vermeide Signale wie »Wir werden uns schon einig« oder »Wir können hier sicher noch etwas machen«.
- **Mach die Ausnahme nicht zur Regel.** Rabatte solltest du, wenn überhaupt, nur in Ausnahmefällen gewähren. Ausnahmen zeichnen sich dadurch aus, dass sie begrenzt und eben nicht dauerhaft verfügbar sind. Das heißt, im besten Fall begrenzt du deine Rabatte zeitlich und verknüpfst sie mit einer glaubhaften Story. Anstatt wahllos mit Rabatten um dich zu werfen, um Kunden zu locken, setze lieber auf ausgewählte Rabatte, die langfristig gesehen für dich einen Mehrwert bringen! Frage dich also immer: Was bringt der Rabatt für mich?

Wann ist ein guter Zeitpunkt, um deine Preise zu erhöhen?

Nachdem du nun einige Tipps zum Thema Preisverhandlungen kennst und weißt, wie du mit Rabatten umgehen kann, kommt ein weiteres, leider für viele unangenehmes Thema: die Erhöhung deiner Preise. Die hier genannten Tipps gelten übrigens auch für dein Gehalt, das sollte nämlich auch immer wieder erhöht werden, entschuldige, nicht erhöht, sondern angepasst. Warum dieser Unterschied Erhöhung und Anpassung wichtig ist, erfährst du hier.

Momentan steigen gefühlt alle Preise an. Dir wird es sicherlich auch schon aufgefallen sein: Egal, welche Zeitung du liest oder welche Sendung du schaust, Teuerungen sind überall ein großes Thema. Doch warum ist das so?

Die letzten Jahre haben wir alle viel mehr Zeit daheim verbracht und viele haben dadurch auch einiges an Geld gespart. Der Bedarf an Produkten – und somit auch deren Produktion – ist mit Ausbruch der Pandemie schlagartig gesunken. Derzeit ist die Produktion noch nicht in allen Branchen wieder auf dem Vorkrisenniveau. Du kennst sicherlich auch einige Rohstoffe, die gerade kaum verfügbar sind. Und es passiert immer wieder etwas, das unsere Ressourcen, die einen oder die anderen, knapp werden lässt.

Unser Bedarf, zu konsumieren, ist allerdings mit dem Abflauen der Pandemie wieder stark gestiegen. Verfügbarkeit und Nachfrage von Produkten passen nun nicht mehr zusammen. Das Resultat davon? Genau, alles wird teurer! Deshalb ist nun das ideale Zeitfenster für dich gekommen, um deine Preise zu erhöhen. Man nennt so etwas in der Verhandlungssprache auch »Window of Opportunity« – also eine einmalige Gelegenheit, die du im besten Fall ergreifen solltest.

Du bekommst beim Gedanken an Preiserhöhungen Schweißausbrüche und Angstzustände? Keine Sorge, das ist ein weitverbreitetes Problem. Viele Unternehmer:innen haben die Sorge, bei ihren Kunden auf Ablehnung zu stoßen, sobald sie die Preise anheben. Aber lass mich dir verraten: Das ist ein Irrglaube!

Wenn die Kunden von deinem Produkt und dir überzeugt sind, dann ist der Preis bei Weitem nicht der alleinige Entscheidungsfaktor für oder gegen dich. Niemand, der von dir überzeugt ist, wird wegen einer Preisanpassung sofort abspringen!

Dazu kommt, dass in unserem Bewusstsein verankert ist, dass die Preise ohnehin gerade weltweit steigen. Deine Erhöhung wird mit großer Wahrscheinlichkeit also völlig im Sturm an Dingen, die ohnehin passieren, untergehen.

Wie legst du es an?

Gerade zum Ende des Jahres häufen sich die Briefe von Unternehmen, die sich für die erfolgreiche Zusammenarbeit bedanken und gleichzeitig ihre neue, angepasste Preisliste versenden. Vielleicht hast du dich noch nie getraut, einen solchen Brief zu versenden? Probier es einfach einmal aus! Du wirst sehen, es funktioniert. Der Großteil dieser Mitteilungen wird ohne großen Widerstand zur Kenntnis genommen.

Ich spreche hier nicht von einer Verdreifachung der Preise, sondern von einer vernünftigen Anpassung. Sofern diese Anpassung dann auch noch mit einer plausiblen Story begründbar ist, kann kaum mehr etwas schiefgehen.

Du bist immer noch nicht vollständig überzeugt? Keine Panik. Lass mich dir noch etwas aus meiner eigenen Erfahrung berichten: Es kann durchaus sein, dass der ein oder andere Kunde aufgrund deiner Preiserhöhung abspringt. Das wird aber immer eine kleine Minderheit sein.

Stell dir vor, du hast zehn Kunden und erhöhst deine Preise um 15 Prozent. Diese Erhöhung verknüpfst du mit einer glaubwürdigen Geschichte. Vielleicht springt dann ein Kunde ab. Trotzdem machst du im Schnitt immer noch mehr Gewinn als vorher, da du die Preise erhöht hast.

Und weißt du was? Es gibt sogar noch einen weiteren Benefit, den du nicht von der Hand weisen solltest: Du hast zwar vielleicht jetzt einen Kunden weniger, dafür hast du aber gleichzeitig mehr Zeit gewonnen. Zeit, die du in deine übrigen Kunden, deine Leistung, dein

Unternehmen und dich selbst investieren kannst. Zeit, die du dazu nutzen kannst, die Qualität deiner Dienstleistung zu verbessern. Sieh den Verlust also vielmehr als Chance denn als Bedrohung! Vielleicht hast du jetzt im Text gemerkt, dass ich mehrmals Preisanpassung und Preiserhöhung genannt habe. Ich empfehle dir in der Kommunikation mit dem Kunden von einer Preisanpassung zu sprechen. Warum? Du erhöhst ja nicht deine Preise, sondern du passt die gestiegenen Preise an, die gestiegenen Energie- und Lohnkosten, deine gesteigerte Leistung und Erfahrung und so weiter. Du passt die Preise den neuen Rahmenbedingungen an. Das gilt übrigens auch für deinen Lohn, wenn du eine Weiterbildung abgeschlossen hast, mehr Verantwortung übernimmst und deine Leistungen gesteigert hast – dann verlange eine Lohnanpassung. Dein Lohn darf (und muss sogar) an die neuen Rahmenbedingungen, in diesem Fall an deine neuen Leistungsmerkmale, angepasst werden.

Ich hoffe, ich konnte dir die Scheu vor Preiserhöhungen und Lohnerhöhungen nehmen. Denn denke daran, »Windows of Opportunity« sind nur für einen kurzen Augenblick geöffnet!

Zusammengefasst nimm folgende Punkte mit:

- **Windows of Opportunity nutzen.** Lass die Zeitfenster für Preiserhöhungen nicht ungenutzt an dir vorbeiziehen. Informiere deine Kunden zum Beispiel gegen Jahresende im Zuge eines Briefes über deine Erhöhung – mache dir damit gängige Methoden zunutze.
- **Storytime.** Sorge dafür, dass deine Preiserhöhung nachvollziehbar ist. Wenn man versteht, warum du teurer geworden bist, ist man auch eher gewillt, den höheren Preis zu zahlen. Daher verknüpfe jede Erhöhung, sorry Anpassung mit einer nachvollziehbaren Story.

Wie du mit den richtigen Zahlen glänzt – Malen nach Zahlen

Weißt du auch manchmal nicht, wie du in Verhandlungen Zahlen geschickt für dich nutzen kannst? Fragst du dich auch immer wieder, ob du gerade oder ungerade Zahlen auf dein Angebot schreiben sollst? Und überhaupt: Braucht es eine Kommazahl?

Sei beruhigt, Fragen wie diese stellen sich fast alle Menschen einmal. Auch ich habe erst viel zu diesem Thema lernen müssen. Ein paar meiner Learnings möchte ich dir jetzt verraten, damit du in Zukunft mit den richtigen Zahlen glänzen kannst.

Zuerst möchte ich, dass du kurz an deinen letzten Einkauf zurückdenkst. Vielleicht warst du in einem Lebensmittelgeschäft oder in einem Elektronikladen? Ganz egal, wo du warst. Überlege dir, wie viele gerade Zahlen du dort gesehen hast? Ich rate und sage: praktisch keine! Stimmt's? Aber warum ist das so?

Keine runden Zahlen!

Nun, lass mich dir erklären, welche Taktik hier zum Einsatz kommt: Nehmen wir, an du verkaufst dein Auto online. Nachdem du ein paar gute Fotos davon geschossen hast, stellst du es auf eine Online-Plattform. Schließlich musst du noch einen Preis angeben, zu dem du es verkaufen möchtest. Im Idealfall möchtest du 25 000 Euro dafür haben. Also schreibst du 25 000 in das Preisfeld.

Stopp! Hier liegt bereits der erste Fehler begraben! Die Zahl wirkt unseriös, sie wirkt wie eine beliebige Wunschzahl, die du dir ausgedacht hast. Du suggerierst damit deinen potenziellen Käufer:innen, dass es hier noch etwas zu holen gibt. Immerhin ist die Zahl anscheinend willkürlich gewählt.

Noch schlimmer ist, wenn du dann auch noch so etwas wie »Preis ist Verhandlungsbasis« dazugeschrieben hast. Ich garantiere dir, deinen Wunschpreis bekommst du so nie.

Jetzt stell dir vor, du schreibst beim nächsten Mal statt 25 000 Euro die Zahl 24 785 Euro in das Preisfeld. Welcher dieser beiden Preise wirkt seriöser, kalkulierter? Genau! Der zweite. Die Interessent:innen erhalten den Eindruck, dass diesem Preis eine Kalkulation zugrunde liegt.

Also, mein erster Tipp für dich: Nutze ungerade Zahlen, um den Preis kalkuliert erscheinen zu lassen. Denn seien wir ehrlich, alle erfolgreichen Unternehmer:innen müssen ebenso erfolgreich kalkulieren können! Falls du dich jetzt fragst, ob du auch eine Kommazahl hinzufügen musst: Nein, Studien haben bewiesen, dass es keinen Unterschied macht, ob dein Preis eine Kommazahl aufweist oder nicht. Solange es keine gerade Zahl ist, wirkt sie kalkuliert.

Und nun zu einem weiteren Learning, das ich mit dir teilen möchte: Wenn du das nächste Mal einem Kunden Rabatt gewährst, achte auch hier auf die Zahl. Gib nicht fünf oder zehn Prozent an. Auch das wirkt willkürlich, während zum Beispiel 2,8 Prozent gleich viel seriöser wirken. Wirf dein Geld nicht zum Fenster raus – lass das Auf- und Abrunden!

Prozent oder absolut?

Oft werde ich gefragt, ob es schlauer ist, Prozentzahlen oder absolute Zahlen zu nennen. Ich sage immer: Es kommt ganz darauf an. Grundsätzlich möchte ich dir ans Herz legen, immer jene Zahl zu nehmen, die dir einen Vorteil bringt.

Lass mich dir ein Beispiel geben, damit du besser verstehst, worauf ich hinaus möchte: Du schreibst ein Angebot und gibst einen Erstkundenrabatt. Ist es nun besser 2,8 Prozent Rabatt auf das Angebot zu schreiben oder doch lieber die absolute Zahl des Rabattes anzuführen? Nehmen wir an, das Gesamtangebot beläuft sich auf 100 000 Euro. Was liest sich besser: 2,8 Prozent Rabatt oder 2800 Euro Rabatt? Bist du beispielsweise in einem Bereich tätig, bei dem Wartungskosten anfallen, ist es hier dasselbe Spiel. Überlege: Wenn dein Gesamtangebot 100 000 Euro beträgt, liest es sich dann besser, wenn du 7000 Euro an Wartungskosten angibst oder doch lieber sieben Prozent?

Du siehst, was ich dir verdeutlichen möchte: Wähle je nach Situation immer jene Zahlen, die dich glänzen lassen!

Die goldene Mitte

Ein weiterer Punkt, der dir in Verhandlungen sehr nützlich sein kann, sind Paketpreise. Du kennst das sicher, ob beim Flugticketkauf, beim Autokauf oder wo auch immer. Paketpreise werden immer beliebter und das hat seine Gründe. Wir Menschen tendieren grundsätzlich immer eher zur Mitte. Hast du nun verschiedene Paketangebote, nennen wir sie Silber, Gold und Platin, so wird das teuerste Angebot im besten Fall einen hohen Preis aufweisen. Deine Kunden werden sich dann automatisch am mittleren Paket orientieren.

Weißt du, wo du dieses Phänomen sehr oft beobachten kannst? Achte beim nächsten Restaurantbesuch einmal genau auf die Weinkarte. Oft werden dir Flaschen in verschiedenen Preiskategorien angeboten. Nehmen wir an es gibt eine Flasche für 30 Euro, eine für 50 Euro und schließlich eine für 180 Euro. Ich kann dir versichern, der Wirt hat nur wenige Flaschen der teuersten Preiskategorie im Lager. Vielmehr dient sie dazu, dich in Richtung der 50-Euro-Flasche zu lotsen, da der Preis dieser Flasche im Vergleich zur teuersten Flasche sehr attraktiv wirkt. Kein schlechter Trick, oder?

Einen Kniff aus der Preispsychologie möchte ich dir auch nicht vorenthalten: Du kennst sicherlich auch die Sale-Angebote, die wir zum Beispiel im Sommerschlussverkauf finden. Meist ist der ursprüngliche Preis groß angeschrieben und dann in Rot überdeutlich durchgestrichen. Darunter findet sich, ebenfalls in Rot, der neue, reduzierte Preis. Jeder denkt sich: Wow, was für ein Schnäppchen! Nutze diesen Effekt auch für dein Business, ob auf einer Website, einem Angebot oder in deinem Schaufenster!

Du siehst: Es liegt in deiner Hand, mit deinen Zahlen zu spielen und schlussendlich jene zu wählen, die dich glänzen lassen! Zahlen sind in jeder Verhandlung wichtig – nutze sie zu deinem Vorteil!

Zusammenfassung:

- **Setze auf ungerade Zahlen.** Gerade Zahlen sind eine wahre Einladung an dein Gegenüber zum Nachverhandeln. Sie wirken wie willkürlich gewählte Wunschzahlen, bei denen es noch etwas zu holen gibt. Ungerade Zahlen hingegen erwecken den Eindruck, dass da jemand mit dem ganz spitzen Bleistift gerechnet hat. Dabei ist es nicht wichtig, ob du zusätzlich noch eine Kommazahl angibst oder nicht.
- **Lass die Zahlen für dich sprechen.** Wenn du am überlegen bist, ob du bei deinem nächsten Angebot lieber Prozentzahlen oder absolute Zahlen verwenden sollst, versuche immer herauszufinden, welche Zahl mehr für dich spricht. Das heißt: Welche Zahl liest sich besser für deinen Kunden? Klingt es besser, wenn du 2,8 Prozent Rabatt gibst oder 2 800 Euro nachlässt? Je nachdem wählst du dann die entsprechende Schreibweise.
- **Wrap it up.** Paketpreise werden immer beliebter, nutze auch du diesen Trick und verpacke deine Angebote in Pakete. Im Idealfall hast du ein teures, ein mittelpreisiges und ein günstiges Paket. Deine Kunden werden sich automatisch eher zur Mitte hin orientieren. Neben dem teuren Paket wirkt dein mittelpreisiges Paket nämlich echt attraktiv!
- **Setz den Rotstift an.** Falls du in deiner Branche so etwas wie einen Schlussverkauf machst, setze unbedingt den Rotstift an! Streiche den Alt-Preis groß und gut sichtbar in Rot durch und schreibe den neuen Preis – ebenfalls in Rot – daneben. Hier kannst du die Preispsychologie für dich arbeiten lassen. Automatisch erweckst du damit bei den Menschen das Schnäppchen-Fieber. Das funktioniert übrigens auch wunderbar in Newslettern und dergleichen.

Dominanz: Was tun, wenn die Gegenseite stärker ist?

Kennst du den Würger von Wolfsburg? Keine Sorge – es geht hier nicht um einen Serienkiller, sondern vielmehr spreche ich von José Ignacio López, einem berühmt-berüchtigten Verhandler, der lange Zeit für General Motors und VW als Einkaufsleiter tätig war und sich diesen mehr als fragwürdigen Ruf durch seine gnadenlose Verhandlungstaktik erworben hat.

López betrieb die sogenannte Dominanzstrategie bis zum Exzess. Noch heute spricht man vom López-Effekt – und damit ist nichts Positives gemeint.

Vielleicht erinnerst du dich noch? In den 1990er-Jahren waren vor allem Opel, aber auch VW als Rostlauben verschrien. Diesen Ruf verdanken sie dem Würger von Wolfsburg, der seine Lieferanten so unter Druck gesetzt hatte, die Preise zu reduzieren, dass schlussendlich die Qualität des Endproduktes massiv litt.

Doch dies ist nicht der einzige Nachteil des extremen Anwendens der Dominanzstrategie, die auch Win-lose-Strategie genannt wird, da eine der beiden Verhandlungsseiten dabei zwangsläufig den Kürzeren zieht. Wenn du permanent die Dominanzstrategie anwendest – ohne Rücksicht auf Verluste –, dann wird sich das eines Tages rächen. Das garantiere ich dir! Die Welt ist klein und man begegnet sich im Leben immer zwei Mal – wobei wir in der flächenmäßig doch etwas kleineren Schweiz sogar sagen, dass man sich eher drei- oder viermal begegnet. ;-)

Verbrannte Erde

Wenn du überall nach deinen Verhandlungen nur verbrannte Erde hinterlässt, werden deine Verhandlungspartner:innen im Gedächtnis behalten, wie du mit ihnen umgesprungen bist. Du hast dir dann einen mehr als fragwürdigen Ruf erarbeitet – wie der Würger von Wolfsburg. Die Frage ist, wer noch mit so jemandem zusammenarbeiten möchte? Im schlimmsten Fall verbünden sich deine Verhandlungspartner:innen gegen dich und booten dich komplett aus. Dann kann die Dominanzstrategie sogar gewaltig nach hinten los gehen.

Doch was heißt es überhaupt, die Dominanzstrategie anzuwenden? Grundsätzlich bedeutet das, dass du in der Verhandlung am längeren Hebel sitzt, mehr Macht hast als dein Gegenüber. Du denkst dir vielleicht: Super, warum sollte ich das nicht nutzen? Nun, weil es sein kann, dass du gar nicht am längeren Hebel sitzt. Nur weil die Strategie bisher oft funktioniert hat, heißt das nicht, dass du damit eine Erfolgsgarantie hast.

Wenn du permanent Menschen durch deine aggressive Verhandlungsstrategie vergraulst, kann es dir passieren, dass du am Ende alleine dastehst.

Daher mein Rat: Wenn du die Dominanzstrategie anwenden möchtest, stelle stets sicher, dass du sie richtig dosierst und erkennst, wann dein persönliches Window of Opportunity gekommen ist. Pass also immer gut auf, wer in der Verhandlung gerade am längeren Hebel sitzt.

Nachdem wir jetzt darüber gesprochen haben, wie du die Dominanzstrategie nicht anwenden solltest, fragst du dich vielleicht, wie du jemanden kontern kannst, der diese Strategie bei dir anwendet.

Zunächst musst du dich wieder fragen, wer tatsächlich gerade am längeren Hebel sitzt. Bist du in der Verhandlung tatsächlich ein Bittsteller? Ist die Macht wirklich ungleich verteilt?

In dem Film *The Social Network* aus dem Jahr 2010 wird genau so eine Situation gezeigt: Der junge CEO des Start-ups Facebook ist auf der Suche nach Investoren. Natürlich ist er der Meinung, dass die Investoren grundsätzlich mehr Verhandlungsmacht besitzen. Schließlich möchte er, dass sie in sein Unternehmen investieren. Erst als er von einer anderen Person, einem Freund, wachgerüttelt wird, fällt es ihm wie Schuppen von den Augen: Nicht er muss froh sein, wenn die Investoren ein Geschäft mit ihm abschließen. Nein! Die Investoren müssen froh sein, wenn sie mit ihm Geschäfte machen dürfen! Als Zeichen für seine Stärke zieht er zum Verhandlungsgespräch einen Bademantel an und übergibt eine Karte mit der Aufschrift: »I'm the CEO, bitch« – Gut, noch klarer kann man der Gegenseite nicht zeigen, dass man nicht auf sie angewiesen ist.

Du denkst dir jetzt vielleicht, dass du deine Situation nicht mit dieser Filmszene vergleichen kannst. Du möchtest nicht zum nächsten Verhandlungsgespräch im Bademantel auftauchen und hast auch nicht das nächste Facebook am Start? Das macht nichts! Du kannst trotzdem etwas davon mitnehmen!

Umgang mit Dominanzler:innen

Mach wenig Zugeständnisse. Begehe nicht den Fehler und denke dir automatisch, dass du dankbar für diesen Job sein müsstest. Oftmals sorgen Unternehmen dafür, dass du schon zu Beginn der Verhandlungen ein Gefühl der Unsicherheit verspürst. Sie bauen völlig übertriebene Szenarien auf, bei denen es in mehreren Runden zur Sache geht, bis du schließlich auf die Geschäftsführung triffst – deine Endgegnerin. Lass dich davon nicht beeindrucken. Tritt selbstsicher auf und nenne klar deinen Preis! Spiel das Spiel mit, aber zu deinen Regeln!

Natürlich kannst du auch einen anderen Weg gehen, ein wenig taktieren, die Dominanzstrategie selbst anwenden und erst einmal deinem Gegenüber ordentlich die Stirn bieten. Aber bitte nicht im Rambo-Style! Das Ziel dieser Strategie liegt nämlich nicht darin, dein Gegenüber völlig aus der Fassung zu bringen. Vielmehr möchtest du an den Punkt gelangen, an dem es dir ein kleines Stückchen Entgegenkommen schenkt. Dann ist der Zeitpunkt für dich gekommen, auch einen Schritt auf deinen Verhandlungspartner oder deine Verhandlungspartnerin zuzumachen. Und schon bewegt ihr euch in eine gemeinsame Richtung: weg von der Dominanzstrategie, hin zu einem kooperativen Gespräch auf Augenhöhe.

Eine Sache möchte ich dir im Zusammenhang mit der Dominanzstrategie nicht vorenthalten: Ich habe schon oft erlebt, dass Leute in Verhandlungssituationen viel zu viel von sich und ihrem Unternehmen preisgeben. Oft läuft ein Verhandlungsgespräch so ab, dass die eine Seite der anderen unfassbar viele offene Fragen stellt. Einfach, um das Gegenüber aus der Reserve zu locken und um an Infos zu gelangen – ein wichtiges Tool bei der Dominanzstrategie.

Mach nicht den Fehler und tappe in diese Falle! Warum? Nun ja, oftmals dienen in großen Unternehmen solche Verhandlungsgespräche nur dazu, um herauszufinden, was es bei dir noch zu holen gibt. Wenn du dann verrätst, wie du kalkulierst, oder dass es im Moment eher mau bei dir läuft, dann sendest du Signale, die dein Gegenüber dazu veranlassen, den Druck noch zu erhöhen. Also: Gib nicht zu viel von dir preis und lass dir nicht so leicht in die Karten schauen!

Außerdem ist es schlau, stets einen Plan B in der Schublade zu haben. Wenn du nicht von einem bestimmten Auftrag abhängig bist, verhandelt es sich gleich viel leichter. Unter Zeit- und Gelddruck lässt es sich nicht gut verhandeln, dabei entstehen nur faule Kompromisse. Kompromisse, die du im Nachhinein bereuen wirst.

Das kannst du mitnehmen:

- **Die Dosis macht das Gift.** So verlockend die Dominanzstrategie auch wirken mag, sie hat durchaus ihre Tücken. Wendest du sie im übertriebenen Maß an und vergraulst dir durch dein rücksichtsloses Vorgehen all deine Geschäftspartner:innen, kann das böse Folgen für dich haben. Am Ende wirst du damit garantiert auf der Strecke bleiben, da sich dein Verhalten rumsprechen wird – niemand möchte dann noch mit dir arbeiten. Setze daher die Dominanzstrategie, wenn überhaupt, nur sehr wohldosiert ein und hinterlasse kein vergiftetes Klima.
- **Steh für dich ein.** Gerade große Unternehmen neigen dazu, die Dominanzstrategie besonders hartnäckig anzuwenden. Lass dich davon nicht verunsichern. Steh für dich und deine Arbeit ein! Nenne deine Forderungen klar und selbstsicher. Erkenne das Spiel und spiel ein wenig mit – zumindest so lange, bis dir dein Gegenüber ein kleines Stück des Weges entgegenkommen muss. Versuche das Gespräch auf Augenhöhe zu führen, auch wenn dein Gegenüber meint, dass er der oder die Stärkere ist.
- **Pokerface.** Lass dir auf keinen Fall zu sehr in die Karten schauen. Gerade, wenn jemand die Dominanzstrategie sehr exzessiv anwendet, wird er oder sie versuchen, jede noch so kleine Information gegen dich zu verwenden. Also: Setze dein bestes Pokerface auf und gib nicht zu viel von dir und deinem Unternehmen preis!
- **Nimm die Ausweichroute.** Wer abhängig ist, wird auch eher nachgeben. Klar, wenn du und die Existenz deines Business von diesem einen Auftrag abhängen, dann wirst du wohl fast alles dafür tun, um einen Lösungsweg für einen Deal zu finden. Oftmals gibt man dann viel zu viel und steigt am Ende fast schlechter aus. Habe daher immer eine Ausweichroute, einen Plan B, in petto, den du bei Bedarf ziehen kannst. Das nimmt dir enormen Druck, du wirst sehen.

Mit dieser Strategie dominierst du deine nächste Verhandlung

Ach ja, ein wenig habe ich noch zum Thema Dominanz zu berichten. Betrachten wir sie einmal von der anderen Seite. Wie kannst du dominieren?

Alle, die verhandeln, wollen auch gewinnen. Du doch sicherlich auch, oder? Besonders manche große Unternehmen setzen dabei immer wieder auf die Dominanzstrategie, auch Win-lose-Strategie genannt. Dabei geht es darum, das eigene Stück des Kuchens möglichst zu vergrößern. Ich gewinne, du verlierst. Um dieses Ziel zu erreichen, wird durch die Dominanzstrategie klar signalisiert: Ich scheue keinen Konflikt! Ich zeige, dass ich mehr Macht besitze.

Vielleicht kennst auch du ein großes Unternehmen, das damit wirbt »die Nummer eins am Markt« zu sein? Schon diese Positionierung spricht klar für die Dominanzstrategie. Ganz nach dem Motto: Neben uns gibt es niemanden mehr.

Jetzt fragst du dich vielleicht, ob die Dominanzstrategie schon einmal bei dir angewandt wurde? Ganz sicher! Auch ich stelle immer wieder fest, dass ich es in Verhandlungen mit dieser Strategie zu tun bekomme. Früher oder später trifft es also uns alle.

Zeichen für Dominanz

Woran du erkennst, dass dein Gegenüber auf diese Strategie setzt? Nun, zunächst gibt es einige Zeichen, die du beachten solltest: Ein klares Signal für Dominanz ist, wenn du eingeladen wirst. Ort, Zeit und Datum eurer Verhandlung werden klar von deinem Gegenüber bestimmt. Mitreden? Davon träumst du nur. Wenn du nun an besagtem Tag pünktlich im Headquarter deines Verhandlungspartners erscheinst, lässt man dich zunächst beim Empfang warten. Erst kurz nach der vereinbarten Zeit wirst du von einer fremden Person abgeholt. Weit und breit keine Spur deiner Verhandlungspartner:innen. Schließlich führt man dich in einen großen Meetingraum, der womöglich sogar noch leer ist. Allein wartest du nun hier auf den Beginn der Verhandlung. Erst nach einiger Zeit kommt die Gegenseite in den Raum, um dich zu begrüßen. Meistens sind sie dir zahlenmäßig überlegen, das heißt sie kommen zu dritt und du sitzt allein auf deiner Seite.

Du merkst: Schon vor der eigentlichen Begrüßung steckst du mitten in der Verhandlung. All diese kleinen Gesten, das Vorgeben des Termins, das Warten lassen usw. sind Zeichen für die Dominanzstrategie. Im Übrigen gilt dasselbe auch für klassische Bewerbungsprozesse. Auch dort ist die Win-lose-Strategie ein beliebtes Mittel.

Jetzt, wo du weißt, wie du die Dominanzstrategie erkennst, lass mich dir noch verraten, wie du sie dir zunutze machen kannst: Ich rate meinen Klient:innen immer dazu, direkt mit dieser Strategie in eine Verhandlung zu starten. Im besten Fall nennst du gleich zu Beginn deine Maximalforderung und verharrst auf dieser. Auch wenn es dir zunächst unangenehm erscheint, jetzt heißt es durchhalten. Würdest du, nachdem du deine Maximalforderung genannt hast, sofort nachgeben, wäre das ein deutliches Zeichen für Schwäche. Dein Gegenüber hätte den Eindruck, bei dir gäbe es noch mehr zu holen.

Also halte durch! Wie lange, fragst du dich? Am besten, bist du merkst, wie sich die Fronten langsam verhärten. Erst dann beginnst du damit, deinem Gegenüber in kleinen Schritten entgegenzukommen.

Warum? Nun, wenn du eine Zeit lang eisern durchgehalten hast und dann langsam, aber sicher beginnst, deinen Verhandlungspartner:innen auf die Nerven zu gehen, werden sie jedes noch so kleine Zugeständnis deinerseits als großen Fortschritt, ja sogar als Freundlichkeit, werten. Mach dir diesen Trick zu eigen und sieh, was er bewirken kann!

Zusammengefasst bedeutet das für dich: Starte, falls du die Dominanzstrategie anwenden willst, gleich zu Beginn deiner Verhandlung damit. Nenne deine Maximalforderung und verharre so lange auf dieser, bis sich die Fronten verhärten. Dann gib nach und mach kleine Zugeständnisse – so hat jeder das Gefühl, etwas Großes bewirkt zu haben.

Ich habe immer wieder erlebt, wie in unserem Verhandlungsteam ein kollektives Aufatmen stattgefunden hat, wenn die Gegenseite nach langwierigen Verhandlungen unter Einsatz der Dominanzstrategie einen ersten Schritt auf uns zugemacht hat. Da waren meine Kolleg:innen richtig froh, dass es endlich weitergeht. Dieses Mauern und gleichzeitig hohe Forderungen stellen, um dann im Verlauf der Verhandlungen schrittweise entgegenzukommen, ist sehr weit verbreitet. Warum? Weil es funktioniert.

Wenn du einmal in einer Situation steckst, in der die Gegenseite diese Strategie spielt, denk an ein trotziges Kleinkind, das auf dem Boden sitzt und tobt. Da musst du durch und wenn es mitten im Einkaufszentrum am letzten Tag vor Weihnachten ist – egal. Irgendwann werden wieder kleine Schritte aufeinander zugemacht und es geht weiter.

Fragen und Fragetechniken

Bei allen Eltern, mit denen ich spreche, kommt es irgendwann zum Thema der ganzen Fragerei. Sobald die Kleinen anfangen zu sprechen, haben sie Fragen, und zwar zu allem und jedem. Ohne Punkt und Komma stellen sie Fragen und gehen dabei fälschlicherweise davon aus, dass Mama und Papa ein 24 Stunden über verfügbares Wikipedia sind. Was mir in Sachen Verhandlungen sehr gut gefällt: Sie hinterfragen einfach alles.

Im Business ist es sehr oft so, dass zu wenig Fragen gestellt werden. Vor allem in Verhandlungen mit langjährigen Geschäftspartner:innen werden immer wieder Annahmen getroffen. Die können das nicht, die Preise sind halt so hoch bei denen, die wollen das nicht, haben wir schon vor zwei Jahren probiert etc. Da lobe ich mir die kleinen Frageautomaten zu Hause, sie nehmen nicht an – sie fragen!

Gerade am Beginn der Verhandlungen sowie bei ihrem Abschluss sind Fragetechniken enorm wirkungsvoll. Welche Fragen das sind, fragst du dich? Das erfährst du gleich. Du musst dir nur zwei wichtige Fragetechniken merken, damit du eine zielorientierte Verhandlung führen kannst. Wirklich! Und das Beste daran: Die eine Technik wendest du dabei am Beginn, die andere am Schluss der Verhandlung an. Okay, es gibt natürlich nicht nur zwei, sondern noch viele mehr, und die wichtigsten stelle ich dir nun vor.

Offene Fragen

Zunächst kommen wir zu einer Art von Fragen, die vor allem am Anfang ein Door Opener sein können. Wir sprechen von den offenen Fragen. Du hast sicherlich schon einmal von den berühmten W-Fragen gehört. Also: Wer? Wie? Wo? Was? Diese Fragen, bei denen die gefragte Person die Möglichkeit hat, auszuholen und ausführlich zu antworten.

Sie eignen sich ideal, um sie am Anfang der Verhandlung zu verwenden. Nachdem du deine Forderung gestellt hast, schweigst du im besten Fall und stellst anschließend deine offenen Fragen. Das Ziel ist dabei, möglichst viele Informationen von der Gegenseite zu erhalten. Hier gilt nämlich das alte Sprichwort: Wer fragt, der führt!

Informationsgewinn

In der Praxis sieht das in etwa so aus: Du begrüßt deine Verhandlungspartner:innen, dann setzt du deinen Anker, teilst also schon mal deine Forderungen mit, und dann kommt die Phase, in der du offene Fragen stellst. Warum? Weil du so viele Informationen wie möglich gewinnen möchtest. Wer mehr weiß, hat einen entscheidenden Vorteil. Solche Fragen könnten zum Beispiel lauten: Wie würden Sie dieses Problem lösen? Was wäre aus Ihrer Sicht der erste Schritt? Dann schweigst du und spitzt die Ohren, damit du möglichst viele Infos bekommst, die deine Strategie stützen. Schon bist du mittendrin in der Bedarfsanalyse, speziell, wenn es der erste Termin bei diesem Kunden ist.

Leider passiert es sehr oft, dass wir in den ersten Terminen sehr viel von uns erzählen, weil wir vielleicht beeindrucken wollen. Wir haben also den größeren Redeanteil und geben damit sehr viel Potenzial her. Vielleicht denken wir in der Reflexion sogar: Das war ein tolles Gespräch!, während der zugequatschte Kunde sich einen Kaffee zur Stärkung hinter die Binde gießt und sich denkt: Meine Güte, war das eine Labertasche!

Menschen lieben es, wenn man ihnen zuhört. Wenn sie Fragen gestellt bekommen und reden können. Idealerweise nicht in Verhörmanier, sondern in einem natürlichen Fluss. So entsteht ein guter Eindruck. Auch ein kurzes Resümee der Antworten wird sehr positiv aufgenommen, und uns hilft es, sicherzustellen, dass wir wirklich alles richtig verstanden haben. Wir holen uns quasi unser »Ja« ab, damit wir wirklich gut begreifen, was unser Gegenüber will. Wenn du gute Fragen stellst, sitzt du am längeren Hebel.

Aber nicht nur im Verkauf lohnt es sich, viele Fragen zu stellen – auch als Einkäufer stellte ich meinem Lieferanten am Beginn sehr viele Fragen: Welche Referenzkunden gibt es? Wie ist die Auslastung? Wie sind Sie personell aufgestellt? Aus welchen Materialien setzt sich Ihr Produkt zusammen? In diesem Fall suche ich mit meinen Fragen nach Schwachpunkten, die ich später in der Preisverhandlung einbringen kann.

Kurz gesagt: Wer fragt, der sammelt nicht nur Informationen, sondern führt auch die Verhandlung.

Dieses Fragewort lassen wir lieber aus

Es gibt übrigens eine Ausnahme bei den W-Fragen, also eine spezielle Frage, die du vermeiden solltest. Das ist die Frage nach dem Warum. Falls du dich jetzt fragst, warum nicht warum? – Weil die meisten Menschen sich von dieser Frage in die Ecke gedrängt fühlen, konfrontiert. Es ist eine Frage, die uns früher unsere Eltern oder Lehrer:innen gestellt haben, wenn wir Mist gebaut haben. Das bleibt uns auch als Erwachsene. Sobald wir »Warum?« hören, fühlen wir uns in diese Kindersituationen zurückversetzt und die Augenhöhe geht verloren. Die meisten Warum-Fragen wurden uns schließlich von Lehrer:innen gestellt: »Warum hast du deine Hausaufgaben nicht gemacht?« »Warum bist du so laut?« »Warum hast du nicht gelernt?« »Warum bist du schon wieder zu spät gekommen?«

Merkst du, was bereits während des Lesens mit dir passiert?

Diese Art von Fragen hat immer etwas Nörglerisches an sich. Es klingt immer ein wenig anklagend und negativ und wird dich kaum in eine konstruktive Gesprächsatmosphäre bringen. Im Gegenteil: Der Gesprächspartner oder die Gesprächspartnerin hat schnell das Gefühl, dass ihr nicht auf Augenhöhe miteinander sprecht.

Daher mein Tipp:

Wenn es geht, vermeide Warum-Fragen!

Geschlossene Fragen

Im Unterschied zu den offenen Fragen gibt es natürlich auch die geschlossenen Fragen. Diese verwenden wir, um unser Gespräch, unsere Verhandlung abzuschließen.

Das kann so klingen: »Okay, folgende Punkte hab ich für mich aufgeschrieben: Wir treffen uns an diesem Tag um diese Zeit an diesem Ort – ist das korrekt?« »Ja!« Check. »Ich schreibe Ihnen jetzt noch eine Mail mit der Auftragsbestätigung, um alle Details festzuhalten. Passt das so?« »Ja!« Check. Du schaffst also Klarheit und nagelst deine Verhandlungspartner:innen fest.

Hier kommt bei vielen die Angst. Jetzt haben wir den Auftrag in der Tasche, sind am Ende der Verhandlung und in der Euphorie, den Kunden begeistert zu haben – und dann vergessen wir, den Sack zuzumachen. Das ist jedoch ein wichtiger Punkt. Wir lassen uns am Schluss alles nochmals bestätigen. Das dauert nicht mehr als ein paar Minuten und du weißt dann, woran du bist. Du kannst also hier alle Missverständnisse ausschließen.

Vor allem, wenn die Verhandlung nicht so gelaufen ist, wie du es dir vorgestellt hast, ist es umso wichtiger, alles nochmals zu konkretisieren. »Ich kann dir so und so viel bieten, du möchtest so und so viel, also haben wir da noch einen Gap von x. Daher kommen wir heute zu keiner Einigung. Du musst noch Rücksprache halten. Hab ich das richtig verstanden?« »Ja!« »Wir treffen uns wieder dann und dann, damit wir weitermachen können. Passt das? »Ja!«

Diese geschlossenen Fragen helfen dabei, dass alle Klarheit haben. Wie oft habe ich es schon erlebt, dass nach einigen Tagen oder Wochen, sogar nach wenigen Stunden viele behaupten: »Das habe ich nicht so gesagt« oder noch schlimmer: »Das habe ich nicht so gemeint.« Ich habe es auch schon oft erlebt, dass in der Abschlussphase noch viele Unklarheiten da waren, obwohl alle dachten: Es ist doch alles klar! Ein schnellstmöglicher Lösungsvorschlag bedeutet für den einen innerhalb von 24 Stunden, für den anderen bis Ende des Monats. Versuch auch hier Klarheit in den Zahlen, Terminen und Erwartungen herzustellen.

Nun sind die offenen Fragen nicht nur wegen ihres Namens am Anfang, ebenso wie umgekehrt.

Stell dir mal vor, du stellst am Anfang geschlossene Fragen – was wäre das Ergebnis?

Es kann kein Gespräch in Gang kommen. Stellst du am Schluss noch offene Fragen, machst du alles wieder auf – und findest nie zu einem Ende! Das wäre völliger Schwachsinn!

Zusammengefasst möchte ich dir also Folgendes mitgeben:

- **Door Opener.** Verwende offene Fragen zum Start der Verhandlung, um Informationen zu sammeln und den Geist zu öffnen. Erzähl lieber erst einmal nicht zu viel von dir und lasse die andere Person mehr reden. Die berühmten W-Fragen sind hier übrigens die idealen Werkzeuge, um ein gutes Gespräch zu starten. Versuche aber nicht, deinem Gegenüber in schonungsloser Verhörmanier ā la Inspektor Columbo Infos zu entlocken.
- **Sei kein Oberlehrer und auch keine Oberlehrerin.** Streiche Warum-Fragen unbedingt aus deinem Verhandlungsjargon! Sie wirken immer negativ, kritisch und nörglerisch. Sofort fühlen sich deine Gesprächspartner:in-

nen wieder in die Schulzeit zurückversetzt, in der der Lehrer oder die Lehrerin fragt, warum man die Hausaufgaben schon wieder vergessen hat. Einfach so richtig stinkstiefelmäßig, denn echte Stinkstiefel sind immer Nörgler. Also weg damit!

- **Mach den Sack zu.** Geschlossene Fragen helfen am Ende der Verhandlung dabei, einen Abschluss zu finden. Mit ihnen kannst du die Verhandlung wunderbar schließen und dir nur noch ein paar Bestätigungen abholen. Achte aber immer darauf, dass du nicht durch offene Fragen versehentlich die gesamte Verhandlung wieder aufrollst!

Suggestivfragen

Wenn dir jemand eine Frage stellt und dir gleichzeitig dabei eigentlich schon die Antwort in den Mund legt, dann wendet er die Taktik der Suggestivfragen an.

Ich persönlich bin nicht unbedingt ein Fan dieser Taktik, bin aber trotzdem der Meinung, dass du sie unbedingt kennen solltest! Ich kann dir sagen, bei fast allen von uns wurde diese Taktik schon angewandt. Warum ich dir nicht rate, sie selbst allzu oft anzuwenden?

Nun, bei einer Suggestivfrage besteht immer die Gefahr, dass sich dein Gegenüber gedrängt oder – im schlimmsten Fall – manipuliert fühlt. Die Antwort wird immerhin von dir bereits vorgegeben. Ein echtes Gespräch wird also nicht zustande kommen. Wenn überhaupt, dann möchte ich dir den Rat ans Herz legen, Suggestivfragen nur zum Ende einer Verhandlung einzusetzen: Sprich, um den Deal zu besiegeln und dir ein paar abschließende Jas abzuholen.

Das Ziel jeder Suggestivfrage ist es, den Gesprächspartner oder die Gesprächspartnerin in eine bestimmte Richtung zu lenken. Besonders bei schwierigen Gesprächen wird dadurch versucht, Einigkeit zu betonen. Dein Gegenüber sagt dann beispielsweise so etwas wie: »Der Preis ist doch nicht das einzige Kriterium für deine Entscheidung, oder?« Du merkst, es handelt sich immer um einen Versuch, deine Antwort schon vorzugeben. Daher Achtung!

Es ist wichtig, dass du in der Lage bist, Suggestivfragen zu erkennen und souverän darauf zu kontern. Beispiel für Suggestivfragen sind:

- »Sicherlich möchtest du auch, dass ...?«
- »Die meisten Kunden wollen ... Das gilt sicherlich auch für Sie?«
- »Findest du nicht auch, dass ...?«
- »Der Lohn ist doch nicht das Wichtigste, oder?«
- »Papa, du hast doch gesagt, wenn ich mein Zimmer aufräume, darf ich ...?«

Ich könnte dir nun noch einige Beispiele nennen. Aber im Grunde geht es darum, dass du ein Gespür für diese Art der Fragetechnik bekommst. Vielleicht fällt dir nun auch auf Anhieb eine bestimmte Person ein, die diese Technik immer wieder bei dir anwendet?

Ich rate dir: Achte in Zukunft bewusst darauf, ob die Suggestivfrage bei dir angewandt wird! Oft spricht dich dein Gegenüber auch mit deinem Namen an, um zusätzliche Nähe zu suggerieren. Man versucht dich bewusst einzubinden! Lass dies nicht so einfach geschehen!

Du fragst dich jetzt, wie du auf diese Technik kontern kannst?

Umgang mit Suggestivfragen

Ansprechen

Ich fange als Erstes mit der direktesten Art des Konters an: Ich spreche die Suggestivfrage meines Gegenübers direkt an. Ich habe das bereits in der einen oder anderen Situation gemacht und kann dir sagen, es wirkt! Wenn mein Gegenüber so etwas gesagt hat wie »Frédéric, du bist sicherlich auch der Meinung, dass die Qualität am wichtigsten ist, oder?«, dann habe ich einfach ganz direkt mit »Oh, Achtung! Das ist eine Suggestivfrage, darauf antworte ich nicht!«, gekontert! Dann habe ich gelächelt und bin zum nächsten Punkt übergegangen.

Übergehen

Falls dir dieser Konter zu dominant erscheint, dann kann ich dir auch raten, die Suggestivfrage einfach zu übergehen. Anstatt auf diese Frage zu antworten, gehe einfach zum nächsten Punkt über. So könntest du beispielsweise auf die Suggestivfrage: »Der Liefertermin ist Ihnen sicherlich wichtiger als der Preis, oder?«, einfach Folgendes antworten: »Ja, der Liefertermin ist wichtig, aber auch der Preis. Das Gesamtpaket muss stimmen, also gehen wir zum nächsten Punkt!«

Gegenfrage

Die dritte Möglichkeit, einer Suggestivfrage zu kontern, ist eine Gegenfrage zu stellen. Du kannst also auf eine Suggestivfrage mit einer weiteren Suggestivfrage antworten. Schlage einfach mit denselben Mitteln zurück! Wenn dir jemand sagt: »Der Liefertermin ist Ihnen sicherlich wichtiger als der Preis, oder?«, dann antworte du zum Beispiel: »Ja, aber Sie wissen doch, Qualität hat ihren Preis, oder?« Damit hebelst du die erste Suggestivfrage augenblicklich aus.

Ich gebe dir noch den einfachen Tipp, in den nächsten Tagen bewusst drauf zu achten, ob du diese Kontertaktiken vielleicht schon bewusst anwenden kannst! Möglicherweise merkst du, dass ein Kollege immer Suggestivfragen bei dir benutzt, um seine Ziele zu erreichen? Versuche zu kontern! Du wirst sehen: In Zukunft wirst du schnell merken, wenn jemand diese Fragetechnik bei dir anwendet.

Alternativfragen

Ich möchte dir jetzt eine der mächtigsten Fragetechniken überhaupt vorstellen: die Alternativfragen. Damit du besser verstehst, worum es dabei geht, lass mich dir ein Beispiel dafür geben: Stell dir vor, du versuchst am Telefon einen Termin bei einem Kunden zu bekommen. Vielleicht würdest du aus einem ersten Affekt heraus folgende Frage stellen: »Wann haben Sie denn kurz für mich Zeit?«

Aber Achtung: Hier liegen gleich zwei Fehler begraben.

Erstens: Wer von uns hat denn bitte schon Zeit? Jedes Mal, wenn ich gefragt werde, ob ich kurz Zeit habe, antworte ich fast schon reflexartig mit Nein. Niemand von uns hat doch Zeit, oder? (Achtung, das war jetzt gerade eine Suggestivfrage!)

Zweitens: Die meisten Menschen haben gerne das Gefühl, das Zepter der Entscheidungsmacht in ihren Händen zu halten. Es fühlt sich einfach gut an, eine Wahl zu haben. Mit dieser Frage gibst du aber keine Alternativen vor. Du stellst lediglich eine schwammige Frage, die in den meisten Fällen einfach verneint wird.

Wie du es besser machen kannst? Nun, hier kommt jetzt die Alternativfrage ins Spiel. Wenn du einen Termin bei deinem Kunden vereinbaren willst, frage lieber: »Wir sollten einen Termin vereinbaren. Wann passt es Ihnen besser? Donnerstag um 10 Uhr oder Freitag um 14.30 Uhr?«

Mit dieser Frage gibst du zwei Antwortmöglichkeiten vor; du schlägst deinem Gegenüber also verschiedene Alternativen vor, aus denen er frei wählen kann. Die meisten Menschen werden sich durch diese Entscheidungsfreiheit positiv bestärkt fühlen und dir dementsprechend auch positiv antworten. Du schlägst in diesem Fall also zwei Fliegen mit einer Klappe: Zum einen hat dein Gegenüber das Gefühl, das Zepter in der Hand zu halten, zum anderen erreichst du dein Ziel, einen Termin zu vereinbaren.

Und noch etwas: Sobald du eine Alternativfrage stellst, hast du die volle Kontrolle darüber, welche Optionen du anbietest. Hier sitzt du definitiv am längeren Hebel und gibst dabei deinem Gegenüber noch ein gutes Gefühl! Nimm bitte auch noch Folgendes mit: Frage in Zukunft nicht mehr, *ob* du eine Gehaltserhöhung haben kannst oder *ob* jemand Zeit hat. Frage, *wann* etwas passieren wird. Nimm damit gleich vorweg, dass das, was du haben möchtest, auch eintreten wird.

Vorgaben

Noch eine kleine Randnotiz für dich: Die Alternativfragen funktionieren auch wunderbar, wenn dein Chef oder deine Chefin das nächste

Mal zu dir kommt und sagt, dass eine Aufgabe so schnell wie möglich fertig sein muss. Schaue ihn oder sie an und frage dann selbstsicher: »Gerne! Wann möchtest du sie fertig haben? Morgen um 14 Uhr oder Freitag um 10 Uhr?«

Auch hier greift die Taktik der Alternativfrage: Du gibst den Zeithorizont für die Fertigstellung vor, während dein Chef oder deine Chefin das Gefühl hat, die Entscheidung zu treffen. Coole Sache, oder?

Auch zu Hause mit meinen Töchtern funktioniert das, indem ich zum Beispiel frage: »Möchtest du zuerst das Zimmer aufräumen oder die Zähne putzen?« Oder wenn sie Süßigkeiten möchten, frage ich sie: »Was möchtet ihr? Einen Apfel oder eine Banane?« Für eine kurze Zeit haben diese Verhandlungstaktiken zu Hause tatsächlich funktioniert, bevor ich dann wie so oft von den Verhandlungsprofis durchschaut wurde.

Ausgehebelt! Wieder einmal meine kleine Tochter

Es gibt aber auch einen Haken an der Sache: Du musst immer darauf achten, dass deine Alternativfrage nicht ausgehebelt wird beziehungsweise du nicht selbst auf eine Alternativfrage hereinfällst.

Vor Kurzem stand ich mit meiner kleinen Tochter und deren Tante am Bahnsteig. Gleich neben uns stand einer dieser riesigen Snackautomaten. Meine kleine Tochter entdeckte den Automaten und schaute mich daraufhin sofort mit ihrem weltberühmten Dackelblick an. Sofort wusste ich, dass sie etwas haben möchte, und ich hatte in diesem Moment, um ehrlich zu sein, überhaupt keine Lust auf diese Verhandlung. Also nickte ich heimlich mit dem Kopf in Richtung der Tante. Meine Tochter verstand sofort, was zu tun war, und packte ihre Tante bei der Hand. Schnurstracks marschierte sie mit ihr zum Automaten und zeigte ihr, dass sie gerne eine Saftbrause und einen Schokokeks haben wollte. Ihre Tante erkannte sofort die Verhandlung, in der sie sich befand, und antwortete clever: »Meine Liebe, ich kaufe dir gerne entweder eine Saftbrause oder einen Schokokeks!« Nach einer kurzen Bedenkpause entschied sich meine Tochter für die Saftbrause. Wenig später hielt sie das Getränk in ihren Händen und sagte schließlich: »Danke. Und jetzt den Schokokeks!« Kurz darauf stieg meine kleine Tochter übrigens mit Saftbrause *und* Schokokeks zufrieden in den Zug. Sie hatte sofort die Technik ihrer Tante durchschaut und diese gekonnt ausgehebelt!

Also: Pass auf, wenn dir das nächste Mal jemand eine Alternativfrage stellt. Ab jetzt erkennst du diese Fragetechnik sicherlich und musst dich nicht mehr zwischen Saftbrause und Schokokeks entscheiden!

Kurz gesagt, merke dir also Folgendes:

- **Entwickle ein Gespür für Suggestivfragen.** Nur wenn du Suggestivfragen erkennst, kannst du sie kontern. Dein Gegenüber versucht damit immer, dich in eine bestimmte Richtung zu lenken. Lass das nicht so einfach zu, sondern lerne sie zu erkennen und zu kontern!
- **Kontere, aber richtig:** Wenn es ums Kontern von Suggestivfragen geht, gibt es im Grunde drei Möglichkeiten. Finde heraus, welche am besten zu dir passt:
  - **Direkt:** Sprich die Suggestivfrage deines Gegenübers offen und direkt an.
  - **Übergehen:** Übergehe die Suggestivfrage einfach und antworte nicht darauf.
  - **Gleiches mit Gleichem:** Kontere eine Suggestivfrage mit einer weiteren Suggestivfrage.
- **Sei sparsam in der Anwendung.** Da Suggestivfragen oft dazu führen, dass sich dein Gegenüber gedrängt oder gar manipuliert fühlt, wende sie – wenn überhaupt – nur sehr sparsam und am Ende deiner Verhandlung an. Im besten Fall dienen sie nur dazu, einen Deal zu besiegeln.

Stolpersteine für den Verhandlungserfolg

Angst vor dem »Nein« sagen

Ich weiß ja nicht, wie es dir geht, aber ich habe mich am Anfang meiner beruflichen Karriere oft dabei ertappt, dass ich meinem Gegenüber alles recht machen wollte, um die Beziehung zu schützen und keine Ablehnung zu erfahren. Aber das soll auf gar keinen Fall dazu führen, dass wir Deals eingehen, die für uns selbst nachteilig sind. Deswegen verrate ich dir jetzt eine meiner Geheimwaffen in Verhandlungen! Es ist ein Wort mit vier Buchstaben und lautet: nein.

Scheue dich nicht davor, dieses Wort zu benutzen, denn es bedeutet keineswegs, dass die Verhandlung vorbei ist. Ein Nein birgt große Chancen, wenn du weißt, wie du es nutzen kannst, um eine ausweglose in eine Win-win-Situation für beide Seiten zu verwandeln.

Meine zwei Taktiken, wenn mein Gegenüber in einer Verhandlung etwas fordert, was nicht möglich oder nachteilig für mich ist (dies ist immer dann der Fall, wenn du nein denkst, aber ja sagst):

Taktik 1: Nein sagen

Danach biete Alternativen an wie zum Beispiel andere Bedingungen, vergrößere den Kuchen (mehr dazu etwas weiter hinten im Kapitel 5 »Vergrößere den Kuchen«), frag nach, was du deinem Gegenüber sonst anbieten kannst. Also alles in allem: Lege deinen Fokus auf die Problemlösung anstatt auf Konfrontation.

Taktik 2: die Forderung des Gegenübers wiederholen

Wiederhole die Forderung deines Gegenübers und dann bleibe ganz still und warte auf seine Reaktion. Meist passiert dann Folgendes: Entweder das Gegenüber zeigt selbst Alternativen auf. Dann kannst du flexibel darauf eingehen oder selbst Alternativen einbringen. Wenn das Gegenüber seine Forderung bestätigt, wendest du Taktik 1 an.

In den meisten Fällen wirst du durch diese Taktik deine Verhandlung zu einem zufriedenstellenden Ergebnis für beide Parteien führen.

Wie sieht es bei dir aus? Hast du die Magie des Neinsagens bereits für dich genutzt? Fällt es dir leicht? Wie oft hast du schon zu etwas ja gesagt, obwohl innerlich alles in dir nein geschrien hat?

Wenn du zu den Menschen gehörst, die Probleme mit dem Nein haben, dann solltest du das schleunigst ändern. Egal, ob im Alltag oder in einer Verhandlung: Wenn du dieses Wort klar und selbstbestimmt einzusetzen weißt, wird es zum Gamechanger für dein Leben und dein Business!

Ursachen, warum viele Menschen nicht nein sagen können

Die meisten Menschen haben Angst vor Ablehnung. Sie verwechseln ein Nein mit: Ich mag dich dann weniger. Insgeheim haben wir also Angst, dass unsere Vorgesetzten, unsere Geschäftspartner:innen oder unsere Kids uns weniger mögen, wenn wir nein sagen. Wir haben Angst davor, ausgeschlossen und abgelehnt zu werden. Diese Angst ist tief in uns Menschen verwurzelt, wir wollen uns anderen zugehörig fühlen, Teil einer Gruppe sein.

Sei dir immer bewusst, dass ein Nein zu jemand anderem auch ein Ja zur dir selbst ist! Durch ein Nein können außerdem neue Chancen und bessere Alternativen entstehen.

Definiere deine rote Linie

Irgendwo gibt es eine Schmerzgrenze. Diese kannst du nur dann vermeiden, wenn du genau weißt, wo sie liegt – und rechtzeitig vorher abbremst. Am besten, indem du auch eine gelbe Linie definierst. Das ist der Punkt, an dem das Niemandsland beginnt. Dann hast du einen Puffer, einen Verhandlungsspielraum, bevor deine wirkliche Schmerzgrenze erreicht wird, und du steigst in jedem Fall gut aus der Verhandlung aus. So kannst du die Reibungswärme verhindern, die entsteht, wenn du über den Tisch gezogen wirst.

Zusammenfassung:

- **Verwende die vier magischen Buchstaben:** Selbst, wenn es dich vielleicht einiges an Überwindung kostet – lerne nein zu sagen. Du wirst sehen, es bringt dein Business und dich auf lange Sicht gesehen weiter, als wenn du pausenlos versuchst, es allen recht zu machen.

- **Nein sagen, aber richtig:** Wenn du in einer Verhandlung an den Punkt kommst, wo jedes weitere Zugeständnis für dich nachteilig wäre, sage nein! Wende folgende zwei Taktiken dabei an:
  - **Taktik 1:** Biete eine Alternative an und orientiere dich an der Problemlösung.
  - **Taktik 2:** Wiederhole die Forderung des Gegenübers und schweige. Entweder wird es nervös und legt von selbst eine Alternative auf den Tisch, auf die du eingehen kannst. Oder es kommt Taktik 1 zur Anwendung.
- **Angst vor Ablehnung:** Die Angst davor, abgelehnt zu werden, ist die wahre Angst vor dem Neinsagen. Vergiss nicht, ein Nein ist meistens ein Ja zu dir und deinen Bedürfnissen.

Wie du auch unter hohem Druck erfolgreich verhandelst

Jeder von uns hat Stress. Manche von uns sogar irgendwie immer und überall. Stress ist fast ein Dauerzustand in unserer Gesellschaft geworden: Jeder, der etwas auf sich hält, hat Stress. Und das ist nichts Gutes! Wie im vorigen Kapitel beschrieben, ist auch das Neinsagen für viele schwierig und sehr stressig.

Weißt du eigentlich, was in deinem Körper passiert, wenn du Stress hast? Grundsätzlich wurde die Stressfunktion von unserem Körper entwickelt, um sich in lebensbedrohlichen Situationen besser verteidigen zu können. Innerhalb von Millisekunden wird ein Hormoncocktail in deinen Körper eingeschossen, der als Art Boostergetränk dient. Augenblicklich hast du mehr Power.

Geraten wir also in eine Stresssituation, gibt es drei Möglichkeiten, wie wir reagieren: Angriff, Flucht oder Schock. Innerhalb von Sekunden müssen wir uns entscheiden! Klar, als wir vor Tausenden von Jahren gegen Mammuts kämpften, waren diese drei Möglichkeiten durchaus sinnvoll. Heute gilt es diese inneren Stresstypen aber anders zu bewerten.

Trotzdem: Beobachte deine Verhandlungsgegner:innen einmal etwas genauer. Ich bin sicher, du wirst schnell feststellen, dass dir unterschiedliche Stresstypen gegenübersitzen. Wobei sie dir nicht einmal zwingend gegenübersitzen müssen: Wenn du im Team verhandelst, kann es durchaus sein, dass du unterschiedliche Stresstypen mit an Bord hast. Auch das kann gefährlich sein, aber dazu gleich mehr.

Zuerst möchte ich dir verraten, wie du die unterschiedlichen Stresstypen erkennen kannst: Der Schock-Typ wird im Businessumfeld eher kein Thema sein. Dafür umso mehr der Angriff-Typ. Vielleicht hast du das auch schon einmal erlebt? Im Laufe der Verhandlung gibt es eine Person, bei der langsam die Adern zu pochen beginnen, die einen roten Kopf bekommt und plötzlich mit der Faust auf den Tisch haut und dabei laut brüllt – der klassische Angriff-Typ eben. Mit aller Wahrscheinlichkeit steht die Person, die gerade so reagiert, unter großem Druck und Stress. Es kann sein, dass du selbst im ersten Moment die Situation überhaupt nicht verstehst, immerhin kannst du nicht ins Innerste deines Gegenübers blicken. Partnerschaften können an so einem angriffslustigen Verhalten zerbrechen! Also Achtung!

Der zweite Typ, der Flucht-Typ möchte, sobald er unter Stress steht, nur eines: Raus! Es kann sein, dass dein Angebot einen Flucht-Typ so sehr stresst, dass er nur noch weg möchte. Viele machen dann einfach unüberlegt irgendwelche Zugeständnisse, nur um das Gespräch so schnell wie möglich zu beenden. Du freust dich zwar zunächst über die Zustimmung deines Gegenübers, hörst aber später nie wieder von ihm. Flucht-Typen wollen dem Konflikt aus dem Weg gehen. Deine Aufgabe ist es also, im Nachgang stets zu überprüfen, ob alles, was ihr vereinbart habt, auch wirklich eingehalten wird.

Jetzt kennst du die beiden häufigsten Stresstypen und ich bin mir sicher, dir ist der ein oder andere auch schon begegnet. Es schadet auch nicht, einmal zu überlegen, welcher Stresstyp du selbst bist!

Was kannst du nun gegen Stress tun, um zu verhindern, dass es überhaupt zu einer Eskalation kommt?

Zunächst lege ich dir den Rat ans Herz, Zeitdruck zu vermeiden. Wir kennen es alle: Die Deadline rückt erbarmungslos näher und näher. Unser Puls geht höher und höher und unser Stresslevel ist kurz vorm Explodieren. Versuche, wenn möglich, solche Situationen zu entschärfen und nimm den Druck raus!

Achte auch immer darauf, wie es den Personen aus deinem Verhandlungsteam geht. Sind Partner:innen dabei, die gerade unter großem Druck stehen? Falls ja, mach dich darauf gefasst, dass der größte Verhandlungsgegner plötzlich nicht mehr auf der anderen Seite sitzt, sondern genau neben dir. Umgekehrt kannst natürlich auch du selbst einen Risikofaktor für die Verhandlung darstellen: Stehst du selbst unter Stress, kann es hilfreich sein, wenn du dich mit deinem Team gut vorbereitest. Legt vorab schon Ziele fest und tretet in der Verhandlung gemeinsam auf. Sobald du dann im Tunnel bist und nur mehr durch deinen Stress geleitet wirst, hast du ein vernünftiges Back-up, jemanden, der dir im richtigen Moment vielleicht unter dem Tisch gegen das Schienbein tritt und dich wieder auf Spur bringt!

Apropos Vorbereitung: Lass mich dir noch eine meiner Erkenntnisse mitgeben. Vorbereitungen helfen meiner Erfahrung nach wunderbar gegen Stress.

Wenn du dir schon im Vorhinein darüber Gedanken machst, was das Worst-Case-Szenario deiner Verhandlung sein könnte und dir gleichzeitig einen Plan B bereitlegst, kann das dabei helfen, Stress abzubauen. In der Realität wird es zwar wahrscheinlich nicht zu dem befürchteten Worst-Case-Szenario kommen, doch du bist gut vorbereitet und nicht mehr so leicht zu überraschen.

Stress hat also einen großen Einfluss auf den Verhandlungserfolg – sei dir dessen stets bewusst. Überlege dir, in welchen Situationen du unter Druck und Stress stehst, und versuche sie zu entschärfen. Gleichzeitig versuche immer herauszufinden, welcher Stresstyp dir in einer Verhandlung gegenübersitzt. Sei dir darüber im Klaren, was in unserem Körper in solchen Situationen passiert und trenne stets die Person von der Emotion! Das hilft dir, die Situation besser zu verstehen!

Hier meine Tipps gegen Druck in einer Verhandlung auf einen Blick:

- Vermeide unbedingt Zeitdruck. Ein guter Weg, um Stress vorzubeugen, ist genügend Zeit einzuplanen. Zeitdruck erzeugt automatisch Stress bei allen Beteiligten. Durch gute Planung lässt sich dies vermeiden.
- Vorbereitung ist die halbe Miete. Auch wenn die wenigsten es hören wollen, aber eine gute Vorbereitung, die auch das Durchdenken eines möglichen Worst-Case-Szenarios einschließt, nimmt Druck und Stress aus der Verhandlung! Investiere diese Zeit also unbedingt.
- Lerne deine Teammitglieder kennen. Sind deine Mitstreiter:innen eher im Team Flucht oder im Team Angriff zu Hause? Je besser du deine Kolleg:innen, die mit dir in die Verhandlung gehen, kennst, desto eher kannst du überlegen, wie du Druck und Stress für sie vermeiden kannst. Das ist für den guten Ausgang einer Verhandlung essenziell, denn sonst sitzen deine größten Verhandlungsgegner:innen flugs nicht gegenüber, sondern neben dir!

Kein Budget? Kein Problem!

»Sorry, dafür haben wir leider kein Budget.« Kommt dir dieser Satz bekannt vor? Ich kenne ihn zur Genüge und jeder, der im Verkauf arbeitet oder intern schon mal einen Projektantrag gestellt hat, wird mir beipflichten, dass er einer der am häufigsten genannten Ablehnungen ist und höchstwahrscheinlich eine der meistgebrauchten Ausreden.

Reagieren

Es gibt grundsätzlich zwei Möglichkeiten, wie du auf diesen Satz reagieren kannst – zumindest sind die meisten Menschen der Ansicht, dass es nur diese zwei Strategien gibt:

- Du bedankst dich für das Gespräch, stehst auf und gehst.
- Du bietest einen Rabatt an und hoffst, dass der Kunde nun doch in den Deal einwilligt.

Lass mich dir aus Erfahrung sagen, dass keiner dieser Wege wirklich erfolgversprechend ist!

Es gibt noch andere Strategien, wie du trotz dieses Einwands einen guten Deal abschließen kannst. Deine Aufgabe muss es sein, in diesem Einwand etwas Positives zu sehen und nicht einfach den Preis zu reduzieren, in der Hoffnung, so den Weg für alles andere (und alle anderen) zu ebnen.

Du begibst dich damit nur in einen Teufelskreis. Stell dir vor, im ersten Gespräch sagt dein Kunde, es gebe kein Budget für deine Dienstleistung. Wenn du dann in einer zweiten und dritten Gesprächsrunde wieder mit anderen Verhandlungsteilnehmer:innen, wie zum Beispiel dem Firmenchef oder der -chefin, am Tisch sitzt, musst du wieder Rabatte geben und so weiter und so fort. Schlussendlich bleibt nicht mehr viel übrig und der Auftrag bringt dir mehr Probleme als Gewinn.

Das Gleiche passiert übrigens bei internen Budgetverhandlungen. Stell dir vor, du möchtest ein IT-Projekt umsetzen und benötigst dazu externe Ressourcen und daher auch ein Budget. Über mehrere Runden wird dir dann zuerst das Budget gekürzt, dann gibt's keine externen Ressourcen und auch keine zusätzlichen Mitarbeiter:innen. Was aber meistens bleibt, ist die Erwartung, dass das Projekt und die Ziele trotzdem im erforderlichen Umfang umgesetzt werden – was unmöglich ist. In beiden Fällen wird es also schwierig, ohne die erforderlichen Mittel zufriedene Kunden oder Vorgesetzte zu bekommen.

Affenbaum

Auf unserer Weltreise waren wir in Bali, genauer gesagt in Ubud. Dort gibt es einen Park voller Affen. Sobald einer der Besucher:innen offensichtlich etwas zu essen dabei, also frei verfügbare Ressourcen, hat, kommen die Affen von überallher und stürzen sich auf die Snacks, bis die entsprechende Person aussieht wie ein Baum voller Affen.

Kennst du den Affenbaum? Oder bist du vielleicht selbst einer? Was ich damit meine? Nun, in jedem Büro gibt es ungeliebte Aufgaben. Oder Probleme. Nennen wir sie Affen. Wenn du dir diese Affen umhängen lässt, dann behindern sie dich mehr und mehr. Du wirst zum Affenbaum. Das Gleiche kannst du auf Kunden umlegen.

Wenn nun dein Kunde sagt, es gebe für dein Angebot kein Budget, dann ist das sein Problem. Ja, du liest richtig: Es ist nicht dein Problem! Mach das Problem des Kunden nicht zu deinem! Die meisten Verkäufer:innen würden in so einem Moment Panik bekommen und mit Rabatten um sich werfen, nur um den Auftrag zu bekommen. Aber nochmals: Es ist *nicht* dein Problem!

Wenn er sich dich leisten will, dann wird es eine Möglichkeit geben. Oder eben nicht. Aber es ist nicht deine Aufgabe, die Affen deines Kunden zu übernehmen.

Das Gleiche gilt für die internen Budgetverhandlungen. Auch hier kopple Erwartungen und Ziele immer an Ressourcen und Budget. Du kannst dazu immer die Wenn-dann-Taktik anwenden: »Wenn ich einen Mitarbeiter zusätzlich bekomme, dann kann ich das Projekt in sechs Monaten umsetzen.« Verknüpfe die Forderung mit einer Bedingung, sonst fällt dein Baum irgendwann vom Gewicht der ganzen Affen von selbst um.

Wie kannst du trotz des Einwandes deines Kunden das Gespräch positiv abschließen?

Mit der Nehmen-wir-mal-an-Frage. Sagt dein Kunde, er habe kein Budget für eine Zusammenarbeit mit dir, dann stellst du zuallererst folgende Frage: Nehmen wir mal an, Sie hätten das Budget, würden Sie dann dieses Projekt mit mir umsetzen?

Wenn die Antwort darauf »nein« ist, dann liegt es nicht am Budget. Dann ist es deine Aufgabe, die Kundenbedürfnisse richtig abzufragen und ein Angebot zu entwerfen, das für ihn attraktiv ist. Dazu fragst du am besten, was sich inhaltlich an deinem Angebot noch verändern müsste, damit es zu einem Top-Angebot wird.

Ist die Antwort auf die Frage allerdings »ja«, dann ist es schon gar nicht der richtige Moment, um deinen Preis zu senken! Warum, fragst du dich? Lass mich dir eines sagen: Wenn der Kunde hier mit »ja« antwortet, dann hat er definitiv Interesse an dir und deinen Dienstleistungen. Schwenke im Gespräch an diesem Punkt also nicht in Richtung Rabatte, sondern in Richtung einer gemeinsamen Lösungsfindung. Erkenne die Probleme deines Kunden an und schlage vor, gemeinsam an einer Lösung zu arbeiten. Frage direkt, ob es die Möglichkeit gibt, Mittel aus einem anderen Budgettopf zu schöpfen. Oder aber erkundige dich, ob es am Zeitpunkt deines Angebotes liegt. Es kann sein, dass das Budget deines Kunden für das Folgejahr bereits im Herbst festgelegt wird. Kommst du mit deinem Angebot im Januar, ist alles Geld schon verteilt. Du sprichst mit dem Kunden somit lediglich über den Zeitpunkt des Angebotes und nicht über dessen Preis.

Falls dein Verhandlungspartner oder deine Verhandlungspartnerin sagt, dass er sich erst das Okay für einen Abschluss holen muss, dann frage auch hier nach. Versuche die Prozesse deines Kunden zu verstehen und setze einen nahezu detektivischen Spürsinn ein, um herauszufinden, wo der Schuh wirklich drückt. Wenn tatsächlich eine höhere Instanz die Entscheidung über euer Projekt fällen muss, dann biete ein gemeinsames Meeting an.

Erkundige dich auch nach früheren Lösungsansätzen. Vielleicht kennt dein Kunde diese Situation bereits aus der Vergangenheit. Frage ihn also, welche Lösungsvarianten es damals für Budgetprobleme gab.

Du verstehst: Wenn du dich durch geschickte Fragen zum eigentlichen Kern des Problem vorarbeitest, bist du mit deinen Verhandlungspartner:innen stets in einem Lösungsprozess und nicht in einer Rabattschlacht.

Natürlich kann es nötig sein, das Angebot noch an die Kundenbedürfnisse anzupassen, um dem Budget zu entsprechen. Mach das aber nie über Rabatte, sondern überlege, welche Leistungen du weglassen und wie du dein Angebot optimieren kannst.

Probiere diese Fragetechniken bei deinem nächsten Verhandlungsgespräch aus und du wirst sehen, es klappt! Und im Endeffekt kannst du schließlich sagen: »Kein Budget? Kein Problem!«

Zusammenfassend kannst du also Folgendes tun:

- **Mach es nicht zu deinem Problem.** Als Erstes musst du dir bewusst machen, dass das fehlende Budget deines Kunden nicht automatisch dein Problem ist. Wirf daher nicht mit Rabatten und Zugeständnissen um dich, nur um diesen einen Auftrag zu holen oder das Projekt umzusetzen. On the long run wirst du mit dieser Taktik nämlich nicht gut fahren!
- **Die Nehmen-wir-mal-an-Frage:** Frage stattdessen lieber nach, ob sich dein Kunde auch dann für dich entscheiden würde, wenn ausreichend Budget vorhanden wäre. Ist die Antwort nein, dann ist deine angebotene Dienstleistung schlicht und ergreifend nicht attraktiv genug für diesen Kunden. Frage, was du optimieren könntest! Ist die Antwort jedoch ja, dann liegt es nun an dir, kreativ nach einer Lösung zu suchen, die euch beide auf einen grünen Zweig führt. Das Credo lautet auch hier: Optimiere dein Angebot und wirf nicht wahllos mit Rabatten um dich!

Flexibilität: keine Zeit, keine Verhandlungsmacht

Eine meiner wertvollsten Erfahrungen war die gemeinsame Weltreise mit meiner Familie. Wir schauten uns ein paar großartige Ecken dieser Erde an und achteten dabei immer wieder darauf, auch ein paar längere Zwischenstopps zu machen, bei denen wir die Batterien ein wenig aufladen konnten. So einen Zwischenstopp legten wir auch in Singapur ein. Wir gönnten uns ein besseres Hotel im Zentrum und wollten so richtig ausspannen, bevor es weiter nach Vietnam, genauer gesagt Ho-Chi-Minh-City, gehen sollte.

Am Abend vor unserem Abflug wurde ich unruhig. Gut, zugegebenermaßen kann das durchaus schon einmal vorkommen, bevor man in ein neues Land reist. Doch dieses Mal war es anders: Es war schon fast Mitternacht und meine Augen wurden allmählich schwer, als es mich wie ein Blitz durchfuhr. Augenblicklich saß ich kerzengerade im Bett, mein Herz schlug wild und ich dachte nur: Oh Shit! Nein! Bitte nicht!

Fieberhaft durchforstete ich meine Mails auf der Suche nach den Visa für meine Familie und mich. Puh – Gott sei Dank fand ich sie tatsächlich. Aber vielleicht kennst du das Gefühl: Du weißt einfach, dass irgendwo der Wurm drin steckt, auch wenn du den Finger nicht drauflegen kannst. Und immer wieder stiegen diese Gedanken in meinem Kopf auf: Bitte, bitte, bitte nicht!

Ich starrte also mitten in der Nacht auf die Visa für den Flug, der am nächsten Morgen losgehen sollte. Und dort las ich es: Unsere Visa sollten vom 17. Februar bis 17. März – also einen Monat lang – gelten. Ungläubig starrte ich auf die schwarzen Buchstaben. Die Visa galten vom 17. März bis 17. April! Also einen Monat später als eigentlich geplant. Ich war innerhalb von Sekunden vollgepumpt mit Adrenalin! Bis heute kann ich mir nicht erklären, wie mir dieser Fehler passieren konnte. Als ich die Visa gebucht hatte, war ich tiefenentspannt an einem Strand herumgekugelt und hatte anscheinend irgendwie aus einer Zwei eine Drei gemacht. Ich war verzweifelt!

Meine Frau, die durch den ganzen Trubel, den ich veranstaltete, schließlich ebenfalls aufwachte, schaute mich fragend an. Und als ich ihr die Story erzählte, saß auch sie hellwach und kerzengerade im Bett. Und sie durchbohrte mich mit einem bösen Blick. Oh shit! Immerhin stand für uns einiges auf dem Spiel: Unsere gesamte Vietnamreise war auf den Tag exakt geplant. Wenn wir nicht pünktlich einreisen konnten, wäre das mit enormen Stornierungskosten verbunden. Und zudem standen nicht nur finanzielle, sondern auch emotionale Kosten im Raum. Eine unserer besten Freundinnen wartete bereits in Vietnam auf uns und wollte von dort aus mit uns weiterreisen. Oh Mann! Du kannst dir vorstellen, wie ich mich gefühlt habe.

Mit zittrigen Fingern rief ich die Notfallnummer unserer Reiseagentur an, über die ich die Visa gebucht hatte. Als ich dort endlich jemanden erreichte, sagte man mir, dass man die Visa auf den kommenden Montag umbuchen könne. Montag! Das wäre in drei Tagen! Das kam für uns nicht infrage. Ich tat das, was ich auf dieser Welt am besten kann: Ich verhandelte, bohrte, bettelte und flehte die Person am anderen Ende des Telefons regelrecht an. Und schließlich ließ sich meine Gesprächspartnerin erweichen. Sie erklärte mir, dass es eine Alternative gebe, die uns die sofortige Einreise ermöglichen würde. Das sei allerdings eine sehr teure. Doch das »teuer« hörte ich schon nicht mehr, das war mir in diesem Augenblick völlig egal. Ohne zu zögern, fragte ich nur: »How much?«

Der ganze Spaß sollte mich im Endeffekt um die 800 Euro kosten. Eine deftige Summe, wenn man bedenkt, dass es »nur« um ein paar Visa ging. Aber nichts im Vergleich zu dem, was die Alternative gewesen wäre. Also zückte ich, ohne mit der Wimper zu zucken, meine Kreditkarte und betete, dass es klappen würde. Immerhin hatte ich nicht nur mein schlechtes Gewissen, sondern auch meine Frau im Nacken, die mitten in der Nacht not amused war.

Als wir am nächsten Tag zum Flughafen kamen, hatten wir keine Ahnung, was uns erwarten würde. Wie sollte die Einreise in ein Land ohne Visa funktionieren? Denn diese hatten wir natürlich noch nicht in der Hand – wie auch? Ins Flugzeug zu kommen war einfach, aber wieder raus? Nervös stieg ich mit meiner Tochter auf dem Arm aus dem Flieger. Draußen angekommen, wurden wir schon von einem Beamten erwartet, der ein großes Schild mit unseren Namen hochhielt. Verwundert und etwas verunsichert folgten wir ihm einen engen Flur entlang. Ob das gutgehen würde? Ich war noch immer nicht überzeugt davon. Doch schließlich wurden wir vor einer weißen Wand fotografiert und sofort danach im Eilschritt an einen Visumschalter geführt. Gut zehn Minuten später war der ganze Spuk auch schon wieder vorbei und wir konnten problemlos einreisen. Die 800 Euro hatten uns ein VIP-Package beschert – unterm Strich also ein teurer, aber trotzdem nötiger Luxus.

Was du dir aus dieser Geschichte mitnehmen kannst:

Achte bei der Visabuchung immer genau auf das angegebene Datum! Okay, Spaß beiseite: Wenn ich diese Story erzähle, werde ich immer wieder gefragt, wieso ich die Summe, die ich zu zahlen hatte, nicht verhandelt habe. Nun, ganz einfach: Es war kein Zeitpunkt, um zu verhandeln. Ich hatte keinen Plan B, mein einziges Verhandlungsziel war es, die Visa zu bekommen, egal um welchen Preis. Ich hatte keine Alternative und massiven Zeitdruck. Das sind wahrlich nicht die besten Karten, um zu verhandeln. Anstatt mich hier also in eine unnötige Diskussion zu verstricken, akzeptierte ich die Situation schlicht und ergreifend und biss in den sauren Apfel. Im Nachhinein bereue ich es nicht. Wir hatten eine tolle Reise und mussten glücklicherweise nichts davon stornieren. Und manchmal muss man die Kröte einfach schlucken! Vor allem wenn die Alternative und die damit verbundenen Kosten keine Option sind.

Den Kuchen vergrößern

Nichts ist in Stein gemeißelt. In der Verhandlung gehen wir oft von einem Kuchen aus, der aufgeteilt werden muss. So wie an einem Kindergeburtstag, wenn alle Kinder singend um die brennenden Kerzen stehen und es kaum erwarten können, bis der Zeremonienmeister endlich den Kuchen anschneidet und damit beginnt, die süßen Leckereien unter den Blicken leuchtender Kinderaugen zu verteilen.

Viele Menschen glauben, der Kuchen – nenn es auch Projekt oder Angebot – wäre fix, da gibt es nichts zu verhandeln. Doch das ist eine komplette Fehleinschätzung! Egal, ob wir schon länger mit jemandem zusammenarbeiten oder noch im Erstgespräch sind – oft haben wir das Gefühl: Wir sprechen nur über dieses Projekt oder über diese Software, diese Lizenz oder diese Dienstleistung, aber nicht über mehr. Dann verbeißen wir uns oft darin, aus diesem kleinen Kuchen das Beste rauszunehmen, und probieren nicht einmal, ihn gemeinsam mit unseren Verhandlungspartner:innen zu vergrößern. Genau das ist jedoch ein riesengroßer Fehler.

Im Gegensatz zum Kindergeburtstag ist der Kuchen in einer Verhandlung nicht fix. Das heißt, du kannst den Kuchen, um den es geht, in der Verhandlung sehr leicht vergrößern, indem du zusätzliche Optionen hinzufügst. Zum Beispiel Goodies für den einen, die für den anderen leicht zu bewerkstelligen sind.

Wie wäre es, wenn wir uns darauf konzentrieren, wie man den Kuchen gemeinsam größer werden lassen kann? Dann könnten wir das im Gespräch offen zeigen. Das passiert am einfachsten mithilfe von Fragen.

»Was brauchen Sie denn sonst noch?« – »Beim Kunden XY haben wir das so und so gemacht, wäre das auch etwas für Sie?« Das funktioniert auch im privaten Bereich: »Was brauchst *du* denn? Was kann ich drauflegen, damit es für dich noch besser passt?«

Wir können also einfach die Bereitschaft signalisieren, den Verhandlungskuchen zu vergrößern.

Der richtige Zeitpunkt

Wann ist der richtige Zeitpunkt, den Kuchen zu vergrößern oder das Gespräch zu starten? Zuerst einmal ist es sinnvoll, wenn wir in der Vorbereitung hinterfragen: Was ist das für ein Mensch, für eine Person oder für ein Unternehmen? Wie könnte ich ihm/ihr weiterhelfen? Wenn wir uns in den Kopf unserer Verhandlungspartner:innen versetzen und fragen: Was hat er/sie für Herausforderungen, wo könnte ich einen Mehrwert, einen Nutzen, stiften?

Idealerweise schreibst du dir deine Ideen auch gleich auf, damit du sie im Fall des Falls gleich bei der Hand hast.

Im ersten Gespräch oder in der ersten Angebotsrunde wäre es gut, diesen Punkt offen auf die Agenda zu setzen und dieses Gespräch mit W-Fragen, also mit offenen Fragen, zu eröffnen: Was brauchst du? – Wie kann ich dir helfen? – W…?

Hier können wir mit eigenen Vorschlägen zeigen, dass wir für einen wirklichen Konsens offen, dass wir flexibel sind und willens, auch mehr einzubringen und anzunehmen. Wir können unser Angebot ausweiten: »Sie haben uns zwar für Produktkategorie XY angefragt, wir bieten aber auch noch das ganze Servicepaket dazu, wir bieten auch die Erstanalyse, also nicht nur das Produkt, sondern auch die ganze Welt drumherum.« Wenn du es lieber weniger explizit möchtest, kannst du erzählen, was du für andere Kunden gemacht hast und welchen Erfolg diese damit hatten. Auch so kannst du mittels Storytellings den Kuchen vergrößern.

Meistens kommt ja der Kunde mit einem Anliegen und möchte ein Angebot von dir oder er nimmt Kontakt mit dir auf, weil er das Gefühl hat, dass du ihm helfen kannst. Jetzt hat er eine Idee im Kopf, eine Dienstleistung, etwas, das er auf deiner Webseite oder auf irgendwelchen LinkedIn-Posts oder Instagram-Beiträgen gesehen hat, und denkt sich: Okay, er oder sie kann mir helfen! Er weiß aber zu diesem Zeitpunkt noch gar nicht, womit du sonst noch helfen kannst. Wenn du nun signalisierst, dass du offen bist für mehr, dann zeigt das auch Vertrauen und dein Gegenüber erzählt dann plötzlich, was er alles brauchen, was ihm weiterhelfen könnte. Deine Aufgabe ist es, viele Fragen zu stellen und *sehr* gut zu zuhören.

Wenn dich ein neuer Kunde zu sich ins Büro oder in die Firma einlädt, dann schau dir unbedingt den Betrieb an, auch wenn's nur fünf Minuten sind. Wenn du schon vor Ort bist, dann kannst du gleich die Augen offenhalten: Welche Konkurrenzprodukte sind bisher im Einsatz, wie arbeitet der Kunde, was für Produkte stellt er her? Vor Ort im Betrieb sieht vieles ganz anders aus als auf einer Website oder in einem Produktekatalog. Wenn du also die Möglichkeit hast, dich vor Ort umzuschauen, dann mach das unbedingt.

Und wenn dir irgendetwas auffällt, wo du das Gefühl hast, dass du hilfreich sein kannst, dann sprich es an. Wenn du deinen Kunden zum ersten Mal online triffst, dann frag einfach nach: »Kannst du mir mal ein paar Worte über dein Unternehmen erzählen, wo sind eure größten Herausforderungen?« Dann lass ihn reden, hör gut zu, stell Fragen und wenn du siehst, dass ein Produkt oder eine Dienstleistung von dir ihm weiterhelfen könnte, fängst du an, den Kuchen zu vergrößern.

Wie machst du das?

Es geht darum, die Zusammenarbeit auszuweiten, kreativ zu sein, über den Tellerrand hinauszublicken. Der Tellerrand ist das, weshalb der Kunde bei dir angefragt hat. Dann liegt es an dir zu überlegen: Wie kannst du den Kuchen am besten und einfachsten vergrößern? Am Verhandlungstisch werden nun Forderungen oder Nutzen ausgetauscht. Also frag dich: Was verursacht für dich kleine Kosten und wenig Aufwand und dennoch hat der Kunde davon einen enormen Mehrwert? Und was hat umgekehrt für dich einen hohen Wert, was dem Kunden kleine Kosten oder einen kleinen Aufwand verursacht?

So kann man von jeder Seite mehrere Dinge auf den Tisch packen. Wenn man offen in ein kreatives Gespräch hineingeht, dann können plötzlich Sachen auf dem Tisch liegen, von denen du vorher noch nicht einmal zu träumen gewagt hast! Es ist so, wie wenn sich meine Töchter mit ihren Freund:innen zum Spielen treffen. Jede hat ein Spielzeug dabei, packt es auf den Spieltisch, es wird getauscht, gemeinsam werden neue Spiele erfunden, es wird sich gestritten, wieder versöhnt und weiter gespielt. Im Business werden keine Spielzeuge auf den Tisch gelegt, aber Optionen, Geld, Alternativen und Chancen – und auch dort kannst du mit den Möglichkeiten spielen. Und schon hast du gemeinsam mit dem Kunden den Kuchen vergrößert.

»Kuchenerweiterungsmaßnahmen«

Was könnten es da für »Kuchenerweiterungsmaßnahmen« oder Optionen geben? Ich hab ein paar für dich parat.

Netzwerk

Du hast ein Netzwerk. Menschen, die du kennst und von denen du weißt, dass sie gut arbeiten und verlässlich sind. Vielleicht hat der Kunde aktuell irgendein Problem oder eine Herausforderung, die du selbst nicht lösen kannst, wofür du aber jemanden empfehlen kannst. Auch umgekehrt kannst du das Thema Empfehlungen nutzen: Wenn der Kunde mit dir zufrieden ist, soll er dich weiterempfehlen. Auch Referenzen oder Berichte können den Kuchen vergrößern: Zum Beispiel auf LinkedIn oder in anderen Businessnetzwerken. Du selbst oder dein Kunde macht ein kurzes Video oder einen Beitrag: Was hat deine Dienstleistung, dein Produkt beim Kunden verändert? Das ist Werbung, die für dich einen riesigen Mehrwert haben kann.

Gegengeschäfte

Auch Gegengeschäfte können sich positiv auf den Kuchen auswirken: Was könntest du beim Kunden erwerben oder der Kunde bei dir, wo könnte man sich austauschen? Wenn etwas von dir kommt, hast du logischerweise geringere Kosten, als es den Kunden auf dem freien Markt kosten würde. Aber Achtung: Gegengeschäfte sind nicht immer sinnvoll – sie könnten euch auch in eine gegenseitige Abhängigkeit bringen. Dennoch gibt es immer wieder Möglichkeiten, in denen es durchaus gut funktioniert.

Zahlungskonditionen

Auch Zahlungskonditionen können eingesetzt werden: Wenn du gerade genug Cash hast und auf der anderen Seite sitzt jemand, der momentan Schwierigkeiten mit dem Cashflow hat, dann kannst du bessere Zahlungskonditionen anbieten. Das ist für dich relativ wenig Aufwand, aber auf der anderen Seite ist das ein unschätzbarer Mehrwert für den Lieferanten oder Kunden.

Wie bringst du deinen größeren Kuchen ins Gespräch ein?

Zum Beispiel, indem du Vorschläge aktiv im Gespräch einbringst und dir die Reaktionen von der anderen Seite anschaust. Du kannst fragen: »Lieber Lieferant, mal angenommen, wir würden die Zahlungskonditionen von 60 auf 30 Tage netto senken, was wäre Ihnen das denn wert? Wäre das ein Vorteil für Sie?« Aufgrund der Reaktion weißt du, ob er an diesem Kuchen interessiert ist.

Im Mitarbeitergespräch könntest du anbieten, eine Zertifizierung zu machen, die dem Unternehmen etwas bringt. Du bringst dein Engagement und deine Zeit ein und bekommst im Gegenzug ein höheres Gehalt, mehr Verantwortung oder eine spannendere Tätigkeit.

Generell solltest du in jeder Verhandlung zuerst probieren, den Kuchen zu vergrößern. Erst, wenn er dann so richtig groß ist, kommt der Punkt, an dem du um deinen Anteil verhandelst. Erst jetzt wird der Kuchen geteilt. Mahlzeit!

Aufs Gesamtpaket kommt es an

Soll ich jetzt alle Anfragen oder Angebote, die unter meinem Wunschgehalt oder Wunschhonorar sind, kategorisch ablehnen? Meine Antwort: Kommt drauf an. Und zwar kommt es auf das Gesamtpaket und die Menge an. Wenn du nur solche Angebote hast, dann wird es schwierig. Wenn es aber nur einen kleinen Anteil deiner gesamten Aufträge ausmacht, kann es sogar Sinn ergeben. Im letzten Jahr hab ich einen Termin wahrgenommen, für den ich nicht das Honorar bekommen habe, das ich eigentlich verlange. Wieso hab ich es trotzdem gemacht? Zum Beispiel, weil meine Zielgruppe im Publikum saß. Das heißt, diejenigen, die mein Thema interessiert, kannten mich nachher. So gesehen habe ich dafür Geld bekommen, dass ich Werbung für mich machen konnte. So kann man zum Beispiel bei einem Lehrgang als Dozent in Erscheinung treten, einen kleinen Vortrag halten oder auch eine Videobotschaft drehen, wenn es Mehrwert bringt.

Kurz gesagt: kein Budget? Kein Problem! Solange es eine gleichwertige Gegenleistung gibt. Auf diese Art kannst du deine Reichweite enorm erhöhen und/oder eine Menge Abonnent:innen für deinen

Newsletter oder deinen Podcast bekommen. Reichweite und Sichtbarkeit zahlen früher oder später auch auf dein Konto ein.

Zusammengefasst: der Kuchen

- **Je größer der Kuchen, desto besser.** Und das gilt nicht nur für den Geburtstagskuchen! Je größer dein (Business-)Kuchen wird, den du dann in einer gemeinsamen Verhandlung aufteilst, desto besser! Achte also in einem ersten Schritt immer darauf, den Kuchen kreativ zu vergrößern, bevor es ans Aufteilen geht. Statt verbissen um ein kleines Kuchenstück zu streiten, versuche lieber, für alle mehr rauszuholen!
- **Biete deine Hilfe an.** Frag, wie du der anderen Verhandlungsseite weiterhelfen kannst. Vielleicht gibt es ein Problem, bei dem du – abseits von seiner eigentlichen Anfrage – auch helfen kannst? Biete, wo es Sinn ergibt, dein gesamtes Servicepaket an. Besonders dann, wenn du das Gefühl hast, dass deine Dienstleistungen hier einen echten Mehrwert für deinen Kunden bieten.
- **Schau dir das Unternehmen an.** Überlege, was das Unternehmen, das dir gegenübersteht, brauchen kann. Wo drückt vielleicht der Schuh? Gibt es etwas, das euch beiden einen Mehrwert bringen würde? Lohnt sich beispielsweise ein Gegengeschäft? Je kreativer du wirst, umso besser. Aber Achtung: Der Kuchen muss für euch beide größer werden. Achte darauf, dass kein Ungleichgewicht zu deinen Ungunsten entsteht.
- **Biete dein Netzwerk an.** Je besser du in deinem Businessbereich vernetzt bist, umso besser! Vielleicht kannst du ein Problem nicht selbst lösen, kennst aber jemanden, der zuverlässig ist und sich dafür hervorragend eignen würde? Empfiehl ihn! Im besten Fall wirst du auch weiterempfohlen und so haben alle etwas davon.
- **Bedenke immer das Gesamtpaket.** Manchmal lohnt es sich, einen Blick auf das gebotene Gesamtpaket zu werfen, bevor man eine Zusammenarbeit als Ganzes beendet oder ein Angebot ablehnt. Vielleicht scheitert es an zu wenig Budget? Sei kreativ und finde eine Alternative, die sich für euch beide lohnt!

BATNA

Was ist BATNA? Es ist das Akronym für »Best alternative to a negotiated agreement«. Der Begriff BATNA wurde dem sogenannten Harvard-Konzept entnommen, einem der bekanntesten Modelle für Verhandlungsstrategien. Entwickelt wurde das Harvard-Konzept vom Rechtswissenschaftler Roger Fisher und dem Autor, Akademiker, Anthropologen und Verhandlungsexperten William Ury. Hinter dem Akronym BATNA verbirgt sich also die beste Alternative zum Verhandlungsresultat. Diese kann dann ins Spiel gebracht werden, wenn es bei einer Verhandlung zu keiner Einigung kommt. Sie stellt also so etwas Ähnliches wie ein Sicherheitsnetz in Verhandlungen dar.

Du musst davon ausgehen, dass es in einer Verhandlung nicht immer zum angestrebten Ergebnis kommt. Daher solltest du dich vor jedem Gespräch fragen, was für dich die beste Alternative zu der in erster Linie von dir gewünschten Übereinkunft wäre. Oder anders ausgedrückt: Was ist dein BATNA?

Mithilfe des BATNA fällt es dir leichter zu entscheiden, ob an einem bestimmten Punkt der Ausstieg aus der Verhandlung für dich günstiger ist als ein Abschluss. Generell gilt: Ein Verhandlungsergebnis ist dann ein Erfolg, wenn es besser als dein festgelegtes BATNA ist.

Kennst du deine Alternativen in einer Verhandlung nicht, kann es dir leicht passieren, dass du einen schwerwiegenden Fehler begehst – so oder so. Entweder lehnst du einen Deal ab, den du ruhig hättest akzeptieren können. Oder aber du lässt dich auf einen Deal ein, der dir mehr schadet als nutzt. Dein BATNA ist also dein Plan B.

Dein Plan B

Der Plan B verschafft dir in Verhandlungen einen psychologischen Vorteil: Du weißt, wann du nein sagen kannst und solltest. Mit einem BATNA in der Hinterhand verhandelst du sicherer und erfolgreicher. Behalte immer auch ein Scheitern der Verhandlung als Möglichkeit im Hinterkopf. Das machen sehr viele Verhandler:innen nicht und das ist ein großer Fehler. Wenn du dich vor der Verhandlung mit einer Nichteinigung bewusst auseinandersetzt, bleibst du ganz bewusst für Alternativen, für weitere Möglichkeiten offen. Das wirft ein ganz anderes Licht auf eine Verhandlung, sobald du auch ein Scheitern der Gespräche in deine Planung, in deinen Plan B einfließen lässt. Was du vorher einberechnest, kann dich später weniger überraschen.

Zusammengefasst:

Habe immer einen Plan B. Bevor du in eine Verhandlung gehst, überlege dir immer – wirklich immer (!) – was passiert, wenn du dein angestrebtes Ergebnis nicht erzielen kannst. Welche Alternative käme für dich infrage? So weißt du, wann du nein sagen musst, da du dich sonst unter Wert verkaufen würdest. Das macht dich sicherer und lässt dich bessere Verhandlungsergebnisse erzielen, du wirst sehen.

Kenne die Motive deiner Verhandlungspartner Verhandlungen – Achtung, Eisberg voraus!

Hast du dich schon einmal auf eine Verhandlung vorbereitet und gedacht: Das wird ein Spaziergang. Und dann ist etwas Unvorhergesehenes passiert oder die ganze Geschichte hat eine Wendung genommen, die so nicht geplant war?

Ich war vor vielen Jahren Category Manager in einer Firma im Einkauf, wo wir immer wieder Metallarbeiter beschäftigt haben. In dieser Branche fähige Leute zu finden, die gut schweißen und aus Metall alles Mögliche herstellen konnten und freie Kapazitäten hatten, war gar nicht so einfach. Entweder waren sie sehr teuer, nicht verfügbar oder die Qualität war nicht optimal. Mein Kollege Peter, der die Projekte leitete, und ich machten uns also von Zeit zu Zeit auf die Suche nach einem neuen Dienstleister aus der Region, einem, der gut und leistbar war – und wurden fündig. Dieser Mann hatte bereits die eine oder andere kleinere Sache für uns gemacht. Er war ein Profi, ein Tüftler, einer, der für alles eine Lösung fand. Also genau das, was wir brauchten. Sein Name war Max. Max, der Metallbauer.

Peter, der Projektleiter, war ein ruhiger Typ, introvertiert und zurückhaltend. Größere Sachen plante er immer sehr detailliert und mit mir gemeinsam. Wie bereits erwähnt waren wir mit den aktuellen Lieferanten nicht sehr happy. Daher gaben wir langsam, aber sicher immer öfter auch größere Aufträge an Max, der sich als Selbstständiger sehr darüber freute und alles perfekt umsetzte. Irgendwann kam der Tag, an dem wir wieder eine größere Ausschreibung hatten, und wir ließen Max daran teilnehmen. Als er zum Gespräch ins Büro kam, präsentierte er uns seine Lösungen dazu – und die waren besser, einfacher und günstiger als das, was wir eigentlich wollten. Mit einem Wort: Er überraschte uns total! Die Lösungen, die er uns anbot, waren super, und nach zwei Verhandlungsrunden bekam er den Auftrag. Es war sein erster großer Auftrag von uns, den er sehr professionell und erfolgreich umsetzte. Er war immer pünktlich, die Qualität seiner Arbeit war einzigartig – besser als wir es erwartet hatten, und wir sagten uns: Ja, das ist er jetzt! Das ist der, mit dem wir längerfristig zusammenarbeiten wollen!

Also setzten wir uns mit Max zusammen und boten ihm einen Vertrag an. Und so wuchsen Max und sein Unternehmen gemeinsam mit uns. Er gründete eine GmbH, hatte zuerst einen Mitarbeiter, dann zwei, dann drei, dann vier. Er wurde schrittweise größer, arbeitete natürlich auch für andere Unternehmen und baute sich einen respektablen Umsatz auf. Im Unterschied zu anderen wirklich großen Unternehmen war es bei Max so, dass er immer auf der Baustelle vor Ort war. Daher kam er auch nicht wie seine Mitbewerber im Anzug zu Verhandlungen, sondern in seiner Arbeitskleidung. Er hatte immer einen Bleistift hinters Ohr geklemmt und war jederzeit darauf vorbereitet, etwas zeichnen, schweißen oder montieren zu müssen.

Etwa zwei Jahre nach Beginn unserer Zusammenarbeit schrieben wir ein wirklich großes Projekt aus und natürlich baten wir auch Max um ein Angebot. Es ging in mehrere Verhandlungsrunden und Max hatte bei allen Verhandlungen die Nase vorne. Es war ein wesentlich größerer Auftrag als alles, was er bisher für uns gemacht hatte.

Also setzten wir uns mit allen intern Verantwortlichen zusammen und beschlossen, ihm diesen Auftrag zu geben.

Peter und ich waren euphorisch, Max die frohe Botschaft übermitteln zu dürfen. Immerhin hätte er so eine hohe Planungssicherheit und für die nächsten zwölf bis 18 Monate ausgesorgt. Also setzten wir uns noch einmal mit ihm zusammen.

Wir präsentierten Max, innerlich schon vor Freude zappelnd, wie wir uns die Umsetzung des Projekts vorstellten, klärten gemeinsam mit ihm noch ein paar offene Punkte und schließlich zeigte Peter ihm den Terminplan. Es gab einen einzigen Punkt, der zeitkritisch war. In den Monaten März und April brauchten wir ihn quasi durchgehend, daran ließ sich nicht rütteln. Das bedeutete für den Gewinner der Ausschreibung, dass er in dieser Zeit das Projekt an erste Stelle stellen und präsent sein musste.

Wir schwelgten in unserer Freude, während Max immer stiller wurde. Er stellte auch kaum mehr Fragen. Und schließlich, ganz am Ende, nachdem wir über den Projektplan gesprochen hatten, teilten wir Max mit, dass wir ihn für dieses Projekt fix wollten. Wir reichten ihm die Hände zum finalen Handshake über den Tisch und ich dachte mir: Wie wird er sich gleich freuen!

Auf der anderen Seite des Tisches herrschte jedoch Stille. Es wurde nun noch ruhiger; wir saßen mit ausgestreckten Armen da und warteten. Die erwartete Freude blieb aus. Es wurde kein Feuerwerk gezündet, es kam kein Dankeschön. Stattdessen schaute Max uns betreten an, senkte seinen Blick Richtung Tischplatte und murmelte: »Nein. Es geht nicht.«

Wir: »Was?« Und er wiederholte: »Nein, tut mir leid. Geht nicht!«

Was?

Wieso??

Wir waren sprachlos.

Ein solcher Auftrag, der Max ein schönes Stück weitergebracht hätte, und dann sagt er nein?

Nach vielen Wochen der Gespräche sagte er uns, das gehe nicht?

Auf unsere Nachfragen nach dem Grund bekamen wir keine Antwort. Er sagte einfach nichts außer: »Nein, das geht nicht!«

Peter, der Projektleiter, einer der ruhigsten Menschen, die man sich vorstellen kann, begriff langsam, dass Max es ernst meinte. Und das war ein Problem, denn wir hatten uns schon voll auf ihn eingestellt. Außerdem war er schlichtweg enttäuscht, weil er sich nicht erklären konnte, was los war. Wir schenkten ihm das Vertrauen, diesen großen Auftrag abzuwickeln – und er sagte einfach nein?

Nun ist es oft so, bei diesen ganz ruhigen Menschen, dass sie zwar einen sehr hohen Siedepunkt haben, aber wenn der erreicht wird, dann kann es wirklich unangenehm werden. Peter war an diesem Punkt. Wie in Zeitlupe sah ich seine Halsschlagader, die zu pulsieren begann, und ich erkannte, dass Peter kurz vorm Explodieren war.

Bevor es eskalieren konnte, brach ich die Verhandlung ab und ging mit Peter raus. Ich schickte ihn, der noch immer kochte, ruhig, aber bestimmt hinaus, um einen Kaffee zu trinken, mit der Bitte, nicht wiederzukommen, bis ich ihn anrief.

Peter protestierte aufs Heftigste, aber letztlich ging er doch.

Nach ein paar tiefen Atemzügen ging ich zurück in den Meetingraum, wo ich auf den stillen Max traf, der noch genauso dasaß wie vorhin. Ich setzte mich gegenüber: »Es tut mir leid, dass die Emotionen so hochgegangen sind. Uns ist das Projekt sehr wichtig. Wir hatten uns für heute vorgestellt, dass wir gemeinsam feiern, dass du dich riesig über diesen Auftrag freust. Und jetzt sagst du uns plötzlich, dass das nicht geht. Da hast du uns schon überrascht!«

Max sagte immer noch nichts und schaute mich nicht an.

Nun war mir im Gespräch vorhin aufgefallen, dass das Problem irgendwo am Terminplan lag – da hatte er seine Stimme verloren und seine Zunge verschluckt. Irgendwo dort musste die Wurzel des Übels liegen. Also setzte ich dort noch einmal an.

»Natürlich akzeptieren wir dein Nein. Aber nur eine Frage. Liegt das Problem am Terminplan?«

Wieder schaute er mich stumm an.

»Wenn das Projekt ein halbes Jahr später wäre, würde es dann klappen?«

Da schaute er mich das erste Mal wieder an: »Ja.«

Okay, also lag ich richtig. Da war das Problem. Als Peter vorher erwähnt hatte, dass man die beiden Monate nicht schieben könne, hatte sich alles verändert. Da kam bei Max diese Ablehnung.

»Max, komm bitte einmal her!« Er stand auf und kam in seiner Handwerkermontur zu mir herüber. Ich drückte ihm den großen Filzstift in die Hand: »Bitte zeichne mir auf diesem Kalender ein, welche Zeit aktuell das Problem in der Planung ist!« Max stand vor mir wie bestellt und nicht abgeholt, mit hängenden Schultern und dem Stift in der Hand. Ich ermunterte ihn noch einmal und schließlich strich er eine Woche an.

Okay, es ging also um eine Woche!

»Würdest du das Projekt annehmen, wenn du in dieser einen Woche nicht für uns arbeiten müsstest?«

»Ja! Wenn ich in dieser einen Woche nicht da sein muss, dann nehme ich gerne an!«

Er setzte sich wieder zurück an seinen Platz, doch mir ließ es noch keine Ruhe. »Max, wenn es so ein Problem gibt, dann sag das doch einfach – es findet sich immer eine Lösung! Hast du denn da einen anderen Auftrag? Oder warum ist diese Zeit dir so wichtig?«

Und da legte Max endlich die Karten auf den Tisch: In dieser Woche hatte er seinen Hochzeitstag. Nachdem er die letzten Jahre so viel für seine noch junge Firma gearbeitet hatte, dass ihm keine Zeit für Urlaub geblieben war, hatte er seiner Frau versprochen, genau in dieser Woche mit ihr eine Kreuzfahrt zu unternehmen. Er hatte es ihr hoch und heilig versprechen müssen, weil sie in den letzten Jahren immer wieder mal sauer war, dass er so viel gearbeitet und sich keine Zeit für sich oder ihre Beziehung genommen hatte.

Als Peter wieder zu uns zurückkommen durfte, hatte sich Max schon etwas entspannt und es war ein leichter erster Hauch von Freude bei ihm zu bemerken. Peter war sichtlich überrascht und verstand nicht, was geschehen war.

Also ging ich mit ihm zum Projektplan und zeigte ihm: »Da, wo es rot eingezeichnet ist, hat Max keine Zeit. Diese Woche gehört unumstößlich ihm. Da ist er nicht da.«

Peter protestierte: »Aber das ist die wichtigste Zeit, das haben wir geblockt!« Doch schließlich wurde ihm klar, dass dies die Bedingungen waren, und begann dann, gemeinsam mit Max zu planen. Sie kritzelten gemeinsam an der Tafel herum, bis sie eine Lösung hatten.

Long story short: Letztlich bekam Max den Auftrag, Peter war happy, Max war happy, ich war happy.

Und wir hatten für alle weiteren Verhandlungen mit Max einen Running Gag: »Max, wann ist deine nächste Kreuzfahrt?«

Was bedeutet das für dich als Verhandler:in? Vor allem eines: Das wichtigste Thema ist sehr oft auf den ersten Blick unsichtbar. Es kann irgendetwas geben, mit dem du nicht rechnest, das Verhandlungen und Gespräche blockiert – und es muss nicht immer etwas sein, was auf der Agenda steht. Es kann sogar oft etwas sein, was gar nicht auf dem Tisch liegt.

Sigmund Freud hat das sogenannte Eisberg-Modell begründet, ein Konzept, das später von vielen anderen wie Ruch/Zimbardo (1974) und Paul Watzlawick aufgenommen wurde. Es besagt in kurzen Worten: Das, was man sieht, ist meist der bei Weitem kleinere Teil gegenüber dem, was man nicht sieht und nicht weiß. Es sind meist ca. 20 Prozent zu sehen und 80 Prozent verborgen. Was hat das mit unserer Verhandlung zu tun? Es geht um Kommunikation. Das, was du oberhalb des Verhandlungstisches siehst, sind die Zahlen/Daten/Fakten/Optionen/Forderungen und damit nur die Spitze des Eisberges. Das, was wirklich wichtig ist – die Emotionen, Gefühle, Bedürfnisse, Motive –, liegt unterhalb und ist auf den ersten Blick nicht zu entdecken.

In meiner Geschichte war das Unsichtbare das Versprechen von Max an seine Frau, diese Kreuzfahrt am Hochzeitstag zu unternehmen.

Wenn du also merkst, dass irgendetwas nicht so läuft wie erwartet, dann frag nach! Hör aktiv zu, stell Fragen, bleib dran!

Und wenn sich das Verhalten deines Gegenübers ändert, dann sei erst recht achtsam und hake nach. Gerade, wenn es jemand ist, den du schon gut kennst. Frag dich: Was ist hier der Eisberg im Raum?

Auf den Punkt gebracht heißt das also:

Aktiv zuhören, beobachten und kommunizieren. Oft bleibt uns das wichtigste Thema einer Verhandlung verborgen. Wie bei einem Eisberg sehen wir nur die Spitze eines vermeintlichen Problems. Bevor du die Flinte ins Korn wirfst, versuche durch Kommunikation an die Wurzel des Problems zu kommen – wo drückt der Schuh wirklich?

Wie du mit Wettbewerb erfolgreich umgehst

Hast du schon einmal etwas über eine dieser Auktionsplattformen im Internet gekauft? Ich selbst konnte dabei an mir schon ein Phänomen beobachten, das dir wahrscheinlich auch nicht fremd ist: Beginnt man zu bieten und wird immer wieder durch jemand anderen überboten, packt einen der Ehrgeiz! Man möchte nun unbedingt gewinnen und bietet unaufhörlich mit, bis man schließlich die Konkurrent:innen ausgestochen hat. Dass das nicht immer nur gut ausgeht, kannst du dir sicherlich denken.

Aber warum ist das so? Nun, wir befinden uns in dem Augenblick, in dem wir zu bieten anfangen, in einem Wettbewerb mit anderen. Und je länger dieser dauert, desto stärker wird unser Wunsch, zu gewinnen.

Woher ich das weiß? Weil ich bereits in der Primarschule diesem Phänomen auf den Leim gegangen bin. Damals gab es ein Lied, einen richtigen Ohrwurm, der bei uns der letzte Renner war. Welcher Ohrwurm das war? Das zu sagen, ist mir fast ein bisschen peinlich. Nein, eigentlich ist es mir sogar sehr peinlich. Aber nachdem ich schon so viel über mich erzählt habe, lasse ich hier nochmal die Hose runter: Es war die Schlümpfe-Version von *Cotton Eyed Joe* mit dem Titel *Schlumpfen Cowboy Joe*. Alle wollten diesen Song als CD-Single haben. Ja, richtig gelesen, damals haben wir noch CDs gekauft. Einer der älteren Schüler namens Chris hatte als Einziger auf dem gesamten Schulhof diese besagte CD. Er witterte in dieser Wettbewerbssituation instinktiv eine Chance – heute würde man sagen, Chris sah eine Business

Opportunity und nutzte sie sogleich. Aufgrund der hohen Nachfrage veranstaltete der geschäftstüchtige junge Mann direkt in der Pause auf dem Schulhof eine Versteigerung. Dazu stellte er sich zuoberst auf eine Treppe und rief seine Preise. Unten standen meine Freunde und ich und starrten gebannt auf die CD, die er in der linken Hand hatte und wie einen Schatz in die Höhe hielt. Er startete die Versteigerung bei fünf Franken und der Preis ging schnell hoch. Schnell waren wir bei zehn, bei 15, bei 20 Franken, und dann beim Schlussgebot von 26 Franken. Ich zitterte und war sehr nervös, als ich die immer absurderen Zahlen hörte. Dann war Stille, ein Junge in der Runde strahlte bereits und war sich seines Sieges sicher. Doch da spürte ich plötzlich, wie meine Hand nach oben ging, und hörte meine eigene Stimme sagen: »28 Franken!«

Alle schauten überrascht zu mir ... und dann war wieder alles still. Da ergriff Chris erneut das Wort: »Jemand 30 Franken?« Nachdem sich kein anderer mehr zu Wort meldete, kam er die Stufen herunter und auf mich zu: »Gratuliere, Frédéric! Bring mir morgen das Geld vorbei und ich gebe dir die CD!«

So sehr ich mich über meinen Sieg freute, war ich doch gleichzeitig etwas verunsichert. Denn es gab da ein kleines Detail, das ich als Neunjähriger völlig übersehen hatte. Noch nie im Leben hatte ich ein Vermögen von 28 Franken besessen! Mein Sparschwein musste ich nach einer ersten Sichtung als nicht geeignet einstufen – anders gesagt: Es war leer. Meine Eltern kamen nicht infrage, weil mir insgeheim bewusst war, dass ich keinen wirklich guten Deal gemacht hatte. Blieb nur noch meine liebe Oma. Nach einigen Verhandlungen bekam ich schließlich die 28 Franken von ihr. Also ging ich am nächsten Tag zu Chris nach Hause und wir schlossen das Geschäft ab. Chris war überraschenderweise ganz lieb und entschuldigte sich ein wenig für den hohen Preis, kam aber nicht im Entferntesten auf die Idee, etwas nachzulassen, und übergab mir feierlich die CD. Als ich damit nach Hause kam, voller Vorfreude darauf, gleich als Einziger aus dem ganzen Dorf dieses Lied zu Hause hören zu können, wurde ich von meiner Mama aufgehalten, noch bevor ich auf Play drücken konnte.

Es folgte eine Standpauke, wie ich meine Oma um so viel Geld hatte bitten können, und auch die Eltern von Chris wurden informiert. So kam es, dass kurz darauf unser toller Deal unter Beisein beider Mamas wieder aufgelöst wurde. Zur Feier dieses Geschäftsabbruchs – ja manchmal ist die Auflösung einer Vereinbarung auch zum Feiern! – durfte ich in der Nachbarstadt die CD selbst in einem Geschäft kaufen. Nachdem ich minutenlang fassungslos vor dem CD-Regal auf den Preis der Single von 7,90 Franken gestarrt hatte, wurde mir schlagartig bewusst, was für eine Macht eine Versteigerung – ein Wettbewerb auf dem Schulhof – haben kann.

Fast genauso läuft das im Übrigen auch, wenn Unternehmen eine Ausschreibung starten oder eine Stellenanzeige veröffentlichen und somit einen Wettbewerb lancieren. Du fragst dich, was das Ganze überhaupt soll und warum man sich aufwendige Ausschreibungsprozesse als Unternehmen antut?

Wettbewerbssituationen schaffen Vorteile – aber nicht (immer) für dich!

Aus meiner Erfahrung kann ich dir berichten, dass derjenige, der eine Wettbewerbssituation schafft, immer im Vorteil ist. Warum? Zum einen legt er die Spielregeln der Ausschreibung fest, wie auf dem Schulhof nachweislich bewiesen wurde, und zum anderen erhält er einen guten Marktvergleich. Außerdem möchte ich dir noch etwas verraten: Die meisten Ausschreibungsprozesse werden immer automatisierter und digitaler. Das heißt, bestimmte IT-Tools übernehmen den Löwenanteil der Arbeit: Als Teilnehmer:in an der Ausschreibung muss man vorab schon einige Fragen beantworten, Unterlagen hochladen oder Kästchen ankreuzen. Wenn du dann schlussendlich nicht allen sogenannten Muss-Kriterien entsprichst, wirst du automatisch aussortiert. Autsch! Das tut zwar weh, ist aber die Realität. Manche Systeme versenden sogar vollautomatisiert Absageschreiben, ohne dass der Mensch hinter dem System jemals dein Angebot oder deine Bewerbung gesehen hat.

Daher mein Tipp:

Kreuze auch Möglichkeiten an, die dir nicht hundertprozentig entsprechen. Zum Beispiel wenn du vier Jahre und elf Monate Erfahrung hast, darfst du auch den Haken bei fünf Jahren ankreuzen, die wirst du bei einem allfälligen Zuschlag dann sowieso erfüllen. Verhandeln kannst du schließlich immer noch bei einem Gespräch face to face. Das gilt im Übrigen auch bei Bewerbungsprozessen für Jobs, in denen man zuvor alle Unterlagen auf ein Online-Dashboard laden muss!

Doch was heißt das nun für dich?

Wie kannst du dir den Wettbewerb zunutze machen?

Zuerst einmal mein wichtigster Ratschlag: Gib nicht von Beginn an nach! Ich sehe immer wieder Angebote, wo schon in der ersten Runde von einem »Erstkundenrabatt« oder Ähnlichem die Rede ist. Und jedes Mal denke ich mir: Oje, hätten sie das lieber gelassen!

Warum? Ganz einfach: Ausschreibungen ziehen sich fast immer über mehrere Runden. Verschießt du dein ganzes Pulver bereits zu Beginn, wirst du der immer stärker werdenden Konkurrenzsituation nicht standhalten können. Je länger du dann dabei bist, desto mehr willst du gewinnen und desto höher werden deine Zugeständnisse. Eine Rechnung, die zum Schluss nicht aufgehen wird – zumindest nicht für dich!

Und noch etwas: Bitte bedenke, dass Ausschreibungen große Zeit- und Ressourcenfresser sein können. Wenn du ein kleines Unternehmen hast, kann es leicht sein, dass zwei oder drei Ausschreibungen all deine Ressourcen binden. Sei dir also bewusst, wie viel Prozent deiner Ressourcen in die Arbeit für die Ausschreibung fließen!

Außerdem rate ich dir dringend, in Wettbewerbssituationen nicht Kopf und Kragen zu riskieren. So verlockend der Sieg auch sein mag, versuche ihn nicht um jeden Preis zu erringen. Oftmals handelt es sich nämlich nicht einmal um einen richtigen Wettbewerb! Ja, du liest richtig ... Es kann sein, dass du ohnehin der einzige Anbieter bist.

Es kann aber auch sein, dass du nur eingeladen wirst, weil das Unternehmen herausfinden will, ob es deine Dienstleistung extern zukaufen muss oder ob es diese nicht doch selbst stemmen kann. Genau wie in einem schlechten Spionagefilm wird hier versucht herauszufinden, wie weit du bist. Gibst du dann bereitwillig Einblick in dein Vorgehen und deine Bücher, kann das ganz schnell ins Auge gehen. Sei dir also stets deiner Grenzen bewusst und gib Details – wenn überhaupt – immer erst nach einem wasserfesten Deal preis!

Nun kennst du ein paar der Stolpersteine, die dich in einem Wettbewerb erwarten können. Du weißt jetzt, dass mit harten Bandagen gekämpft wird und es nicht immer fair zur Sache geht. Die Frage ist jetzt, wie kannst du dir dieses Wissen zunutze machen?

Schaffe selbst eine Wettbewerbssituation

Als Erstes überleg dir, welche langjährigen Zulieferpartner du hast. Es ist durchaus sinnvoll, immer wieder zu überprüfen, ob die Angebote deiner Partner überhaupt noch dem tatsächlichen Marktpreis entsprechen. Außerdem erhöht ein von dir lancierter Wettbewerb automatisch deinen Wert. Ein Wettbewerb gibt den Teilnehmern das Gefühl der Verknappung. Diese künstliche Verknappung führt dazu, dass die Anbieter unbedingt an dem Projekt beteiligt sein möchten. Du siehst also: Lancierst du selbst einen Wettbewerb, dann legst auch du dessen Regeln fest. Nutze diesen Benefit unbedingt für dich! Das heißt: Egal, ob es für dein Business oder für dein Privatleben ist, hol dir immer mehrere Angebote ein.

Abschließend möchte ich dir noch einen Rat ans Herz legen: Egal wie streng ein Wettbewerb läuft, auch die andere Seite braucht dich! Meistens ist es so, dass gegen Ende des Wettbewerbs der Pool an möglichen Gewinnern bereits beträchtlich geschrumpft ist. Oft malt sich das Unternehmen schon eine Zusammenarbeit mit dir aus. Ein Wettbewerb ist also nie einseitig – behalte dies immer im Hinterkopf!

Zusammengefasst:

- **Sei dir bewusst, dass es Wettbewerb gibt.** Wettbewerb ist die bewusste Verknappung von etwas. Viele Unternehmen machen sich diesen Trick zunutze, indem sie zum Beispiel über Ausschreibungen eine Wettbewerbssituation lancieren. Derjenige, der einen Wettbewerb initiiert, ist dabei übrigens immer im Vorteil. Mach dir diesen Umstand bewusst und überlege schon im Vorhinein, ob sich die Teilnahme an einem Wettbewerb für dich überhaupt lohnt. Viele wichtige Ressourcen können von nur einer einzigen Ausschreibungsteilnahme gebunden sein.
- **Verschieße nicht dein ganzes Pulver zu Beginn.** Gerade bei Ausschreibungen und Angebotsanfragen gibt es oftmals mehrere Runden. Wenn du gleich zu Beginn all-in gehst, wirst du am Ende mit leeren Händen dastehen. Im Endeffekt steigst du dann mit einem schlechteren Ergebnis aus – also Achtung!
- **Schaffe selbst eine Wettbewerbssituation.** Wer einen Wettbewerb initiiert, ist immer im Vorteil. Prüfe daher ab und an, ob deine Partner überhaupt noch zum gängigen Marktpreis anbieten, und hole dir verschiedene Angebote ein. Schaffe eine künstliche Verknappung und sichere dir das beste Angebot.

Du musst nicht immer gewinnen

Kompromisse sind schlecht fürs Geschäft

In den meisten Fällen treffe ich in meiner Tätigkeit als Verhandlungsexperte auf zwei Gruppen von Verhandler:innen. Die einen sehen die Dominanzstrategie als den heiligen Gral an und die anderen denken, dass ein Kompromiss ein erstrebenswertes Ziel ist. Auf den nachfolgenden Seiten möchte ich dir ein paar Punkte mit auf dem Weg und eine Perspektive auf den Kompromiss geben.

Wenn du einen Kompromiss erzielst, bedeutet das, dass keiner das erreicht hat, was er wollte, sondern dass alle Beteiligten Abstriche machen mussten, keiner ist zufrieden. Das hinterlässt ein Gefühl der

Unzufriedenheit. Stattdessen strebe immer einen Konsens an. Also eine Lösung, die für beide Seiten zufriedenstellend ist. Richtig, ein Kompromiss und ein Konsens sind zwei völlig verschiedene Themen. Am leichtesten erreichst du einen Konsens, indem du etwas zur Gleichung hinzufügst, was vorher nicht geplant war. Was das sein könnte, erfährst du am besten, wenn du deine Verhandlungspartner:innen fragst, was für sie wirklich wichtig ist. Weg von Positionen hin zu den Bedürfnissen.

Ich verrate dir etwas: Ein Kompromiss ist schlecht fürs Geschäft! Du fragst dich jetzt sicher, wieso ich das behaupte. Immerhin ist ein Kompromiss, oftmals auch die goldene Mitte genannt, doch etwas durchweg Positives. Ich sage dir, in Verhandlungen ist das nichts Gutes.

Lass mich dir ein Beispiel geben: Stell dir vor, du bist frisch verliebt und endlich steht euer erster gemeinsamer Urlaub an. Du möchtest nach Paris – Romantik pur unter dem Eiffelturm. Das wäre doch toll! Du unterbreitest deinem Partner diesen Vorschlag. Der winkt allerdings ab und sieht euch beide viel lieber verliebt in einer Gondel durch Venedig fahren. Was wäre also die goldene Mitte? Nun, wenn du Google Maps öffnest und die Mitte zwischen Paris und Venedig wählst, landest du irgendwo im Schweizer Mittelland. Das ist zwar auch schön, aber nicht so schön, wie verliebt nach Paris oder Venedig zu reisen.

Mein Beispiel mag vielleicht etwas überspitzt sein, aber ich denke du verstehst: Ein Kompromiss, also die goldene Mitte, ist meist eine Vereinbarung, die beide Seite nicht zufriedenstellt. Oft wird er genutzt, um einen Konflikt nicht weiter eskalieren zu lassen. Dabei kann ich dir aus meiner Erfahrung berichten: Es gibt nur eine einzige Ausnahme, bei der ein Kompromiss ein vertretbares Verhandlungsergebnis ist. Und zwar nur dann, wenn du eine kraftraubende und lange Verhandlung hinter dir hast, bei der ein Abschluss in Gefahr ist und jede Alternative schlechter ist als der Kompromiss.

Ansonsten gilt: Ein Kompromiss ist schlecht fürs Geschäft!

Konsens statt Kompromiss

Deshalb ist meine Empfehlung: Suche nicht den Kompromiss, suche den Konsens!

Was ist nun Konsens, fragst du dich? Konsens heißt, dass du mehrere Varianten entwickelst mit dem Ziel, eine Lösung zu finden, mit der beide Seiten einverstanden sind. Am besten schreibst du schon vor der Verhandlung mehrere Varianten und Optionen auf, die alle zu deinem Wunschziel führen. Ich verspreche dir, es ist dann um vieles einfacher, einen Konsens zu finden.

Einige dich in Zukunft bitte nicht mehr auf einen faulen Kompromiss, mit dem alle unzufrieden sind. Versuche besser eine kreative Lösung zu finden, hinter der beide Seiten stehen! Auch hier hilft es, wenn alle Verhandlungspartner:innen flexibel sind.

Um wieder zu meinem Anfangsbeispiel zurückzukommen: Frage deinen Partner doch, warum er unbedingt nach Venedig will. Und vielleicht ist das Ergebnis dann, dass ihr Venedig zur Karnevalszeit besucht und Paris im Herbst. Das ist sicherlich die bessere Lösung als einfach auf Google Maps die goldene Mitte zu wählen. Vielleicht einigt man sich zwar schneller auf einen Kompromiss, aber auf lange Sicht gesehen ist er sicherlich nicht die beste Lösung.

Kompromiss versus Konsens

Es geht darum, ein Win-win zu erreichen. Wenn die Verhandlung abgeschlossen ist, sollte nicht eine Seite als Verlierer zurückbleiben, sondern beide sollten das Gefühl haben, dass es passt und gut gelungen ist, dass es sich gut anfühlt. Denk daran: Nicht jede Verhandlung kann ein Erfolg sein. Vielleicht verlässt du auch die eine oder andere Verhandlung unverrichteter Dinge. Auch das ist okay und darf sein!

Wenn in einer Verhandlung beide Seiten gewinnen, dann hat man das Ziel erreicht. Wie kann das funktionieren?

Gleich vorneweg ein ganz wichtiger Punkt: Win-win bedeutet nicht Kompromiss. Bei einem Kompromiss sind beide Seiten nicht wirklich zufrieden, sondern müssen Abstriche machen, um zu einem Deal zu kommen.

Stell dir vor, du hast ein großes Projekt an Land gezogen und brauchst Unterstützung von einer bestimmten Mitarbeiterin. Also fragst du: »Ich brauche dich in nächster Zeit etwas intensiver, kannst du Überstunden machen?« Wenn deine Mitarbeiterin das gern macht, weil sie die Überstunden nächstes Jahr für eine schon länger geplante Reise einsetzen kann, dann ist das eine Win-win-Situation. In der Realität ist es meistens nicht so einfach.

Also, wie legst du es an? Grundsätzlich geht es dabei darum, zu schauen: Was möchtest du, was kannst du dafür anbieten? Was möchte die Gegenseite und was kann sie anbieten? Wenn es eine vernünftige Schnittmenge gibt, dann hat man eine Vereinbarung.

Die Win-win-Strategie ist ideal für langfristige Beziehungen. Das heißt, wenn du einen neuen Kunden hast und ihn langfristig an Bord haben möchtest, dann ist es wichtig, dass du immer auf eine Win-win-Situation achtest.

Wenn du ein einmaliges Geschäft machen möchtest, zum Beispiel, wenn du etwas auf eBay verkaufen willst, dann ist Win-win sicher nicht die beste Strategie. Da würde ich eher eine Dominanzstrategie anwenden und kompromisslos an den Meistbietenden verkaufen.

Daher ist es vor der Entscheidung, welche Strategie du fährst, immer wichtig zu schauen: Wie ist die Beziehung zu meinem Gesprächspartner oder meiner Geschäftspartnerin? Ist es ein einmaliges oder kurzfristiges Aufeinandertreffen oder soll eine langfristige Beziehung entstehen?

Vorbereitung ist der halbe Verhandlungserfolg

Eine Win-win-Strategie hängt sehr stark von der Vorbereitung ab, du kannst dir zum Beispiel die Frage stellen: Was hat die andere Seite für

Interessen und Motive, was könnte für die Gegenseite interessant sein? Du bereitest dich auf die Frage »Was habe ich davon?« deines Gegenübers bewusst vor. Wenn du das beantworten kannst und Lösungen hast, die für die Gegenseite interessant sind, dann kommst du sehr einfach oder viel schneller in eine Win-win-Situation. Wenn du mitten in der Emotion, mitten im Gespräch bist, kommt dir vieles nicht in den Sinn.

Wenn du in der Vorbereitung diese Punkte bedacht hast, dann musst du nur auf deine Notizen schauen und kannst zum Beispiel einfach fragen: »Könnte x oder y für Sie auch interessant sein? Was wäre Ihnen das wert? Könnten Sie mir dann bei a oder b ein bisschen entgegenkommen?« Auch hier kannst du dir immer wieder die Frage stellen: Was kostet dich wenig, hat aber für die Gegenseite einen großen Wert?

Das ist das Schöne am Win-win: Die Gegenseite möchte etwas liefern, eine Dienstleistung erbringen und du möchtest es konsumieren und bezahlen. Du gibst etwas, du willst etwas und die Gegenseite genauso. Wenn man sich am Schluss in die Augen schauen kann und beide sind zufrieden, wenn man miteinander auf die Vereinbarung anstoßen kann, dann sind auch beide Seiten glücklich. Das hinterlässt wiederum ein gutes Gefühl, du baust Sympathie auf und Vertrauen – und beim nächsten Deal, in der nächsten Verhandlung mit dieser Person hast du es vermutlich wesentlich leichter.

Wo es Licht gibt, gibt es auch immer wieder Schatten und wo es Vorteile gibt, gibt es auch immer wieder Nachteile. Ein Nachteil liegt darin, dass diese Strategie nur dann funktioniert, wenn auch die Gegenseite an einer gemeinsamen Lösung und an einer langfristigen Zusammenarbeit interessiert ist. Wenn du auf der anderen Seite einen neuen Kunden sitzen hast, der mit dir nur einmalig zusammenarbeiten möchte, weil du der Notnagel bist, der Plan B, dann musst du aufpassen. Spricht die Gegenseite nur von Partnerschaft, weil sie den Deal möchte, oder wird das auch wirklich umgesetzt? Kurz gesagt: Beim Win-win verlierst du, wenn die Gegenseite – das kann dein Kunde, Lieferant oder Partner sein – kurzfristig denkt, du aber langfristig.

Und noch etwas: Wenn du schon einen Konflikt hast, wenn kein Vertrauen auf beiden Seiten da ist, dann funktioniert diese Strategie nicht.

Das Gefühl ist wichtiger als das Resultat

Meine Erfahrung ist, dass es oft ein Win-win-Gefühl gibt. Es ist ein Gefühl – das heißt, du weißt nicht hundertprozentig, welche Ziele die andere Seite hatte, wo ihr Rahmen war, ob sie bereit gewesen wäre, mehr zu bezahlen, mehr zu geben. Wenn du mit einem Lieferanten einen deiner Meinung nach guten Deal gemacht und einen guten Preisnachlass bekommen hast, dann weißt du nicht, ob noch mehr drin gewesen wäre. Doch darum geht es nicht. Das Wichtigste am Win-win ist das Gefühl. Dass beide mit dem Gefühl rausgehen, gewonnen zu haben. In der Realität gewinnt nämlich immer einer ein bisschen mehr. Und das Schönste ist, wenn beide das Gefühl haben, dass sie ein bisschen mehr gewonnen haben als der jeweils andere. Das ist der Idealzustand.

Doch Vorsicht! Wenn du das Gefühl hast, eine super Vereinbarung abgeschlossen zu haben, dann ist es auch wichtig, nach dem Abschluss keine Champagnerkorken knallen zu lassen. Also danach keine High fives draußen auf dem Parkplatz mit den Kolleg:innen, keine übertriebene Freude zeigen. Denn sonst kann es dir passieren, dass die Gegenseite dann mitten im Win-win-Gefühl plötzlich das blöde Gefühl bekommt, über den Tisch gezogen worden zu sein. Natürlich kannst du Freude zeigen, du kannst dich bedanken und am Schluss die positive Beziehung betonen.

Und wenn du eine Win-win-Situation geschafft hast, dann darfst du auch ausreichend stolz auf dich sein. Denn du hast im Idealfall einen langfristigen Geschäftspartner gewonnen, der dir Vertrauen und Sympathie entgegenbringt.

Kurz gesagt, bedeutet das also Folgendes für dich:

- **Keine faulen Kompromisse machen.** Kompromisse hinterlassen immer einen schlechten Beigeschmack. Nie sind dabei beide Verhandlungspartner:innen zufrieden. Man hat sich eben auf das geringste Übel geeinigt. Suche in Zukunft lieber nach einem tragfähigen Konsens, hinter dem alle Verhandlungsteilnehmer:innen stehen.
- **Setzte auf die Win-win-Strategie:** Gerade, wenn du eine langfristige Beziehung zu deinem Verhandlungspartner oder deiner Verhandlungspartnerin aufbauen willst, rate ich dir zu dieser Strategie. Ihr findet dabei gemeinsam eine kreative Lösung, hinter der ihr beide mit Überzeugung steht. Das heißt, mit dem Ergebnis der Verhandlung sind alle Beteiligten zufrieden. Das schafft Vertrauen und baut Sympathie auf! Aber Achtung: Nur wenn dein Gegenüber wirklich an einer Win-win-Lösung interessiert ist, werdet ihr diese auch zustande bekommen.

Warum nachzuverhandeln selten Sinn ergibt

Du erinnerst dich sicher an meine Fail Story meiner ersten richtigen Businessverhandlung. Zur Auffrischung: Ich war neu im Geschäft und noch sehr grün hinter den Ohren. Mein damaliger Chef hatte mich ins kalte Wasser geworfen, wohl wissend, dass ich auf dem Schlachtfeld der Ausgebufftheit unbewaffnet war. Es ging damals um den Kauf einer Verpackungsmaschine und ich durfte – wir erinnern uns, es war mein erstes Mal! – mit dem Lieferanten verhandeln. Mein Chef schickte mich mit den Worten auf den Weg: »Frédéric, ich habe mit dem Lieferanten schon mündlich vereinbart, dass wir die Maschine kaufen, aber du darfst gerne noch ein wenig für uns nachverhandeln!« Ich ging mit der Vorstellung in das Meeting, es zuerst mit zehn Prozent Nachlass zu versuchen und schließlich auf fünf Prozent runterzugehen. Und du weißt, was schlussendlich passiert ist. Deprimiert schlich ich mit null Prozent Nachlass nach Hause!

Du fragst dich, wo mein Fehler lag? Lass mich dir zuerst eines verraten: Es ist fast immer besser vor- statt nachzuverhandeln! Das weiß ich jetzt, aber damals, als Neuling, war ich ahnungslos und völlig überrascht, dass der Lieferant mich eiskalt abblitzen ließ.

Aber warum war er sich seiner Sache so sicher? Nun, er hatte schließlich von meinem Chef, der sogenannten höheren Hierarchiestufe, eine fixe mündliche Zusage für den Deal. Er wusste, dass das Geschäft in trockenen Tüchern war. Warum also sollte er noch mit sich verhandeln lassen?

Ich glaube, du weißt in etwa, worauf ich hinauswill. Es war damals völlig bescheuert, hier noch einmal nachverhandeln zu wollen. Das ist so, als würdest du nach fünf Jahren Ehe deinem Partner oder deiner Partnerin vorschlagen, doch noch einen Ehevertrag auszuhandeln. Das wäre sehr dämlich und bringt, wenn wir ehrlich sind, nur Ärger.

Dein Learning aus meinem Fehler sollte sein: Lass den Ausgang von Verhandlungen so lange wie nötig offen. Denn vor dem Abschluss eines Deals hast du immer die größte Power. Mündliche Zusagen, die du vorab triffst, schwächen deine Verhandlungsposition. Du nimmst dir damit selbst den Wind aus den Segeln, da du den Wettbewerb im Augenblick deiner Zusage beendet hast! Auch machen viele den Fehler, per Handschlag einen Deal zu besiegeln und die offenen Punkte mit den Worten: »Das regeln wir dann schon« offenkundig und chancenlos in den Sand zu setzen. Deine Verhandlungsmacht ist nie so groß wie vor dem Zuschlag.

Nicht reingrätschen!

Und noch etwas: Wenn du in einer Führungsposition bist, begehe nicht den Fehler und grätsche deinen Mitarbeiter:innen bei ihren Verhandlungen andauernd rein. Auch damit musste ich schon leidvolle Erfahrungen machen. Ich kann mich noch gut daran erinnern, dass ich mich lange auf eine schwierige Verhandlung vorbereitete, die mir mein damaliger Chef anvertraut hatte. Als dann der große Tag gekommen war, präsentierte ich in einem vollen Konferenzsaal als Verhandlungsleiter stolz unsere Agenda. Doch noch bevor wir richtig beginnen konnten, erhob sich der Key Account Manager der anderen Seite und sagte leichthin: »Herr Mathier, wir haben am Wochenende bei einem Event Ihren CEO getroffen. Wir konnten schon über die Verhandlungen sprechen und im Grunde ist bereits alles unter Dach und Fach. Sie sollen hier nur mehr die Verträge fertig machen, Preis und Lieferumfang sind bereits vereinbart und stehen nicht mehr zur Diskussion.« Du kannst dir vielleicht vorstellen, wie es mir in diesem Moment ergangen ist? Am liebsten wäre es mir gewesen, wenn sich der Boden aufgetan und mich verschluckt hätte.

Nun, was war passiert? Mein Vorgesetzter hatte über meinen Kopf hinweg eine Entscheidung getroffen – und das ohne mein Wissen. Ich ging quasi ohne Power in die Verhandlung. Doch nicht nur das, auch mein Vorgesetzter hatte nun keine Power mehr. Der Deal war mündlich besiegelt – es gab keinen Spielraum mehr für Verhandlungen. Hätte er sich damals rausgehalten, hätte er in einer zweiten oder gar dritten Gesprächsrunde noch an den Verhandlungstisch kommen können, um seine Forderungen zu stellen; man spricht hier von der sogenannten dritten Instanz. Eine sehr kluge Taktik, die oft den Verhandlungsverlauf zu deinen Gunsten ändern kann.

Vertraue deinen Mitarbeiter:innen!

Falls du also Vorgesetzter oder Vorgesetzte bist, nimm dir diesen Tipp bitte zu Herzen: Grätsche nicht vorschnell in Verhandlungen rein. Lass deine Mitarbeiter:innen arbeiten, denn nur so werden sie zu immer besseren Verhandler:innen. Lass dich lieber in die Vorarbeit und die Strategie einbinden und mach niemals mündliche Zusagen – schon gar nicht auf dem Golfplatz, der übrigens ein sehr beliebter Ort ist, um informell Verhandlungen vorab zu besprechen.

Und falls du als Mitarbeiter:in irgendwann einmal in eine ähnlich unangenehme Situation kommst wie ich damals, ist es am besten, du brichst die Verhandlungen sofort ab. Du kannst in dieser Situation schlichtweg nicht wissen, ob dein Gegenüber wirklich schon mit deinem Vorgesetzten gesprochen hat oder ob es sich um einen Trick handelt, um Druck aufzubauen. Führe erst ein paar klärende Telefonate, bevor du die Verhandlungen wieder aufnimmst, und sichere dich ab! Es gibt mehr Schlitzohren auf der Welt, als man meinen möchte.

Was bringt es eigentlich?

Ist es überhaupt jemals sinnvoll, nachzuverhandeln? Grundsätzlich gilt die Faustregel: Nachverhandeln hat nur dann Sinn, wenn für *beide* Parteien etwas herausspringt.

Nehmen wir an, du hast bereits über einen längeren Zeitraum mit einem Kunden zusammengearbeitet. Der Vertrag, den ihr vor drei Jahren abgeschlossen habt, ist nicht mehr aktuell und passt eigentlich nicht mehr so richtig zu euch. Jetzt hat es Sinn, den Vertrag zu überprüfen und gegebenenfalls noch einmal nachzuverhandeln. Am besten packst du diesen Punkt auf die Agenda eines Jahresgesprächs mit dem Kunden und bietest an, den Vertrag zu beiderseitigem Vorteil zu optimieren.

Nachtelefonieren

Eine weitere Taktik, die ich dir ans Herz legen möchte, ist bei Bedarf nach einer kurzen Nachdenkphase – ich denke da an maximal 48 Stunden – dein Gegenüber noch einmal zu kontaktieren. Stell dir vor, ihr habt soeben einen erfolgreichen Deal abgeschlossen. Beide Seiten sind mit dem Ergebnis zufrieden. Nach ein bis zwei Tagen fällt dir jedoch auf, dass du den ein oder anderen Punkt gerne noch anpassen würdest.

Mein Tipp: Greif zum Hörer, ruf den Verhandlungsleiter oder die Verhandlungsleiterin der Gegenseite an und frage, ob auch er oder sie etwas habe, was es im Nachgang noch einmal zu besprechen gibt. Du unterbreitest deinen Vorschlag für Änderungen und im Idealfall nennt auch die Gegenseite dir ein, zwei Punkte, die noch verbessert werden könnten. Wichtig ist hier aber, dass du nicht in die Falle tappst: Zur Verhandlung stehen *nur* Punkte, die das Ergebnis für beide Seiten optimieren und nicht der Deal an sich! Der Kuchen wird demnach lediglich ein wenig umverteilt, sodass beide mit dem Ergebnis glücklich(er) sind.

Als Vorgesetzte:r kannst du dir abschließend Folgendes mitnehmen:

- **Nicht reingrätschen:** Auch wenn es dir vielleicht schwerfällt, lass deine Mitarbeiter:innen in Ruhe verhandeln. Falls du dich zu früh oder gar unabgesprochen in ihre Verhandlungen einmischst, kann das schnell mehr schaden als nutzen.
- **Hab Vertrauen in deine Mitarbeiter:innen!** Lass deine Mitarbeiter:innen zu besseren Verhandler:innen werden. Das nützt nicht nur ihnen, sondern im Endeffekt auch dir. Da Übung den Meister und die Meisterin macht, erlaube ihnen so oft wie möglich alleine zu verhandeln. Am besten du lässt dich in die Vorbereitungen und die Strategieentwicklung einbinden und dann ... vertraue! Im besten Fall gewinnt ihr beide etwas: deine Mitarbeiter:innen Skills und du Zeit für andere Dinge.

Zusammenfassung für Mitarbeiter:innen:

- **Im Falle des Falles sofort abbrechen und verifizieren:** Falls dein Vorgesetzter oder deine Vorgesetzte scheinbar eine Entscheidung ohne dein Wissen getroffen hat, brich die Verhandlung an dieser Stelle ab. Es wäre fahrlässig, irgendeinen Deal abzuschließen, ohne den Wahrheitsgehalt der Abmachung zu überprüfen. Führe die Verhandlungen erst fort, wenn du dir ein klares Bild der Lage verschaffen konntest!
- **Nachverhandeln – ja, aber ...** Nachverhandeln kann erfolgreich sein, aber meist nur, wenn für beide Seiten etwas dabei herausspringt. Falls das der Fall ist, nimm diesen Punkt zum Beispiel auf die Agenda für das nächste Jahresgespräch mit deinem Kunden und vergrößere mit ihm zusammen den Kuchen.

Überzeugungstechniken

Es gibt viele Überzeugungstechniken. Auf den nachfolgenden Seiten möchte ich dir ein paar davon näherbringen und dir zeigen, wie du sie in Verhandlungen einsetzen kannst. Einige davon sind inspiriert von Robert Cialdini, der mit seinem Buch *Die Psychologie der Überzeugung* einen Klassiker zu diesem Thema geschrieben hat.

Sympathie

Kleider machen schöne Autos

Während meiner Zeit als Kfz-Mechaniker-Lehrling gab es einmal im Jahr ein riesiges Highlight für mich. Ich spreche hier nicht von Weihnachten im Kreise meiner Familie und auch Ostern war nicht annähernd so wichtig. Die Rede ist vom sogenannten Genfer Automobilsalon! Meist spazierten wir als eine Gruppe von Freunden voller Vorfreude dorthin und verbrachten einen ganzen Tag zwischen glänzendem Chrom und PS-starken Boliden.

Natürlich war es mir immer sehr wichtig, das volle Programm zu erleben: Ich wollte in allen Autos probesitzen und alles in meinen eigenen Händen halten: seien es die lederbezogenen Lenkräder oder die nigelnagelneuen Schaltknüppel. Was für ein Gefühl! Unser Ziel war es immer, alles einzusammeln, was nicht niet- und nagelfest war. Jede Art von Kundengeschenk wanderte in unsere Taschen: Feuerzeuge, Kugelschreiber, Schlüsselanhänger. Wir waren wie hypnotisiert. Was heute für Kinder Halloween ist, wo sie von Tür zu Tür gehen, um Süßigkeiten einzusammeln, war für uns der Genfer Automobilsalon.

Und natürlich hatte ich meine besonderen Lieblingsautomarkenaussteller, die ich auf keinen Fall verpassen wollte. Neben Ferrari und Porsche stand jedes Jahr Aston Martin ganz oben auf meiner Liste. Als Normalsterbliche war es uns aber leider nie möglich, näher an diese Autos heranzukommen. Dieses Privileg war nur jenen Menschen vergönnt, die sich diese Autos auch tatsächlich leisten konnten. Man durfte die Ausstellungsfläche nur nach ausdrücklicher Einladung betreten und trotzdem stellte ich mich jedes Jahr in die Schlange und versuchte mein Glück. So auch 2002: Aston Martin hatte gerade den neuen James-Bond-Wagen herausgebracht und ich war natürlich – wie immer – Feuer und Flamme für diesen Wagen. Wie cool wäre es, wenn ich nur einmal kurz in diesem Gefährt sitzen dürfte. Vielleicht würde es ja dieses Jahr klappen ... Spoiler-Alarm: Natürlich klappte es nicht!

Während ich also sehnsüchtig hinter der Absperrung ausharrte und diesen Wahnsinnswagen aus der Ferne betrachtete, fielen mir zwei junge Männer auf, die soeben im Wagen Platz genommen hatten. Beide waren jünger als ich und ich fragte mich augenblicklich, wie sie es geschafft hatten, eingeladen zu werden. Und als ich schließlich noch einen genaueren Blick auf die beiden Glückspilze warf, fiel mir die Kinnlade herunter: Die Person, die soeben hinter dem Lenkrad Platz genommen hatte, war doch tatsächlich mein Bruder! Ich war fassungslos! Wie hatte er das nur geschafft? Er war doch viel zu jung! Was hatte der in meinem Traumauto zu suchen? Und vor allem: Wieso trug er einen Anzug samt Krawatte und Sonnenbrille? Noch nie hatte ich ihn in so einer Aufmachung gesehen! Das konnte doch alles nicht wahr sein. Während ich hinter der Absperrung stand, saß mein kleiner Bruder mir nichts dir nichts in dem brandneuen Aston Martin und reagierte im Übrigen auch nicht auf mein wildes Winken und meine aufgebrachten Rufe.

Am Abend, als ich – immer noch fassungslos – nach Hause kam, schnappte ich ihn mir sofort und sagte: »He, ich habe dich heute gesehen! Wie hast du es geschafft, im James-Bond-Wagen zu sitzen?! Ich durfte da noch nie rein!« Mein Bruder schmunzelte nur und sagte lässig: »Ach Frédéric, ganz einfach: Ich habe mir den Hochzeitsanzug von Papa geschnappt und mich ordentlich aufgebrezelt. Habe noch ein paar Zigarren und meine Sonnenbrille eingepackt und mich auf den Weg gemacht. Schau dir doch bloß mal die Leute an, die solche Wagen fahren!« Er erzählte mir, dass er selbstsicher in seinem Anzug zum Eingang stolziert sei und die Security sofort die Kordel für ihn zur Seite gezogen habe. Er war auf die Ausstellungsfläche zugelaufen, als wäre es das Natürlichste der Welt.

Und weißt du, warum diese Show so gut funktioniert hat? Durch seinen Trick dachten die Verkäufer tatsächlich, er könnte sich diesen Wagen leisten. Sie sahen in meinem kleinen Bruder wirklich einen potenziellen Käufer! Unfassbar! Um seinen Auftritt abzurunden, hatte er sogar ein paar Sätze auf Englisch auswendig gelernt und diese bei der richtigen Gelegenheit angebracht – immerhin sprachen alle Verkäufer dort nur Englisch. Und weil er so dreist und direkt war, hatte er es geschafft! Ganz nach dem Motto: »Fake it til you make it!« Er hatte allen Ernstes hinter dem Steuer dieses Traumwagens gesessen!

Noch heute erzählt mein Bruder von diesem Moment. Noch heute weiß er, wie es war, in diesen handgenähten Ledersitzen zu sitzen und wie das Auto damals roch.

Was du dir aus dieser Geschichte mitnehmen kannst? Nun, mein kleiner Bruder wurde behandelt wie ein reicher Millionärssohn. Die Verkäufer behandelten ihn so, weil er diese Ausstrahlung glaubwürdig verkaufen konnte. Sei dir also stets der Macht des Äußeren bewusst. Sei dir bewusst, dass deine Kleidung immer auch eine Wirkung auf dein Gegenüber hat. Ob du willst oder nicht!

Ich rate dir daher: Kleide dich immer entweder gleich oder sogar ein bisschen besser als deine Verhandlungsgegner:innen. Glaube mir, das hilft! Ich habe es schon selbst unzählige Male erlebt: Als ich damals Category Manager war, ging ich im Normalfall in Hemd und Jeans zur Arbeit. Ein ungeschriebenes Gesetz lautete aber, dass wir bei Verhandlungen Anzug und Krawatte trugen. Wenn ich in der Früh so aufgebrezelt in den Zug stieg, wurde mir stets mit einem Lächeln ein Sitzplatz angeboten, auch die Frau beim Bäcker war freundlicher! Kein Scherz – probier es aus!

Jetzt denkst du dir vielleicht: Naja, schön und gut, aber ist die Kleidung allein schon alles? Nein, ich bin der Überzeugung, dass es aufs Gesamtpaket ankommt! Wenn du dich für ein Meeting ordentlich rausputzt und dir Mühe beim Anziehen gibst, dann gibst du diesem Event auch automatisch einen höheren Wert. Es ist dir wert, etwas mehr zu tun. Das strahlst du dann meist auch automatisch aus. Ob diese Wirkung jetzt von innen oder von außen kommt, kann ich dir nicht sagen. Fakt ist aber, dass dein Gegenüber deine Mühe spürt. Sei dir der Macht der Kleidung und deiner äußeren Wirkung stets bewusst und spiele damit! Setze diese Macht für dich und deine Position bewusst ein. Probier verschiedene Rollen aus und schau, was passiert. Denn wie heißt es so schön: Kleider machen schöne Autos.

Faktoren, die dich in einer Verhandlung sympathischer wirken lassen

Sympathie – was bedeutet dieses Wort überhaupt? Es kommt aus dem Altgriechischen und heißt so viel wie »gleich empfinden«, »Stimmung« und »Leidenschaft«. Zusammenfassen kann man es wohl mit »Zuneigung«, »Wohlwollen«. Das Gegenteil davon ist die Antipathie, Abneigung. Wenn man jemanden nicht leiden kann, dann wird es auch schwierig zu verhandeln.

Im Umkehrschluss bedeutet das, dass es einfacher ist, mit jemandem zu verhandeln, dem man sympathisch ist.

Gibst du als Verkäufer:in Kund:innen mehr Rabatt, wenn sie sehr freundlich sind? Kommst du dann jemandem schneller entgegen, machst früher einen Schritt auf diese Person zu, als wenn dir diese Person sehr unsympathisch ist? Ich meine: ja.

In meinen Trainings und Beratungen werde ich immer wieder gefragt: »Ist es denn nicht besser, wenn man so ein ganz harter Hund ist, wie man das oft in Filmen sieht?« Der Hauptdarsteller der Dominanzstrategie.

Aus meiner Erfahrung ist es genau umgekehrt: Wenn du zuvorkommend und vor allem sympathisch rüberkommst, dann ist das in der Verhandlung ein Vorteil für dich. Überleg dir mal, wenn du Chef:in bist, wen beförderst du eher? Jemanden, der dir sympathisch ist, oder jemanden, den du nicht leiden kannst? Eben.

Kurz gesagt, für dich und deine Karriere ist es besser, wenn du und dein Business sympathisch rüberkommen. Ob man jemanden mag oder nicht, entscheidet sich in Millisekunden. Doch wie wirkst du nun sympathisch? Kann man das tatsächlich beeinflussen? Die Antwort ist ja – und hier kommen auch schon die fünf wichtigsten Punkte, um aufs Gegenüber sympathisch zu wirken.

Äußere Attraktivität

Das mag sehr oberflächlich klingen, ist aber wahr. Wenn du als Person ein angenehmes Äußeres hast, dann wirst du eher als sympathisch wahrgenommen. Das soll nun nicht heißen, dass du im klassischen Sinne schön sein musst. Auch ein Danny-DeVito-Typ – klein, übergewichtig und mit Glatze – kann etwas Attraktives an sich haben. Es geht auch darum, wie du dich präsentierst: in der schmuddeligen Jeans von vorgestern oder hübsch hergerichtet. Unfrisiert und mit fettigen Haaren oder zumindest mit gewaschenen Haaren. Gepflegt, mit sauberen Fingernägeln oder eben runtergerockt. Das macht tatsächlich einen großen Unterschied dabei, wie du wahrgenommen wirst.

Es geht aber nicht nur um unser Äußeres, auch das Firmengebäude, der Empfang, dein Auftritt nach außen – egal, ob als Person oder als Unternehmen – spielen eine große Rolle.

Ähnlichkeit oder Gemeinsamkeit

Menschen, mit denen wir etwas gemeinsam haben, geben uns ein besseres Gefühl als solche, die vermeintlich von einem anderen Planeten kommen. Das bedeutet für dich: Wenn du jemanden neu kennenlernst, dann suche nach Gemeinsamkeiten. Was verbindet dich mit dieser Person? Irgendetwas gibt es meistens. Seien es gemeinsame Vorlieben – und da kann fürs Erste auch schon der Kaffee reichen, den beide am liebsten schwarz und ohne Zucker trinken, Kinder, Urlaubsziele, Einstellungen. Vieles wirst du sofort erkennen und darauf eingehen können – gerade, wenn du deine Verhandlungspartner:innen an ihrem Arbeitsplatz besuchst. Schau genau hin: Gibt es Kinderfotos? Fähnchen irgendwelcher Vereine? Accessoires? Urlaubserinnerungen? Es muss nicht auf Teufel komm raus sein, aber im Laufe eines Gesprächs ergeben sich sicher ein paar Gemeinsamkeiten, die verbinden. Ähnlichkeit ergibt Sympathie.

Bei Kindern auf dem Spielplatz beobachte ich das immer wieder. Rasch wird sich umgeschaut, ob die gleichen Kinderhelden auf dem T-Shirt stehen oder die allseits bekannten Märchenprinzessinnen auf dem Rucksack. Wenn der Scannerblick der kleinen Verhandlungsprofis dann fündig wird, wird direkt ein Gespräch gestartet: »Findest du die Prinzessin auch toll?«

Und schon ist die Sandkastenfreundschaft besiegelt.

Komplimente

Jemand, der ehrliche Komplimente verteilt, wird eher als sympathisch wahrgenommen als jemand, der das nicht tut. Das wichtige Wort dabei ist *ehrlich*! Komplimente müssen authentisch sein – es darf auf keinen Fall so wirken, als kämst du gerade aus einer Kommunikationsschulung und würdest versuchen, das Gelernte auf Biegen und Brechen anzuwenden.

Du kannst auch in einer Verhandlung ehrliche Komplimente verteilen: »Sie haben ein schönes Firmengebäude/ein tolles Produkt!« oder: »Trotz der Krise sind Ihre Zahlen super, Kompliment!«

Einen Schritt auf den anderen zugehen

Stell dir vor, du stehst im Supermarkt an der Kasse und siehst, dass jemand vor dir einen proppenvollen Einkaufswagen hat, mit dem eine Großfamilie ernährt werden kann, und du hast beispielsweise nur eine Tafel Schokolade in der Hand. Wenn sich dann die Person vor dir umdreht und dir den Vortritt lässt, dann findest du automatisch nicht nur das Verhalten sympathisch, sondern auch die Person, die so zuvorkommend war. Und wenn du dich lieb bedankst, dann findet auch diese Person dich automatisch sympathisch. Das hat auch damit zu tun, dass wir es mögen, wenn wir anderen helfen können – weil wir uns damit besser fühlen.

Doch kommen wir zurück zum Business: Es gibt Kunden, mit denen man gemeinsam Krisen gemeistert hat, mit denen man durch dick und dünn gegangen ist. Aktuell herrscht in vielen Branchen Materialknappheit, überall ist Engpass, die Materialverfügbarkeit ist sehr schlecht. Nun hast du aber noch ein paar Restbestände im Lager, die einer deiner Kunden dringend brauchen könnte. Wenn du es nachbestellst, kann das bis zu drei Monate dauern. Wenn du dem Kunden nun sagst: »Schau, eigentlich ist das unsere eigene Notreserve, aber ich glaube, du brauchst es gerade dringender. Ich mach eine Ausnahme und verkauf es dir!«, dann wirst du als sympathisch wahrgenommen. Und natürlich greift auch hier das Konzept der Reziprozität: Du gibst etwas und kannst das nächste Mal auch etwas zurückverlangen. Dazu kommen wir später noch in diesem Kapitel. Und nun kommen wir zum letzten Punkt auf unserer Sympathieliste.

Positivität

Positive Ausstrahlung, positives Mindset, Sachen positiv anzusprechen – das wirkt sympathisch. Wenn du jemand bist, der positiv eingestellt ist, dann wirkt das viel sympathischer als diese negativen Schwarzseher, diese Stinkstiefel, diese Nörgler, die du vielleicht auch bei dir im Büro hast. Die, denen immer zu heiß oder zu kalt ist. Es hilft auch schon, deine Kund:innen mit einem Lächeln zu begrüßen. Ihnen zu sagen: »Ich freue mich, dass wir heute zusammensitzen!«

Das hat einen wesentlich positiveren Effekt als: »Hallo, nehmen Sie Platz!«, und dann in die Verhandlung zu starten.

Diese fünf Punkte helfen dir dabei, als sympathisch wahrgenommen zu werden. Und das ist in einer Verhandlung ein Riesenvorteil. Wenn du sympathisch rüberkommst, kannst du auch mal Forderungen stellen, die auf den ersten Blick zu hoch sind oder als unverschämt wahrgenommen werden. Wenn dir eine Person sympathisch ist, kannst du viel leichter Fehltritte verzeihen. Wenn dir die Person hingegen nicht sympathisch ist, kann eine falsche Bemerkung oder eine hohe Forderung unter Umständen zu einem Verhandlungsabbruch führen.

Also sei dir immer darüber bewusst, welchen Wert ein sympathisches Auftreten für dich haben kann, und gib alles, um in einer Verhandlung immer in deiner Bestform zu sein.

Merke dir am besten folgende Punkte:

Sei kein harter Hund. Sympathie ist ein wesentlicher Faktor für erfolgreiches Verhandeln. Versuche dir die folgenden fünf Punkte für ein sympathisches Auftreten zu verinnerlichen:

- **Äußerlichkeiten:** Es heißt zwar, »Never judge a book by its cover«, aber trotzdem ist ein gepflegtes Äußeres unerlässlich für einen guten ersten Eindruck.
- **Gemeinsamkeiten:** Suche immer das Verbindende (z. B. ein gemeinsames Hobby). Das schafft eine gemeinsame Basis, auf der man super aufbauen kann!
- **Komplimente:** Mache deinem Gegenüber ehrlich gemeinte Komplimente. Achtung – übertreib es nicht! Hinterlass bitte bloß keine eklige Schleimspur.
- **Geh einen Schritt auf andere zu:** Sympathisch ist, wer die Lage anderer erkennt, richtig einschätzt und auf andere einen Schritt zugeht. Das zeugt von Einfühlungsvermögen und wird auch im Business sehr geschätzt.
- **Be positive:** Die wenigsten Menschen würden einen permanenten Schwarzseher als sympathisch beschreiben. Das heißt aber nicht, dass du ständig gekünstelt auf Grinsekatze machen musst. Vielmehr arbeite an einem positiven Mindset. Der Rest kommt dann ganz von selbst!

Verhandeln ist wie ein Bumerang: Du bekommst zurück, was du gibst

Das Leben ist wie ein Boomerang: Du bekommst zurück, was du gegeben hast. Und weißt du was? Das trifft auch auf deine Verhandlungen zu!

Ich habe das schon sehr oft beobachten können: Wenn du selbst eine Niederlage erleben musst und dein Gegenüber seinen Sieg so richtig übertrieben vor dir feiert, dann hat das sicherlich auch bei dir Rachegelüste hinterlassen. Oder nicht? Man denkt dann automatisch: Warte nur! Irgendwann kommt der Tag, an dem es dir anders ergehen wird!

Das heißt: Es wird sich immer rächen, wenn du nicht wertschätzend mit deinem Gegenüber umgehst! Besonders in Verhandlungen!

Bedenke stets: Es mag sein, dass du heute am längeren Hebel sitzt, aber der Wind kann sich schnell drehen. In der aktuellen Wirtschaftssituation dreht sich der Wind gefühlt alle paar Monate.

Ein Kunde hat mir dazu einmal eine Story erzählt: Er hatte einen Geschäftspartner, der ihn immer durch die Hintertür im Hof hereingebeten hat. Nicht sehr wertschätzend, oder? Heute sieht die Geschichte ganz anders aus. Auf der ganzen Welt herrscht Knappheit. Und plötzlich wird mein Kunde von seinem Geschäftspartner durch die Vordertür hereingebeten. Ihm wird quasi der rote Teppich ausgerollt.

Also: Wenn du einer von den Menschen bist, die ihren Geschäftspartner:innen auch in guten Zeiten den roten Teppich ausrollen, dann wird dir das besonders in schwierigen Zeiten Vorteile bringen. Bist du allerdings jemand, der nur in Krisenzeiten höflich ist, dann wird dir das zum Verhängnis werden.

Ich meine damit nicht, dass du niemals hart verhandeln sollst. Vielmehr geht es um einen wertschätzenden Umgang miteinander. Getreu nach dem Harvard-Konzept: hart in der Sache, aber weich zum Menschen. Wenn du in der Vergangenheit deine Überlegenheit immer groß herausposaunt hast, dann kannst du dir sicher sein, dass die Leute sich das merken werden.

Überlege selbst: Welche Gespräche sind dir besonders in Erinnerung geblieben? Meist waren es jene, in denen du unfair behandelt wurdest. Oder nicht?

Daher rate ich dir: Lass bei einem Sieg die Champagnerkorken nicht vor deinem Gegenüber knallen. Mach das lieber unbeobachtet. Die meisten Brachen sind klein und man läuft sich oft mehrmals über den

Weg! Hinterlasse einen positiven Eindruck, auch wenn die Gegenseite verloren hat!

Die Macht von FOMO in der Verhandlung

Erst vor Kurzem habe ich eine Urlaubsreise für meine Familie und mich gebucht. Als ich auf einer Online-Plattform unsere Flugtickets in den Warenkorb gelegt hatte, poppte plötzlich eine kleine Nachricht auf. In roter Schrift stand: Achtung! Nur noch wenige Tickets verfügbar!

Sofort spürte ich ein inneres Kribbeln, denn der Preis für die Tickets war wirklich gut! Eigentlich wollte ich noch auf anderen Websites nach einem besseren Angebot stöbern, aber wenn ich diese Tickets nun nicht kaufen würde, wären sie weg!

Vielleicht kennst du diese Situation? Ich glaube, fast jeder, der schon einmal etwas gekauft hat, kennt dieses Gefühl, das dabei entsteht: das Gefühl, etwas zu verpassen!

Weißt du, wie man dieses Gefühl nennt? FOMO: Fear of missing out. Die Angst, etwas zu verpassen. Ich wurde in diesem Moment eiskalt von diesem Gefühl getriggert. Dass es sich dabei um keinen Zufall gehandelt hat, brauche ich an dieser Stelle wohl nicht zu erwähnen. Die rückwärts laufenden Uhren sind nicht zufällig auf Augenhöhe platziert.

Ich möchte dir verraten, wie du dieses Gefühl bewusst erzeugen und vor allem nutzen kannst und warum es überhaupt sinnvoll ist, damit zu spielen!

Die Angst, etwas zu verpassen

Die Angst, etwas zu verpassen, ist ein Gefühl, das jeder von uns in sich trägt. Besonders durch unsere Smartphones, die uns rund um die Uhr erreichbar machen, und durch Social Media wird diese Angst noch verstärkt. Angst, etwas zu verpassen, Angst, News nicht zu erhalten und nicht dazuzugehören. Und immer, wenn Menschen Angst empfinden, dann möchten sie diese beseitigen, sie möchten dagegen etwas unternehmen. Sei es nun im Businessbereich oder aber auch im privaten Umfeld! Niemand hat gerne Angst!

Den Effekt beobachte ich auch immer wieder im Kindergarten, wenn eine Geburtstagsparty geschmissen wird. Jeder will dabei sein und die Anzahl der Gäste ist meistens begrenzt. Sobald die besten Spielgefährt:innen eingeladen sind, steigt das Interesse an einer Teilnahme, sodass ich schon öfter Verhandlungen auf dem Parkplatz unter den Eltern mitbekommen habe; da wird mit Suggestivfragen gearbeitet: »Meine Lena ist ja sicherlich auch eingeladen, oder?« Da finden die richtig spannenden Verhandlungen statt, auf dem Elternparkplatz. Schließlich will man ja bei der Party des Jahres dabei sein.

Die Jubiläumsuhr

Damit du noch besser verstehst, wie FOMO auch für dein Business funktionieren kann, möchte ich dir noch ein Beispiel dafür geben. Vor nicht allzu langer Zeit hat sich ein berühmter Schweizer Uhrenhersteller, der im günstigeren Segment verkauft, dazu entschlossen, eine besondere und limitierte Jubiläumsuhr herauszubringen. Doch das war noch nicht alles: Um diese Uhr wirklich zu etwas Besonderem zu machen, entschloss man sich für eine Kooperation mit einem Uhrenhersteller, der weltweit für seine Luxusuhren bekannt ist. Das Ergebnis war eine erschwingliche Luxusuhr, die noch dazu limitiert war. Nebenbei sei erwähnt: Beide Uhrenhersteller sind Marken ein und desselben Konzerns, genau richtig erraten: Es handelt sich um die Moonswatch-Kollektion der Marken Swatch und Omega.

Durch eine geschickte Vermarktung und einige Social-Media-Spots entstand ein wahrer Hype um die Jubiläumsuhr, die im Übrigen auch nur in den Stores und nicht online verkauft wurde. Die Menschen waren so besessen von dieser Uhrenkollektion, dass einige sogar vor den Geschäften campten, um ein Exemplar zu ergattern. Andere verkauften ihr Exemplar völlig überteuert auf Online-Auktionsplattformen, kurz nach dem Launch der Uhren wurden sie online für das teils Zehnfache verkauft. Die Nachfrage war enorm! Im Endeffekt entschloss sich das

Unternehmen übrigens dafür, die Stückzahl der Uhren doch nicht zu begrenzen, da der Hype kaum abflaute.

Was war hier passiert? Nun, im Grunde wurden hier mehrere unserer menschlichen Trigger sehr geschickt bespielt: Neben der Exklusivität, die die teurere Marke mit sich brachte, wurde eine künstliche Knappheit erzeugt. Das wiederrum triggert in den Menschen die Angst, etwas Exklusives, Einzigartiges zu verpassen. FOMO eben! Es entstand ein Hype, eine wahre Sogwirkung, die das Unternehmen geschickt für sich nutzen konnte.

Grundsätzlich gibt es drei Tipps, wie du diesen Effekt bewusst erzeugen kannst:

- **Sorge für zeitliche Begrenzung.** Formulierungen wie »Nur heute« oder »Nur bis Ende des Monats« machen die Leute neugierig. Nutze diesen Effekt in Newslettern oder Angeboten. Setze einen Timer auf deine Homepage oder kommuniziere die Begrenzung auf Plakaten. Du wirst sehen – es funktioniert! Wichtig ist dabei nur, dass du die Begrenzung nicht immer wieder ausdehnst. Sonst wirst du irgendwann nicht mehr ernst genommen!
- **Erzeuge künstliche Knappheit.** Mengenbeschränkungen führen dazu, dass deine Kund:innen nicht wollen, dass ihnen andere zuvorkommen. Denke nur an Dutzende Videos, die Leute zeigen, die sich um Produkte streiten oder sogar draußen vor dem Laden campieren. Ich rate dir hier nicht, für Handgemenge in deinem Business zu sorgen, sondern lediglich, mit diesem Trigger in deiner nächsten Verhandlung zu spielen!
- **Zeige deine positiven Reviews.** Positive Bewertungen und Kund:innenmeinungen gehören unbedingt vor den Vorhang und nicht versteckt. Dieser Effekt wird auch Social Proof genannt. Weiterempfehlungen, Referenzen und Bewertungen gehören beispielsweise dazu. Du hast diesen Satz: »Andere Kunden kauften auch ...« bestimmt schon Tausende Male gelesen, wenn du online an einem verregneten Sonntag shoppen warst, bis deine Kreditkarte geglüht hat. Diese externen Bewertungen helfen uns Menschen, schneller und einfacher Entscheidungen zu treffen. Also tue Gutes und sprich davon, hol dir aktiv Empfehlungen ein. Vielleicht

kannst du Referenzkundenlogos herzeigen? Oder du hast Bewertungen oder Empfehlungsschreiben von ehemaligen Kund:innen auf Social Media oder Bewertungsportalen. Das funktioniert übrigens auch bei der Jobsuche, auch da suchst du dir als Kandidat:in Bewertungen deines zukünftigen Arbeitgebers. Umgekehrt wollen viele Unternehmen auch ehemalige Arbeitgeber anrufen und sich über dich erkundigen. Neulich habe ich folgenden Spruch auf Social Media gelesen: Unternehmen fragt beim Vorstellungsgespräch: »Dürfen wir Ihren letzten Arbeitgeber anrufen?« Da antwortet der Kandidat: »Ja klar, wenn ich die Person anrufen darf, die den Job vor mir hatte.« Schlagfertig! Aber nur fair, oder? Verhandlung auf Augenhöhe.

Egal, in welcher Situation du bist, beiden Seiten hilft es durch externe Bewertungen, die Vereinbarung einfacher zu beurteilen. Du wirst sehen: Positives Feedback von früheren Kund:innen und Unternehmen überzeugt auch neue!

Was ich dir mit FOMO zeigen wollte, ist ein interessanter Trick, um deine Gesprächspartner:innen zu triggern. Du kannst diesen Effekt auch in deinen Verhandlungen nutzen. Außerdem solltest du ihn unbedingt kennen, um nicht selbst in die FOMO-Falle zu tappen! Vielleicht fallen dir jetzt ein paar Situationen ein, bei denen du diesem Effekt selbst schon auf den Leim gegangen bist. Es geht nicht darum, Produkte und Dienstleistungen aufzuschwatzen. Vielmehr möchte ich, dass du Dienstleistungen und Produkte verkaufst, die einen echten Mehrwert haben und mit diesem Effekt erreichst, dass Kund:innen sich bewusst für dich entscheiden!

Zusammenfassend kannst du dir Folgendes zum Phänomen FOMO merken:

Jeder Menschen trägt FOMO in sich. Die Angst, etwas zu verpassen, ist tief in jedem von uns verwurzelt. Da Menschen generell dazu tendieren, Angstgefühle zu vermeiden oder – falls sie auftreten – etwas dagegen zu unternehmen, kannst du FOMO mit diesen drei Tricks für dich und dein Business nutzen:

- **Zeitliche Begrenzung:** Formulierungen wie »nur heute« lösen Neugierde und Begehrlichkeiten aus!
- **Künstliche Knappheit:** Je weniger es von etwas gibt, desto wertvoller erscheint es. Keiner möchte, dass einem etwas vor der Nase weggeschnappt wird!
- **Positive Reviews:** Hast du positive Reviews? Dann zeig sie! Als Kunde oder Kundin vertraue ich tendenziell auf die Meinung anderer Menschen, die bereits ihre Erfahrungen gesammelt haben.

Das Gesetz der Gegenseitigkeit (Reziprozität)

»Wie du mir, so ich dir!« oder »Kleine Geschenke erhalten die Freundschaft!«. Das hast du sicher schon mal gehört. Das Stichwort lautet: Gegenseitigkeit. Wenn man besonders gescheit wirken möchte, kann man auch von Reziprozität sprechen. Das bedeutet haargenau das Gleiche, klingt aber gleich viel schlauer. Kurz gesagt: Wenn du etwas bekommst oder wenn dir jemand einen Gefallen tut, dann möchtest du etwas zurückgeben. Das gilt im privaten Bereich genauso wie im Beruf. Stell dir vor, du wirst von jemandem, den du gar nicht so gut kennst, auf dessen Hochzeit eingeladen. Ein paar Jahre später heiratest du selbst. Oft kommt dann der Gedanke: Der hat mich auch eingeladen, jetzt muss ich den auch einladen. Wenn dir jemand zum Geburtstag gratuliert, versuchst du umgekehrt, dir auch dessen Ehrentag zu merken, damit du es zurückgeben kannst. Und wenn dir dein Nachbar den Rasenmäher leiht, wirst du wahrscheinlich nicht nein sagen, wenn er dich das nächste Mal um einen Gefallen bittet.

Das Gesetz der Gegenseitigkeit ist unbewusst sehr stark in uns Menschen verankert.

Die hässliche Kehrseite der Reziprozität

Das Prinzip der Reziprozität wird von Verkäufer:innen und Unternehmen oft ausgenutzt. Es kann sogar zu einer bewussten Marketingstrategie werden. Das beginnt beim kostenlosen Volksfest mit Bratwurst und Bier von Autohäusern, wo es auch Trampoline und Hüpfburgen für die Kinder gibt, damit man möglichst lange dort vor Ort bleibt. Hat man dann den ganzen Tag kostenlos konsumiert, fühlt man sich verpflichtet, etwas zurückzugeben. Da kann es schon mal passieren, dass jemand ein Wohnmobil im Wert von 50000 oder 100000 Euro kauft, weil er das Gefühl hat, dem Autohaus etwas schuldig zu sein. Das heißt nicht, dass der Plan, ein Wohnmobil zu kaufen, nicht schon vorhanden gewesen wäre, aber tatsächlich kann die Bratwurst den Ausschlag geben, es genau bei diesem einen Anbieter zu kaufen.

Es muss natürlich nicht immer ein Wohnmobil sein. Aber denk an Kostproben auf dem Markt. Wenn du ein Stück Käse geschenkt bekommst, fühlst du dich ebenfalls oft verpflichtet, etwas zu kaufen. Wenn es dir schmeckt, kein Problem. Wichtig ist, dass du dir dessen bewusst bist: Das ist keine Großzügigkeit, sondern eine gezielte Marketingstrategie zur Beeinflussung deines Kaufverhaltens.

Geschenke erhalten die Freundschaft

Was kannst du vom Gesetz der Reziprozität für deine nächste Verhandlung mitnehmen? Ich empfehle dir, einfach mal einen auszugeben. Dass du im Rahmen der Verhandlung deine Verhandlungspartner:innen freundlich bei dir empfängst, Kaffee offerierst, ein paar Kekse auf den Tisch stellst, einen »ausgibst«. Du gehst in Vorleistung. Das schafft eine gute Atmosphäre.

Wenn du kurz vor Mittag einen Termin vereinbarst, deinem Gegenüber nichts zu essen und zu trinken anbietest und dann ganz hart mit ihnen ins Gericht gehst, hast du definitiv schlechtere Karten. So hätte man das früher gemacht. Stärke ausspielen, anstatt auf Augenhöhe zu verhandeln. Das ist Old School und bringt meiner Meinung nach nicht sehr viel, weil sich die Fronten schnell verhärten und diese Taktik rasch durchschaut wird. Stell stattdessen wie gesagt einfach ein Getränk hin – es muss ja nichts Großes sein. Wenn du zum Beispiel in einer Schokoladenfabrik arbeitest, lass eine kleine Tafel auf den Tisch legen oder kleine Proben oder Werbegeschenke je nach Branche, dann kann sich das durchaus positiv auf die Verhandlung auswirken.

Auch in der Verhandlung können kleine Schritte auf den anderen zu, ein kleines Entgegenkommen, Wunder bewirken. Wenn du zum Beispiel in einem Punkt nachgibst, der für dich sehr wenig Aufwand bedeutet, aber für die Gegenseite einen hohen Wert hat, dann hilft das, dass auch die andere Seite einen Schritt auf dich zugeht.

Auch hier wirkt das Prinzip der Gegenseitigkeit. Es hilft, nicht zu mauern, keine Barriere aufzubauen, sondern gefällig zu sein. Am besten dort, wo es nicht wehtut.

Auch andere kennen dieses Gesetz

Aber aufpassen: Wenn du das nächste Mal ein Geschenk bekommst, dann stell dich darauf ein, dass eine Rückforderung kommen kann. Ich stelle daher immer sicher, dass ein Ausgleich stattfindet, das heißt: Wenn ich von jemandem zum Mittagessen eingeladen werde, lade ich beim nächsten Mal ein. Andernfalls könnte auf deiner Seite des Tisches, in deinem Verhandlungsteam, jemand das Gefühl haben, der Gegenseite etwas zurückgeben zu müssen, und dann kann es passieren, dass für ein Abendessen für ein paar Hundert Euro plötzlich mit einem Entgegenkommen am Verhandlungstisch von mehreren Zehntausend Euro bezahlt wird.

Das gilt auch für Lieferanten. Wenn du zum Beispiel drei Anbieter hast – egal, ob privat oder im Business – und einer sagt: »Ich liefere Ihnen das kostenlos, ich reserviere Ihnen das schon mal, das kostet Sie nichts!«, dann sei dir immer bewusst, dass auch hier das Gesetz der Reziprozität bei dir wirken dann. Ich hab es schon mehrmals erlebt, dass intern der Fachbereich intervenierte, als es zum Anbieterentscheid kam, mit den Worten: »Die haben das jetzt schon für uns reserviert, wir müssen es diesem Lieferanten geben.«

Danke – aber nein, danke!

Wie kannst du diese Reziprozität aushebeln und dich davor schützen? Man kann Geschenke generell ablehnen, auch wenn diese Methode nicht gerade die sozialste ist und für uns Menschen nicht wirklich infrage kommt. Doch es gibt einen Mittelweg: Nicht ohne Grund gibt es in vielen Unternehmen eine Compliance-Regelung, im Rahmen derer man Geschenke nur unter bestimmten Bedingungen annehmen darf. Zum Beispiel, dass Geschenke maximal einen Wert von 50 oder 100 Euro haben dürfen.

Stelle immer sicher, dass du einen Ausgleich hast, dass die Waage für beide Seiten gleich ist. Man kann sich gegenseitig einladen, die Geschenke intern verlosen oder ein Geschenk im gleichen Umfang oder Wert zurückgeben, damit die Waage ausbalanciert bleibt.

Du kannst dir auch rationaler überlegen: Was hat das Geschenk für einen konkreten Wert? Musst du für ein Abendessen im Wert von 100 oder 200 Euro der Gegenseite ein Projekt von einer halben Million geben – nur weil du eingeladen wurdest? So kommst du nicht in Versuchung, aus Schuldgefühlen zu handeln. Denn auf dieser Ebene werden meist keine guten Entscheidungen getroffen.

Natürlich kannst du es auch offen ansprechen, wenn du ein Geschenk bekommst: »Vielen Dank, das nehme ich sehr gerne an, aber ich möchte nicht in Ihrer Schuld stehen!« Dann wird die Gegenseite oft sagen: »Nein, nein, machen Sie sich keine Sorgen, blablabla« – und somit hast du dich schon befreit. Du kannst auch sagen: »Vielen Dank für das Geschenk, aber das wird meine Entscheidung nicht beeinflussen, bei mir kommt es auf das Preis-Leistungs-Verhältnis an.« Auch damit ist das Thema vom Tisch.

Langer Rede, kurzer Sinn: Geschenke erhalten die Freundschaft und dürfen angenommen und gegeben werden. Achte nur immer darauf, dass du nicht in den Sog der Reziprozität kommst.

Zusammenfassung:

Grundsätzlich gilt: Wenn wir etwas erhalten, fühlen wir uns meist dazu verpflichtet, auch etwas zu geben. Man spricht dabei von Reziprozität oder Gegenseitigkeit. Drei Tipps helfen, damit umzugehen:

- **Geschenke erhalten die Freundschaft.** Es muss kein Fünf-Gänge-Gourmetdinner sein. Snacks und Getränke oder aber auch kleine Proben sind oft schon ausreichend. Ebenso wird ein kleines Entgegenkommen in verhärteten Verhandlungen als sehr positiv empfunden.
- **Man muss nicht jedes Geschenk annehmen.** Geschenke darf man auch ablehnen – ja, das ist nicht unhöflich und im Business-Kontext auch nicht unüblich. Zahlreiche Compliance-Richtlinien in vielen Unternehmen beweisen dies! Weise schlicht und ergreifend höflich darauf hin.
- **Wenn man das Geschenk annimmt, muss man sich nicht verpflichtet fühlen.** Falls du doch einmal ein Geschenk annimmst, lass dich auf keinen Fall in die Falle der Schuldgefühle drängen! Du musst nicht zwangsläufig etwas retour geben. Auch hier hilft ein kleiner, aber feiner Hinweis an dein Gegenüber!

6. Der krönende Abschluss

Das Beste kommt zum Schluss. Diesen Satz sag ich gerne den Prüfungskandidat:innen, wenn sie als letzte Prüfung Verhandlungsführung haben und bei mir vorbeikommen dürfen. Aufgrund der stressigen Situation der Kandidat:innen schauen sie mich oft etwas verunsichert an und viele haben so ein nervöses Lächeln auf den Lippen. Sie denken wahrscheinlich etwas wie: Ja, du hast gut reden, du sitzt ja auf der Expertenseite und bewertest, ich hingegen *muss* hier nach einem langen Prüfungstag noch einmal performen.

Ich persönlich liebe die Abschlussphase, denn der Abschluss der Verhandlung ist sehr oft der Beginn einer Zusammenarbeit, eines neuen Business, einer langjährigen Partnerschaft oder einer Einigung in einem aufreibenden Konflikt. »Und jedem Anfang wohnt ein Zauber inne«: Dieser Vers aus *Stufen*, einem der bekanntesten Gedichte von Hermann Hesse, passt hier wunderbar. Doch bevor wir nach dem Abschluss der Verhandlung den neuen Anfang feiern können, gilt es noch ein paar Punkte zu meistern.

Gerade am Schluss können sich noch einmal Herausforderungen auftun. Zum Beispiel, wenn zu wenig Zeit ist. Du siehst im Kalender, dass bereits das nächste Meeting ansteht, der Check-in-Zeitpunkt deines Fluges steht bald bevor oder du musst deine Tochter vom Kindergarten abholen. Diese Gedanken und der dadurch entstehende Zeitdruck in der Abschlussphase sind nicht gut, denn am Schluss gilt es, die Erfolge mit nach Hause zu nehmen.

Das kann bedeuten:

- Nach 80 Prozent der Zeit kommst du drauf, dass heute wahrscheinlich nicht alle Punkte final besprochen werden können. Man müsste sich also noch einmal treffen. Da haben viele Menschen Angst davor.

- Oder du merkst: Ups, dieses spezielle Thema hab ich völlig vergessen zu erwähnen. Kann ich das noch anbringen?
- Oder du hast nur noch fünf Minuten, weil du im Anschluss ein wichtiges Meeting hast.

Du siehst schon: Der Zeitfaktor hat meist mit mangelnder Planung und Führung zu tun. Um eine Verhandlung wirklich gut vorzubereiten, musst du auch den Schluss planen, dir für die Zeit nach dem Gespräch ein bisschen extra Zeit blockieren, einen Sicherheitspuffer einbauen.

Viele Menschen begehen den Fehler, am Schluss noch schnell ein paar Zugeständnisse zu machen, nur um den Sack zumachen zu können. Also den Deal unbedingt abzuschließen. Lass dich bloß nicht davon beeindrucken!

Aber wie kann es besser laufen? Wie kann ich mich davor schützen?

Hierzu habe ich ein paar Tipps. In Kürze:

- Der Entscheider oder die Entscheiderin muss am Tisch sein
- Leite die Abschlussphase bewusst ein
- Zusammenfassung des Vereinbarten
- Schwarz auf Weiß
- Pokerface

Der Entscheider oder die Entscheiderin muss am Tisch sein

Viele meiner Klient:innen haben ein und dasselbe Problem: Sie führen Verhandlungen, die kein Ende finden. Wenn man ewig lange diskutiert und verhandelt hat, heißt es am Schluss dann einfach nur: »Danke, wir müssen das noch intern besprechen. Wir melden uns.« Was für eine Zeitverschwendung! Kämpfst du mit demselben Problem? Falls ja, lass mich dir ein paar Tricks zeigen, wie du in Zukunft erst gar nicht mehr in diese Situation kommst!

Spielen ohne Schiedsrichter? Nein, danke!

Stell dir vor, beim Champions-League-Finale sitzen 80 000 jubelnde Fans im Stadion. Beide Mannschaften sind heiß darauf, zu gewinnen. Die Luft knistert vor Spannung! Doch bevor es so richtig losgeht, fällt auf: Der Schiedsrichter ist nicht da. Es kann nicht gespielt werden, denn die Person, die alle Entscheidungen trifft, ist nicht am Feld. Unvorstellbar, oder?

Im Business kommt es aber leider tatsächlich immer wieder vor, dass der Entscheider oder die Entscheiderin, also die Person, die über Deal or No-Deal bestimmt, nicht mit am Verhandlungstisch sitzt.

Das Resultat? Langwierige Gespräche und Zugeständnisse, die du eigentlich niemals machen wolltest. Es ist ja so, dass auch die Leute, die letztlich nicht entscheiden, trotzdem etwas von dir wollen. Sie wollen Zugeständnisse von dir, kleine Schritte, die du auf sie zumachen sollst. Und wenn du diese Schritte dann gemacht hast, heißt es: »Danke, wir machen dann in zwei Wochen beim nächsten Termin weiter.« Und bei diesem Folgetermin sitzen dann womöglich wieder andere Menschen mit dir am Tisch und du siehst dich bald gezwungen, weitere Zugeständnisse zu machen. Und wenn du Pech hast, gibt es sogar eine dritte Runde, bei der dann vielleicht tatsächlich die Person, die entscheidet, mit an Bord ist. Du hast aber auf dem Weg dorthin bereits dein ganzes Pulver verschossen.

Am Schluss kannst du, oder vielmehr solltest du, dann eigentlich keine Zugeständnisse mehr machen. Da du aber schon so viel Zeit und Mühe investiert hast, tust du es trotzdem, um den Auftrag nicht zu verlieren. Du gibst dich am Ende also mit einem schlechten Deal zufrieden, nur um endlich zu einem Abschluss zu kommen.

Wer ist hier der Boss?

Damit du nicht in solch eine Lage kommst, ist es von enormer Wichtigkeit, dass der Entscheidungsträger oder die Entscheidungsträgerin von Anfang an mit dir am Tisch sitzt. Du fragst dich, wie sich das bewerkstelligen lässt? Nun, natürlich wird es komplizierter, je größer ein Unternehmen ist. Bei kleinen Unternehmen ist es durchaus üblich, dass die Geschäftsführung die Verhandlungen führt. Bei Konzernen sieht es da schon anders aus. Es ist relativ schwer, von außen zu verstehen, wie die großen Unternehmen organisiert sind, wie sie ticken und wer die Entscheidungen trifft. Am besten ist es daher, schon vor der eigentlichen Verhandlung zu klären, wer im Unternehmen Entscheidungen trifft.

Stell dir vor, jemand möchte von dir ein Angebot präsentiert bekommen. Vielleicht gibt es im Zuge dessen ein erstes Gespräch und Kennenlernen. Schon jetzt ist es an der Zeit herauszufinden, wer die Entscheidung treffen wird. Doch anstatt zu fragen, wer die Entscheidungen trifft – das ist doch etwas plump und keiner plaudert gerne einfach so aus dem Nähkästchen –, frage lieber nach dem Entscheidungsprozess. Du wirst sehen, es ist viel einfacher an Informationen zu gelangen, wenn du nach den Prozessen und nicht nach den Menschen fragst. Du fragst also zum Beispiel, wie das weitere Vorgehen ist. Die Leute erzählen dir dann wahrscheinlich, wie es ablaufen wird, und sind sehr offen in ihrer Kommunikation. Und das gibt dir dann die Möglichkeit abzuklären, wer tatsächlich die Entscheidungen im Unternehmen trifft und ab wann diese Person an den Verhandlungen teilnehmen wird. Somit verschwendest du keine Zeit damit, Menschen zu überzeugen, die gar nicht entscheidungsbefugt sind.

Diese Taktik kann auch bewusst gegen dich eingesetzt werden und der Entscheidungsträger oder die Entscheidungsträgerin sitzt mit Absicht nicht am Tisch. Das ist die Taktik der Dritten Instanz. Viele Menschen mit Kindern kennen das von zu Hause. Wenn meine Tochter noch eine Episode ihrer Lieblingsserie schauen will, dann sagt sie mir: »Die Mama hat schon ja gesagt!« Genau das sind sogenannte höhere Instanzen. Du denkst dir vielleicht, ja klar, die Mama ist die höchste Instanz, was hat das mit Verhandlungen im Business zu tun? Im Business haben die Instanzen andere Namen, sie haben meistens ein großes C oder einen »Kopf«. Ich weiß nicht, wie viele Male ich schon gehört habe: »Das müssen wir intern mit unserem CFO oder CEO abklären oder mit dem Head of Production, Head of Sales oder was auch immer.« Meistens sind die genannten Personen gar nicht involviert in die Verhandlung und werden als Finte oder Ausrede genannt – oder um Druck zu erzeugen. An dieser Stelle sei gesagt, dass dies wunderbar funktioniert.

Keine Überraschungen!

Wenn du also schon von Beginn an klärst, wann die Person, die entscheidet, die Verhandlungsbühne betritt, wirst du am Schluss nicht überrascht sein. Frag nach dem Entscheidungsprozess, die meisten größeren Unternehmen haben eine Entscheidungskette und geben dir gerne Auskunft, welche die nächsten Schritte sein werden. Du kannst deine Strategie daran anpassen und das wird dir helfen, deine Verhandlungen effizienter zu führen. Außerdem schützt es dich vor faulen Zugeständnissen! Nicht übel, oder?

Und jetzt alle zusammen!

Ein weiterer Trick, der dir dabei helfen kann, den Entscheidungsträger oder die Entscheidungsträgerin an den Tisch zu bekommen, ist der Vorschlag eines gemeinsamen Meetings. Ich kann dir versichern, es ist immer besser, dein Angebot vor dem oder der wirklichen Entscheidungsbefugten zu präsentieren. Stell dir vor, du präsentierst dein Angebot vor Herrn Müller, der aber eigentlich nichts zu sagen hat. Nach einer langwierigen Verhandlung sagt er dir, dass er den Deal mit seiner Vorgesetzten, Frau Mayer, abklären muss. Er bittet dich um eine Mail mit allen Eckpunkten, die er dann an seine Vorgesetzte weiterleitet. Frau Mayer hat dich aber nie zu Gesicht bekommen, sie kennt nicht deine Leidenschaft für dein Business und konnte keine Fragen stellen. Es ist somit viel unwahrscheinlicher, dass sie sich für dich entscheiden wird. In diesem Fall wäre es also hilfreich, wenn du Folgendes sagst: »Bevor ich ihnen eine kurze Mail schreibe, wäre es schön, wenn wir einen gemeinsamen Termin mit Frau Mayer vereinbaren. Gerne stelle ich auch ihr mein Angebot vor! Wie sieht es denn zum Beispiel am Montag um 14 Uhr oder am Mittwoch um zehn Uhr aus?«

So hast du die Möglichkeit, dein Angebot der richtigen Person zu präsentieren und sparst Zeit und Nerven.

Wenn es um dein Geld geht

Auch in einer anderen Situation kann es sehr hilfreich sein, dafür zu sorgen, die Entscheidungsbefugten mit am Tisch zu haben: bei Gehaltsverhandlungen.

Bringst du auch immer zahlreiche Argumente für eine Gehaltserhöhung bei deinem Chef oder deiner Chefin vor, die dann ins Leere laufen, weil »HR das entscheiden muss«? Viele machen in diesem Moment den Fehler und lassen ihren Chef oder ihre Chefin allein weiterverhandeln. Das funktioniert aber meist nicht, wie wir aus leidvoller Erfahrung wissen. Auch hier kann es daher hilfreich sein, ein gemeinsames Meeting mit der Person, die entscheidet, vielleicht dem Head HR, auszumachen.

Also: Es ist sehr wichtig, dass der oder die Entscheidungsbefugte mit dir am Verhandlungstisch sitzt. Alles andere kostet dich enorm viel Zeit und Ressourcen! Vergiss das bitte nicht. Sorge also am besten aktiv dafür, dass die richtigen Personen mit dir im Meeting sitzen. Denn es gibt kaum etwas Schlimmeres als Meetings, die nie zu einem Abschluss kommen. Lieber hört man rasch ein klares Ja oder Nein, findest du nicht? Spiel also niemals Fußball ohne Schiedsrichter, hol dir die Entscheidungsträger:innen an den Tisch!

Leite die Abschlussphase bewusst ein

Je nach Dauer der gesamten Verhandlung und je nach Anzahl der Punkte, über die man sich einig werden muss, dauert die Abschlussphase unterschiedlich lang. Berechne das auf jeden Fall in deine Zeitplanung ein. Das können fünf Minuten sein bei einer kurzen Verhandlung oder eine halbe Stunde, Stunde bei einem umfangreichen Gespräch.

Üblicherweise leite ich zehn bis 15 Minuten vor Schluss den Abschluss ein. Und zwar auch dann, wenn noch nicht alles fertig ist. Auch, wenn wir eigentlich vier Punkte auf der Agenda hatten und nur zwei davon besprochen haben, ist es nötig, die Abschlussphase einzuleiten, In diesem Fall musst du eben noch ein zweites Meeting ansetzen, um den Rest zu schaffen.

In meinen alten Firmen haben wir teilweise auch einen anderen Weg eingeschlagen und einfach verhandelt, bis wir fertig waren. Vorher ist keiner gegangen. Solltest du das umsetzen wollen, empfehle ich dir, das vorab zu kommunizieren, damit sich deine Verhandlungspartner:innen darauf einstellen können. Ich kann mich an Verhandlungen erinnern, die bis spät in die Nacht gingen. Abendprogramm gab es eben an solchen Tagen bei keinem von uns.

Zusammenfassung des Vereinbarten

Besser ist es sicher, den Abschluss der Verhandlung zu planen und zu kommunizieren. Du kannst zum Beispiel sagen: »Langsam läuft uns die Zeit davon. Lasst uns zu einem Abschluss kommen. Ich möchte gerne die Punkte unseres heutigen Gesprächs noch einmal zusammenfassen.« Dann listest du sämtliche Themen auf und worauf ihr euch geeinigt habt.

Bitte achte dabei immer darauf, ob von der Gegenseite Zustimmung kommt. Wenn ja, kannst du fortfahren. Frag auch immer wieder, ob es weitere Punkte gibt, ob du vielleicht etwas vergessen hast. Danach kommt der sogenannte Ausblick, das heißt, das weitere Vorgehen wird besprochen. Wer setzt was bis wann um? Mit dem Abschluss ist ja noch nicht alles vorbei. Die Zusammenarbeit geht weiter – oder beginnt erst jetzt so richtig. Du kannst an diesem Punkt auch die Termine fixieren, was deine Seite betrifft. Am Schluss frag die Gegenseite noch einmal, ob alles ihren Vorstellungen entspricht, ob es Ergänzungen gibt, damit du sie wirklich abholst. Wenn es keine Ergänzungen gibt, kannst du die Verhandlung abschließen und dich fürs Gespräch bedanken – und zwar unabhängig davon, wie das Gespräch gelaufen ist. Jetzt ist die Verhandlung vorbei. Also versuch bitte nicht, hier noch einmal den einen oder anderen Punkt anzusprechen, Argumente zu finden oder einen Schritt zurückzugehen. Sollte die Gegenseite versuchen, an diesem Punkt weiterzuverhandeln, dann wird das auf ein nächstes Meeting verschoben. Viele machen den Fehler, am Schluss nochmals ein Fass in Form von weiteren Punkten aufzumachen. Das kann böse enden. Stell dir vor, der Deal ist für alle klar – und jetzt sprichst du am Schluss noch ein wichtiges Thema an. Dies kann zur Verunsicherung deiner Gesprächspartner:innen führen. Es kann sogar so weit gehen, dass alles Bisherige plötzlich infrage gestellt wird und du nochmal von vorne anfangen kannst. Im schlimmsten Fall verlierst du sogar einen sicher geglaubten Auftrag. Also schließe eine Verhandlung immer ab.

Schwarz auf weiß

Wichtig ist es, immer alles schwarz auf weiß festzuhalten. Bei einer kleineren Verhandlung reicht es, wenn du als Verhandlungsführer:in die Punkte nochmals zusammenfasst und der Gegenseite als Mail zukommen lässt. Bei größeren Projekten ist es sinnvoll, ein Protokoll zu führen und mitzuschicken. Es ist in einem solchen Fall auch sinnvoll, jemanden mitzunehmen, der unter anderem das Protokoll für dich schreibt. Bei großen und komplexen Verhandlungen empfehle ich, einen Zeitblocker einzuplanen und in die Agenda aufzunehmen. Das Protokoll wird am Schluss auf dem Beamer allen transparent gezeigt, gemeinsam verabschiedet und ausgedruckt. Meine Empfehlung: Die Mitstreiter:innen werden erst nach erfolgter Unterschrift aus der Verhandlungsarena in den Feierabend entlassen. Denn wie schon Goethe sagte: »Was man schwarz auf weiß besitzt, kann man getrost nach Hause tragen.«

I can see your Pokerface …

Kontrolle ist ein Schlüsselfaktor für den Erfolg deiner Verhandlungen. Emotionale Kontrolle, Kontrolle über deine Gesichtszüge, aber auch die Kontrolle der Verhandlungssituation. Dein Gegenüber trägt Anzug und Krawatte, ist mit dem protzigen Porsche vorgefahren oder gilt in der Branche als Superstar? Wunderbar. Darunter ist er trotzdem nur ein Mensch. Genau wie du. Und es ist wichtig, ihm oder ihr auch auf menschlicher Ebene zu begegnen. Auf Augenhöhe. Dich von eventuellem Autoritätsgehabe nicht einschüchtern zu lassen, weder vom sprichwörtlichen Arzt im weißen Kittel noch von irgendwelchen anderen Statussymbolen. Ja, ich weiß, wie schwer das ist, wenn einem das Gegenüber einen Heidenrespekt einflößt, sich nicht in Luft auflösen und alle Zugeständnisse machen zu wollen. Dennoch ist es möglich.

Wenn dir klar ist, welche Programme unbewusst laufen, kannst du sie erkennen und drüberstehen, anstatt drauf reinzufallen. Und dann kommt die Augenhöhe fast wie von selbst.

Merke dir am besten folgende Punkte:

- **Der Entscheider muss am Tisch sein.** Verspiel nicht deine Karten, solange die Person, die den Deal abschließen kann, noch gar nicht da ist.
- **Take your time.** Läute die Abschlussphase bewusst ein und kommuniziere schon am Beginn des Meetings, was du heute erreichen möchtest, damit alle Beteiligten eine ungefähre Idee davon haben, was alles in diesem Meeting unterzubringen ist. Rechne eine angemessene Zeit für eine ordentliche Abschlussphase ein. Statt am Schluss unter Zeitdruck noch ein paar offene Punkte unbedingt abhaken zu wollen, vereinbare lieber einen Folgetermin.
- **Zusammenfassung des Vereinbarten.** Die Abschlussphase der Verhandlung kann wunderbar genutzt werden, um alle Punkte, die vereinbart wurden, noch einmal zusammenzufassen. Nutze diesen Zeitpunkt auch dazu, dir die Bestätigung deines Gegenübers abzuholen. Außerdem

lege unbedingt die To-dos für beide Seiten fest, die bis zum nächsten Mal erledigt sein müssen.

- **Wer schreibt, der bleibt.** Halte alles Vereinbarte schriftlich fest, ob als Mail oder ausführliches Protokoll im Nachgang.
- **Pokerface.** Hab deine Mimik unter Kontrolle, wenn es hart auf hart geht. Denn so bist du nicht so leicht zu lesen.

7. Es ist vorbei – oder?

Und jetzt nochmal – mit Gefühl

Das Gefühl, mit dem Leute auseinandergehen, ist langfristig wichtiger als eine einzelne Vertragsklausel, über die man sich einig ist oder auch nicht. Behalt das immer im Kopf. Denn wenn einer der Verhandlungspartner:innen sich über den Tisch gezogen fühlt und dann entsprechend nachlässig oder widerwillig an das gemeinsame Projekt herangeht, hat man nichts gewonnen. Daher: Gib lieber auch mal nach, damit das große Ganze bestehen bleibt und die Zufriedenheit auf beiden Seiten Einzug hält.

It ain't over till it's over, oder?

Ich kann mich erinnern, wie ich früher häufig bis spät in die Nacht verhandelt habe. Wenn wir größere Geschäfte abschließen wollten und unsere Agenda aus allen Nähten platzte, kam es schon einmal vor, dass wir den Pizzalieferdienst riefen und so lange verhandelten, wie es eben dauerte – wenn nötig auch bis in die frühen Morgenstunden.

Heute würde ich dir von so einer Strategie eher abraten. Ich habe die Erfahrung gemacht, dass viele Leute sich gerade am Schluss solcher zähen Verhandlungen auf Zugeständnisse einlassen, die sie eigentlich gar nicht wollen, nur um den Deal endlich zu besiegeln.

Stattdessen empfehle ich dir, ganz bewusst am Ende einer Verhandlung die bereits vorgestellte Abschlussphase einzuläuten. Auch dann, wenn nicht alle Punkte der Agenda abgearbeitet werden konnten.

Wenn du den Raum oder das Gespräch verlässt, dann ist – zumindest für die meisten Leute – die Verhandlung vorbei. Man verabschiedet sich voneinander, bedankt sich für das Gespräch (ja, auch wenn es mies gelaufen ist!). Aber für mich kommt nun einer der wichtigsten Teile einer erfolgreichen Verhandlung: die Nachbereitung. Vielleicht rollst du jetzt mit den Augen und bist allein beim Anblick dieses Wortes schon genervt? Ich weiß, so geht es vielen. Die meisten Menschen empfinden die Nachbereitung als reine Zeitverschwendung und sind gedanklich oft schon beim nächsten Meeting.

Nachbereitung: die am meisten unterschätzte Phase

Klar, jeder kennt die Vorbereitungsphase. Aber mal ganz ehrlich: Wie oft hast du dir schon die Zeit genommen, um eine Verhandlung im Nachgang wirklich zu reflektieren?

Ich habe schon früh gelernt, wie wertvoll diese Phase sein kann: Damals, als ich noch meine Diplomarbeit geschrieben habe, war ich völlig fasziniert von meinen Kolleg:innen, die in unserer Firma die Verhandlungen führten. Ich überlegte, wie es mir gelingen könnte, einmal bei einer Verhandlung live dabei zu sein. Also bot ich mich für eine der unbeliebtesten Aufgaben überhaupt an: das Protokollschreiben. Dankend nahmen meine Kolleg:innen mein Angebot an und so durfte ich bei jeder Verhandlung mit dabei sein. Eines Tages, nachdem wir eine große Verhandlung abgeschlossen hatten, wollte ich wieder zurück an meinen Schreibtisch, um das Protokoll fertig zu stellen. Unser Verhandlungsleiter bat mich jedoch, zu bleiben, und sagte zu mir: »Frédéric, was du jetzt siehst, ist genauso wichtig wie die Vorbereitung auf die Verhandlung. Wir werden unser Vorgehen jetzt reflektieren.«

Wir besprachen damals die Rollenverteilung, aber auch, was funktioniert hat und was wir beim nächsten Mal anders machen würden. Als zweite Frage wollte unser Verhandlungsleiter wissen, was er in der nächsten Runde besser machen könne. An diesem Punkt war ich, wie du dir vielleicht vorstellen kannst, völlig beeindruckt. Er holte sich von jedem von uns ein offenes und ehrliches Feedback ein, sogar von mir, dem jungen Protokollschreiber. Damals merkte ich, wie wichtig diese Phase einer Verhandlung ist.

Ich habe seitdem immer wieder erlebt, dass es für eine erfolgreiche Verhandlung von enormer Bedeutung ist, ob deine Mitstreiter:innen dir vertrauen oder nicht. Sie müssen darauf vertrauen, dass du in der Verhandlung das Richtige tust, dass du einen Plan hast. Wenn du sie sowohl in die Vor- als auch in die Nachbereitung einbeziehst, wird das euer Vertrauen ineinander stärken. Besprecht ihr im Nachgang einige Punkte kritisch, dann werdet ihr zusammen immer besser!

Diese Form der Evaluation machen leider nur sehr wenige Unternehmen. Die meisten sind froh, wenn die Verhandlung vorbei ist, und konzentrieren sich sofort auf die nächste Aufgabe.

Aber ich kann dir sagen: Das ist eine wahre Verschwendung von Potenzial! Plane bewusst Zeit für die Vor- *und* die Nachbereitung ein!

Dabei empfehle ich dir, folgende Punkte anzuschauen:

- Was hat funktioniert?
- Was kann man verbessern oder weglassen?
- Welche Strategie und Taktik hatten wir geplant?
- Was ist dann wirklich passiert?
- Welche Ziele haben wir umgesetzt und wo haben wir diese nicht erreicht?
- Wo haben wir vollkommen »Out-of-the-box« verhandelt?

Hinterfrage also tatsächlich den Ist-Soll-Stand nach deiner Verhandlung. In der Evaluation kannst du dich und dein Ergebnis kritisch spiegeln lassen. Das ist ungemein wertvoll!

Ich höre oft von Unternehmen, dass ihnen schlicht die Zeit für eine ordentliche Nachbereitung fehle. Ich sage dann immer: »Kein Problem, wenn Sie nicht besser werden wollen, dann brauchen Sie sich diese Zeit nicht zu nehmen.«

Du denkst vielleicht, dass ich das ein bisschen zu drastisch ausdrücke. Aber ich versichere dir: Schon ein paar Minuten Zeit zahlen sich aus. Das ist eine Investition in deine Zukunft!

Denke nur an den Sport: Jedes Fußballteam wird nach einem Spiel in der Kabine zuerst alle Emotionen rauslassen. Die guten und die schlechten. Danach heißt es immer, sich zu sammeln und in der Videoanalyse genau zu schauen, was geklappt hat und was man hätte besser machen können. Denn wie heißt es so schön: Nach dem Spiel ist vor dem Spiel. Das gilt auch für deine Verhandlungen!

Lass diese Phase in deiner Verhandlung also nicht ungenutzt an dir vorüberziehen! Festige das Vertrauen in dein Verhandlungsteam und lass dir wertvolle Tipps geben. Unterm Strich wirst du erfolgreicher verhandeln und immer besser.

Zusammengefasst merke dir Folgendes:

- **Verzichte nie auf die Nachbereitung.** Investiere auf alle Fälle nach einer Verhandlung Zeit in eine ordentliche Nachbereitung. Hinterfrage kritisch den Ist-Soll-Zustand und hol dir ein ehrliches, offenes Feedback von deinen Kolleg:innen ein.
- **Sichere dir das Vertrauen deiner Mitstreiter:innen.** Je mehr deine Mitstreiter:innen darauf vertrauen, dass du in der Verhandlung das Richtige tust, desto erfolgreicher werdet ihr als Team. Damit das gelingt, binde deine Kolleg:innen am besten sowohl in die Vor- als auch die Nachbereitung der Verhandlung ein. Sichere dir ihr ehrliches Feedback und ihre kreativen Ideen!

Wertschätzung: der Erfolgsfaktor in der Verhandlung

Du musst eines wissen: Egal wie gut du vorbereitet bist und egal wie gut du Strategien und Taktiken lernst, du kannst in der Verhandlung niemanden überzeugen, wenn der- oder diejenige dich nicht mag. Ein gutes Klima ist für beide Verhandlungsseiten von Vorteil. Ich sage dir, eine gute Beziehung zu deinem Verhandlungspartner oder deiner Verhandlungspartnerin kann dir schnell einmal dein Geschäft retten!

Du kannst das Klima zwischen deinem Gegenüber und dir von Beginn an steuern. Wenn du dich auf ein Treffen mit einem neuen Vertragspartner oder einer neuen Vertragspartnerin vorbereitest, google ihn oder sie doch einmal! Finde heraus, was er oder sie für Beiträge veröffentlicht oder liket, ob ihr gemeinsame Kontakte oder Interessen habt. Das bietet einen wunderbaren Einstieg für gemeinsamen Smalltalk und gleichzeitig den Grundstein für eine positive Beziehung zueinander.

Aber auch Kleinigkeiten können Wertschätzung demonstrieren: Wenn dein neuer Kunde zu dir eingeladen wird und gleich am Bildschirm beim Empfang sein Firmenlogo sieht, wird er dies positiv bewerten. Ebenso, wenn er gleich mit seinem Namen begrüßt wird oder man zuvor die Agenda verschickt hat. All dies zeugt von Wertschätzung und bildet die ersten Schritte zum Erfolg.

Außerdem kann es wichtig sein, wie du dich kleidest. Schau doch einmal mal vor deinem nächsten Treffen auf die Website deines Kunden. Dort findest du meist eine Rubrik »Über uns« mit Fotos der Mitarbeiter:innen. Wie sind die Personen auf diesen Fotos angezogen? Versuche dich anzupassen!

Viele Studien belegen, dass eine Verhandlung erfolgreicher ist, wenn die Stimmung positiv ist. Unterschätze dies nicht und mache es dir zunutze!

Wie, fragst du dich? Lass mich dir an dieser Stelle ein paar Tricks verraten. Du kannst dir zum Beispiel angewöhnen, nach einem Gespräch ein paar Notizen über dein Gegenüber anzulegen. Ich habe mir dabei angeeignet, nicht nur Geschäftliches festzuhalten, sondern auch Stichpunkte zum Smalltalk, den wir geführt haben. So hat mir vor Kurzem ein Kunde erzählt, dass er sich bald einen Lebenstraum erfüllen und gemeinsam mit seiner Familie die Westküste der USA bereisen wird. Vor unserem nächsten Termin werde ich mir meine Mitschrift kurz durchlesen und kann dann nahtlos an unsere damalige Unterhaltung anknüpfen. Ich werde ihn auf jeden Fall fragen, wie ihm sein Urlaub in den USA gefallen hat, und damit zeigen, dass ich echtes Interesse an ihm und seiner Person habe.

Probier es aus! Du wirst sehen, es macht einen Unterschied!

Anpassen oder Wertschätzung

Ich möchte dir noch eine Verhandlungsstory aus den 1960er-Jahren zum Thema Wertschätzung erzählen, damit du noch besser nachvollziehen kannst, was ich damit meine. Damals stieß man in Libyen auf riesige Ölfelder. Um festzulegen, wer die Bohrrechte für diese Felder erhalten wird, wurde eine Ausschreibung lanciert. Wie du dir vorstellen kannst, haben sich zahlreiche westliche Unternehmen darauf gestürzt. Jeder wollte sich diese Rechte und somit einen Milliarden-Gewinn sichern. Doch fast alle sind mit ihrem typischen Businessgehabe aufgetreten: Anzug und Krawatte, seitenlange Verträge und so weiter und so fort.

Ein einziger Öl-Tycoon hat es anders gemacht: Er ist nicht dem westlichen Businesskontext entsprechend aufgetreten. Stattdessen hat er sich über die Kultur sowie die Art und Weise der libyschen Geschäftsabwicklung informiert. Er schrieb sein Angebot auf Ziegenhaut und verpackte es eingewickelt in Bändern in den libyschen Nationalfarben. Dadurch zeigte er klar sein Interesse und seine Wertschätzung für Land und Leute. Er gewann schlussendlich die Ausschreibung und durfte als Erster Öl fördern.

Du siehst also: Wertschätzung und Auseinandersetzung mit dem Gegenüber haben hier den Unterschied ausgemacht. Das kann auch in deiner nächsten Verhandlung so sein!

Und noch etwas: Viele Leute glauben, dass Verhandeln bedeutet, hart zu sein und Macht durchzusetzen. Doch das muss nicht so sein!

Mir fällt dazu ein Zitat von Nelson Mandela ein: »Auch mit einer Umarmung kann man einen politischen Gegner bewegungsunfähig machen.« Das heißt, dass du auch durch Wertschätzung jemanden »bewegungsunfähig« machen kannst und er oder sie sich nicht mehr von einer Vereinbarung und einem guten Deal von dir wegbewegen kann.

> *»Auch mit einer Umarmung kann man einen politischen Gegner bewegungsunfähig machen.«*
>
> Nelson Mandela

Kurz gesagt, nimm dir folgende Punkte mit auf den Weg:

- **Verhandlungsretter.** Eine positive Geschäftsbeziehung kann dir schon einmal den Kopf in schwierigen Verhandlungen retten. Baue eine Beziehung auf der Basis von Wertschätzung auf und du wirst erfolgreicher verhandeln!
- **Zeige ehrliches Interesse.** Wenn du einen Kunden oder eine Kundin kennenlernst, nutze Small Talk, um ehrliches Interesse zu zeigen. Finde heraus, welche Hobbys oder Leidenschaften er oder sie hat. Mach dir vielleicht im Nachhinein auch ein paar Notizen zu eurem Gespräch. Bei eurem nächsten Treffen kannst du dann nahtlos daran anschließen und zeigst, dass du echtes Interesse an deinem Gegenüber hast!

Liebe deinen Obernerver (fast) wie dich selbst

Umarmen oder erwürgen

Jetzt denkst du dir vielleicht: schön und gut. Aber es gibt Kolleg:innen und Kund:innen, die möchte ich in diesem Leben um keinen Preis umarmen!

Lass mich dir sagen: So geht es uns allen! Wir alle haben Kolleg:innen und Kund:innen, die wir nicht sonderlich leiden können. Doch auch hier ist eine gute Beziehung von Bedeutung.

Ich rate dir: Versuche dein Mindset gegenüber diesen Personen zu ändern. Überlege dir fünf positive Eigenschaften an diesem Menschen. Auch wenn es dir zu Anfang schwerfällt, glaube mir, du kannst an jedem Menschen etwas Positives finden. Und wenn du dir diese positiven Eigenschaften vor dem nächsten Gespräch bewusst machst, wird dies auch die Art und Weise eures Gesprächs beeinflussen.

Erst dann kannst du deinen Verhandlungspartner oder deine Verhandlungspartnerin ins Boot holen und gemeinsame Ziele definieren. Nur, wenn du eine positive Beziehung hast, kannst du auch Forderungen stellen, die erfüllt werden.

Der Obernerver

Vielleicht kennst du das auch: Es gibt Meetings, die einfach nicht vorbeigehen wollen. Kaum sagst du zwei Sätze, entgegnet die andere Seite schon etwas. Und so geht es immer weiter und weiter. Wie bei zwei Kindern, die sich gegenseitig necken. Doch wenn du Verhandlungspartner:innen »liebst«, sie als Mensch siehst, die Perspektive der anderen einnimmst, dann werden auch solche Verhandlungen besser. Für beide Seiten.

Ich kann mich an einen sehr wichtigen Lieferanten erinnern, in einer ehemaligen Firma von mir, vor vielen, vielen Jahren. Der Lieferant war, so wie meine Firma auch – ein ganz großer Konzern. Es war ein richtiger A-Lieferant, der einen großen Teil unseres Umsatzes ausmachte. Er war für unsere Firma wirklich wichtig. Und er war ein richtiger Obernerver! Selbst heute bin ich noch etwas genervt, wenn ich an die damalige Situation zurückdenke. Es ging immer nur hin und her. Keiner von uns hatte Bock, gemeinsam an diesem Verhandlungstisch zu sitzen. Wir nicht und sie auch nicht. Wir hatten absolut keine Freude an den Gesprächen und jeder wartete nur, wer den nächsten Schlag austeilen würde. Wenn ich am Montag in meinen Kalender schaute und sah, dass in dieser Woche wieder ein gemeinsames Meeting anstand, war ich schon entnervt!

Nun waren wir, das wussten wir, einer der größten Kunden dieses Konzerns, und auch die Gegenseite war für uns einer der größten Lieferanten. Die Verhandlungen waren immer zäh. Die Meetings wollten nicht vorbeigehen. Jedes Mal, wenn wir zwei Sätze sagten, wandte die Gegenseite ein, dass sie das nicht so sähen. Und zwar nicht bei wichtigen Punkten, sondern teilweise ging es tatsächlich um Punkt und Komma. Es war, kurz gesagt, lähmend.

Es saßen sich zwei Parteien gegenüber, die gar nicht da sein wollten. Wir hassten es richtiggehend, mit ihnen zu verhandeln, und die meiste Zeit verbrachten wir damit, uns gegenseitig Nadelstiche zuzufügen. Mehr als einmal haben wir sie nach Hause geschickt, weil sie ihre »Hausaufgaben« nicht gemacht hatten. Kurz gesagt: Wir alle benahmen uns wie kleine Kinder.

Ich überlegte immer wieder, was man anders machen könnte, damit es besser lief. Damals spitzte sich die Situation immer weiter zu und bald war nicht nur ich, sondern auch mein ganzes Team ziemlich down. Ich kam zu dem Schluss, dass es so nicht weitergehen konnte! Immerhin wollten – oder mussten – wir noch ein paar Jahre mit diesem Lieferanten zusammenarbeiten. Allein der Gedanke, dass es in Zukunft so weitergehen würde, ließ mich erschaudern. Die Situation war nicht zum Aushalten und so machte ich mich auf die Suche nach einer Lösung, die ich schlussendlich auch fand. In einem Buch stolperte ich über ein Zitat, das Buddha zugeschrieben wird und in etwa so lautet: »Was du denkst, bist du. Was du bist, strahlst du aus. Was du ausstrahlst, ziehst du an.« Also haben wir mit unserem Verhalten Gleiches angezogen, der Lieferant hat den Kunden bekommen, den er verdient, und umgekehrt.

Da wurde mir die Macht der Gedanken bewusst und ich habe einen Bezug zum Verhandeln hergestellt. Seitdem nutze ich immer folgenden Spruch: Was du denkst, lenkt deine Verhandlung! Das heißt gleichzeitig auch: Was du über deine Verhandlungspartner:innen denkst, lenkt auch deine Verhandlung.

Also fing ich an zu beobachten und bald wurde mir klar, dass mein Team und ich schon bei der Vorbereitung auf die besagten Meetings in großes Gejammer verfielen. Und dann nahm ich mir vor, das Ganze einmal umzudrehen. Ich beschloss, mich diese Woche ganz bewusst auf die anstehende Verhandlung und die Leute der Gegenseite zu freuen. Ich stellte mir vor, dass wir uns gut verstehen und konstruktiv miteinander umgehen, um gemeinsam den Kuchen zu vergrößern. Und siehe da: Nach der Verhandlung war ich tatsächlich weniger genervt!

Da nicht nur ich schlecht über die anderen dachte, sondern das ganze Verhandlungsteam, alle sechs, sieben, acht Leute, entschied ich mich dazu, auch die anderen ins Boot zu holen, um zu überprüfen, ob auch hier ein positiver Effekt eintreten würde. Du kannst dir vorstellen, dass meine Kolleg:innen nicht gerade begeistert von meinem Vorschlag waren. Als ich sie bat, sich auf das Meeting zu freuen, schauten sie mich an, als käme ich von einem anderen Planeten. Aber ich blieb hartnäckig und sagte: »Stellen wir uns einfach vor, er wäre der beste Lieferant auf der Welt!« Als ich in die Runde blickte, stieß ich auf verwirrte Gesichter. Um ehrlich zu sein glaube ich, dass meine Kolleg:innen dachten, bei mir wären die Sicherungen durch. Ich schaute in die Runde und fragte: »So, jetzt mal unter uns – wer von euch hat Bock auf die Verhandlung? Wer hat Lust? Der hebe die Hand!« Sie schauten mich sehr seltsam an – und wie die Antworten ausfielen, kannst du dir sicher denken. Ich hatte es mir auch gedacht, daher sprach ich weiter: »Wenn man die Menschen, mit denen man verhandelt, gerne hat, wird das Resultat besser. Was haltet ihr davon, wenn wir das einmal probieren?«

Jeder und jede aus dem Team, das war meine Bitte, sollte etwas aufschreiben, was er oder sie an der anderen Seite gut fand.

Alle schauten mich an als ob ich bescheuert wäre. Doch dann ließen sie sich murrend darauf ein. Die Antworten waren, nun ja, sehr kreativ.

»Gut finde ich, wenn sie wieder gehen!« Dieser Lacher war ein guter Icebreaker und von da an wurde es besser.

»Sie sind zuverlässig!«

»Sie haben gute Maschinen!«

»Die machen ja auch nur ihren Job!«

Bald hatten wir einiges zusammen – nichts, was uns jetzt die große Liebe zu unserem Verhandlungspartner beschert hätte, aber immerhin …

Als dann die anderen ankamen, bis unter Arme bewaffnet für die Verhandlungen, eingestellt auf einen mühsamen Kampf, wurden sie sehr überrascht.

Wir begrüßten sie freundlich, boten ihnen Kaffee an, fragten nach, wie es ihnen gehe, was sie sich wünschten. Wir bezogen sie voll mit ein. Und weißt du was? Am Ende der Verhandlung hatten wir eines der besten Resultate überhaupt erzielt, die Diskussion war offener, die Atmosphäre angenehmer und das Gespräch erfolgreicher! Wir waren effizient, weil wir uns nicht mit Grabenkämpfen aufhielten.

Was kannst du davon mitnehmen? Ändern kannst du nur dich selbst, niemand anderen.

Daher versuch es einfach einmal und du wirst sehen, dass es auch bei dir funktioniert.

Mögliche Sätze, die du in diesem Kontext verwenden kannst, sind:

- Wir sitzen doch im selben Boot.
- Wir haben dasselbe Ziel.
- Wir wollen doch länger zusammenarbeiten.
- Wir regeln das gemeinsam.

Achte also stets darauf, eine positive Beziehung aufzubauen. Wertschätzung kann *der* Erfolgsfaktor in deiner Verhandlung sein!

Auch wenn es dir schwerfallen mag, ich kann dir nur raten, probiere es aus! Es wird sich lohnen! Das nächste Gespräch mit deinem ganz persönlichen Obernerver wird angenehmer für dich werden und auch deine Ergebnisse werden besser!

Zusammenfassung:

Wie du an meinem Beispiel sehen kannst, beeinflussen unsere Gedanken tatsächlich den Ausgang einer Verhandlung. Falls auch du mühsame Gesprächspartner:innen hast, rate ich dir, folgende Tricks anzuwenden:

- **Ändere dein Verhalten.** Lächle dein Gegenüber an. Verhalte dich anders. Sei freundlicher, einfühlsamer ... was auch immer. Schau, was passiert, wenn du anders als gewohnt auftrittst. Vielleicht ist schon das der Schlüssel zum Erfolg!
- **Ändere das Setting.** Manchmal hilft es der Atmosphäre eines Gesprächs, wenn du den Meetingraum wechselst oder auch ein paar deiner Teammitglieder tauschst.
- **Vielleicht brauchen ein paar Leute mal eine Pause voneinander.** Möglicherweise bist es sogar du selbst, der viel zu negativ eingestellt ist. Wenn das der Fall ist, dann nimm dich mal selbst aus der Verhandlung, um Abstand zu gewinnen. Oder gehe mal mit deinem Gegenüber Mittagessen. Oft merkt man in einem anderen Setting, dass diese Person eigentlich gar nicht so schlimm ist.

- **Schreibe fünf positive Dinge auf.** Ich habe damals meine Kolleg:innen aufgefordert, fünf positive Dinge über unseren Lieferanten zu notieren. Zuerst waren sie alle verwirrt, also habe ich angefangen und gesagt: »Unser Lieferant ist immer klar in seinen Aussagen, es gibt kein unverständliches Wischiwaschi!« Das war eine durchweg positive Eigenschaft. Bald nannten auch meine Teammitglieder positive Eigenschaften und wir hatten schnell fünf zusammen. Im Endeffekt stellten wir dadurch fest, dass auf der anderen Seite des Verhandlungstisches auch nur ein Mensch saß, der seinen Job machte. Wie bei einem Fußballspiel, wo jeder versucht, ein Tor zu schießen.

Profi bleiben und besser werden

Durch meine Tätigkeit als Berater und Trainer hatte ich in den letzten Jahren die Möglichkeit, einen Einblick in viele unterschiedliche Unternehmen zu erhalten. Besonders in puncto Verhandlungskompetenzen gibt es hier eklatante Unterschiede. Während ein Unternehmen in seine Mitarbeiter:innen investiert und Ausbildungen schätzt, dümpeln andere jahrelang im immergleichen Sumpf vor sich hin.

Du stellst dir jetzt vielleicht die Frage, wie man zu einem der Top-Unternehmen gehören kann, oder vielmehr, wie man verhindern kann, dahinzudümpeln? Nun, das Erste, was ich von Unternehmen, die nicht in ihre Verhandlungskompetenzen investieren wollen, zuhauf zu hören bekomme, ist der Satz: »Wir müssen nicht verhandeln können.« Und der zweithäufigste Satz: »Wir können das schon. Wir brauchen hier nichts mehr zu lernen.« Beide Sätze bringen mich – wenn ich es dir ehrlich sagen darf – innerlich zur Weißglut. So viel Potenzial geht hier verloren.

Und ja: Erfahrung ist natürlich ein wichtiger Punkt und kann sehr wertvoll sein. Das streite ich keinesfalls ab. Die Frage ist aber auch immer: Wie gut bist du wirklich? Denn ich sehe oft, dass Leute seit über zehn Jahren immer wieder mit denselben Einkäufern und Lieferanten verhandeln. Das heißt, sie bewegen sich immer in ein und demselben

Dunstkreis. Ergo: Sie verhandeln naturgemäß auch immer über dieselben Dinge. Da kann man schon mal leicht in Resignation verfallen. Typische Anzeichen dafür sind dann Sprüche wie: »Das haben wir hier immer schon so gemacht« oder »Wir brauchen hier nichts ändern, das hat immer funktioniert«.

Also sei dir bitte stets bewusst: Nur, weil du schon seit zehn Jahren irgendwo CEO bist, beherrschst du vielleicht deine eigene Branche recht gut, aber die ganze Wirtschaft noch lange nicht. Du wirst niemals ausgelernt haben. Es gibt immer Neues zu entdecken! Und eines kann ich dir versprechen: In wirtschaftlich stürmischen Zeiten stoßen genau solche Menschen, die immer nur nach Schema F handeln, ganz schnell an ihre Grenzen. Vieles ist pure Gewohnheit und kaum muss man aus dieser gezwungenermaßen ausbrechen, geht der Trouble los! Wenn du dir stattdessen aber deiner Lernfähigkeit bewusst und darüber im Klaren bist, niemals alles zu können oder zu wissen, bist du diesen Menschen schon einen gewaltigen Schritt voraus!

Neben dem kontinuierlichen Verbessern deiner Verhandlungskompetenzen möchte ich dir noch einen **zweiten wichtigen Punkt** ans Herz legen: Hol dir immer aktiv Feedback ein und sei auch gewillt, ehrliches Feedback zu geben! Vor allem, wenn du mit mehreren Personen zusammen verhandelst, ist eine ehrliche Feedbackrunde eine wahre Goldgrube! Eine ausgeprägte Feedbackkultur ist nämlich der größte Hebel, um blinde Flecken aufzudecken. Du kannst damit Bereiche entdecken, die dir zuvor verborgen waren. Gemeinsam könnt ihr so an einer ständigen Weiterentwicklung eurer Verhandlungskompetenzen arbeiten.

Als dritten Punkt möchte ich dir nahelegen, in ein kleines schlaues Büchlein zu investieren. Nimm dir jeden Tag ein wenig Zeit und schreibe Erfolge, aber auch Misserfolge auf. Schreibe kleine To-do-Listen mit Verbesserungsansätzen und visualisiere damit deine Ziele schwarz auf weiß. Schreibe dir deinen eigenen kleinen Verhandlungsguide!

An vierter Stelle möchte ich dir auch den Tipp mit auf den Weg geben, nicht auf deine Schwächen, sondern auf deine Stärken zu bauen. Ich weiß, das hört sich im ersten Moment vielleicht sehr poetisch an.

Wenn man aber ein bisschen darüber nachdenkt, erkennt man schnell, dass viel Wahres in diesen Worten steckt. Versuche lieber deine eigenen Stärken weiterzuentwickeln, als dich stur und steif auf deine Fehler zu konzentrieren!

Als letzten Punkt empfehle ich dir, die richtigen Schlüsse aus deiner Vergangenheit zu ziehen. Ich erlebe immer wieder, dass Leute zu mir sagen: »Frédéric, ich werde meinen Lohn nicht mehr verhandeln. Das habe ich schon probiert und es ist gewaltig in die Hose gegangen!« oder »Wir haben immer mit Rabatten verkauft! Wenn wir jetzt damit aufhören, dann werden wir nichts mehr verkaufen!« Ich kann dir nur sagen: Wenn das deine Learnings aus früheren Fehlern sind, dann liegst du schlicht und ergreifend falsch. So bitter diese Pille jetzt auch sein mag: Es ist einfach von enormer Wichtigkeit, was du dir aus der Vergangenheit mitnimmst. Nur wenn du dir die richtigen Learnings mitnimmst, kannst du auch besser werden. Eine Taktik, die vielleicht einmal nicht funktioniert hat, kann beim nächsten Mal haargenau die richtige sein. Vielleicht war einfach nur der Rahmen, in dem du sie zuvor angewandt hast, falsch. Also zieh nie die falschen Learnings aus der Vergangenheit. Sei achtsam damit, was du dir in deine Zukunft mitnimmst. Verbaue dir nicht deine Chancen und Möglichkeiten, nur weil dir dein Mindset im Wege steht! Ein Profisportler würde schließlich auch nicht sagen: »So, ich kann jetzt Fußball spielen. Ich werde nie wieder trainieren und mir nie wieder neue Taktiken aneignen!« Erinnere dich nur mal an deinen letzten richtigen Muskelkater. Die Art von Muskelkater, bei der du Angst davor hast, Treppen steigen zu müssen, weil es sich anfühlt, als würdest du den Mount Everest erklimmen! Wann bekommst du diesen Muskelkater? Nun, bei mir ist es immer dann so weit, wenn ich eine lange Pause eingelegt habe. Wenn ich also lange Zeit zum Beispiel nicht Joggen war. Und weißt du was? Beim Verhandeln ist es ähnlich! Wenn du lange nicht verhandelt hast, wirst du auch hier den Muskelkater spüren – es ist mühsam und beschwerlich. Das heißt, wenn du ein echter Top-Verhandler oder eine echte Top-Verhandlerin sein willst, musst du dranbleiben, sonst kostet es dich viele Nerven (und unter Umständen auch echt viel Geld)!

8. Angst? – Muss nicht sein!

Nun schließt sich der Kreis und ganz zum Schluss möchte ich dieses Thema noch einmal aufgreifen. Fast alle Menschen haben Angst vor Verhandlungen. Angst davor, dass sie das, was sie haben, mit einer schlechten Entscheidung oder Taktik aufs Spiel setzen. Oder dass sie unsympathisch, unbequem und irgendwie komisch rüberkommen, wenn sie das durchsetzen, was sie haben wollen. Warum? Weil uns allen das so beigebracht wurde. Und das ist bei Frauen tatsächlich noch stärker ausgeprägt als bei Männern. Weil gerade Mädchen in ihrer Kindheit und Jugend oft zu hören bekommen: »Sei nett zu ..., das gehört sich so.« »Sei bloß nicht lästig/unbequem/fall bloß nicht ungut auf!« Doch Angst ist eine schlechte Beraterin. Und Fehler können und werden dir passieren. Das ist das Leben.

Das Sprungbrett

Du hast bereits gelesen, dass hohe Forderungen zu besseren Resultaten führen können. Ich selbst empfehle auch immer wieder, die eigenen Preise regelmäßig anzupassen, aber auch, das eigene Gehalt immer wieder mal nachzuverhandeln. Im Grunde also: deine Forderungen immer wieder zu erhöhen. Leider funktioniert das nicht, wenn du versuchst, deine Preise über Nacht rapide zu erhöhen. Besser ist es, wenn sie kontinuierlich mit dir mitwachsen.

Lass mich dir ein Beispiel geben, das ein wenig verdeutlicht, was ich genau damit meine. Schon als kleiner Junge bin ich im Sommer gerne ins Freibad gegangen. Dort gab es einen großen Sprungturm, von dem die Älteren immer heldenhaft ihre Sprünge ins Wasser übten. Ich war begeistert!

Mutig ins kalte Nass

Erinnerst du dich, wie du zu schwimmen begonnen hast? Deinen ersten mutigen Sprung ins kalte Nass hast du wahrscheinlich vom Beckenrand gemacht, stimmt's? Und erst, wenn du diesen Move im Griff hattest und nicht bäuchlings auf dem Wasser gelandet bist, hast du dich auf das kleine Sprungpodest gewagt. So habe ich es zumindest gemacht. Schritt für Schritt eben. Als mir das kleine Sprungpodest keine Angst mehr bereitet hat, habe ich immer die größeren Jungs und Mädchen beobachtet, wie sie vom hohen Sprungturm ins Wasser sprangen – das wollte ich auch. Ich kann mich noch ganz genau an das Gefühl erinnern, als ich zum ersten Mal am Sprungturm stand und hinunterschaute. Puh, ich hatte Gänsehaut und das bei glühender Hitze! Meine Freunde animierten mich dann auch noch und riefen mir zu: »Frédéric, jetzt spring endlich!«

Unsicherheit ist ganz normal

Heute weiß ich, dass meine Unsicherheit damals ganz normal war. Logisch! Ich stand immerhin das erste Mal dort oben, war noch nie gesprungen und wusste, dass es alle anderen vor mir super gemeistert hatten. Was für ein Druck! Ich war in der Situation ganz deutlich außerhalb meiner persönlichen Komfortzone. Mein Vorteil war aber, dass ich mich kontinuierlich gesteigert hatte. Ich hatte angefangen zu schwimmen, war vom Beckenrand und schließlich vom kleinen Podest gesprungen. Auch wenn die Situation jetzt für mich neu war, ich hatte bereits gelernt, meinen Körper so zu beherrschen, dass ich keinen Bauchklatscher machen würde. Also sprang ich!

Verhandlungen sind wie Sprungbretter

Und weißt du was? Auch in Verhandlungen ist es so. Wenn du von heute auf morgen vom Beckenrand zum Zehn-Meter-Turm wechselst, wird das nicht funktionieren. Du wirst zittern wie Espenlaub, alle Augen werden auf dich gerichtet sein und keiner wird dir abkaufen, dass du deine Forderungen ernst meinst. Deswegen sind diese ganzen Geschichten, die ich immer wieder im Internet lese von wegen »Verdreifache deine Preise über Nacht« oder »Verdopple morgen dein Gehalt« einfach nicht wahr. Es kann so nicht funktionieren! Du musst zuerst lernen, vom Beckenrand zu springen, und dich dann langsam steigern. Das gelingt dir nur, wenn du einen Schritt nach dem anderen machst. Natürlich gibt es Leute, die sich gerade einmal so über Wasser halten können und trotzdem gleich vom Zehn-Meter-Turm springen. Die Fallhöhe ist dann aber sehr hoch und der Aufprall kann hart sein – glaube mir!

Gehst du stattdessen dein Vorhaben etappenweise an, wird dir das dabei helfen, immer selbstsicherer zu werden, du wirst immer besser. Je selbstsicherer du wiederum dann am Zehn-Meter-Turm stehst, desto cooler wird dein Sprung sein. Weißt du, was ich meine?

Nimm dir daher am besten Folgendes mit: Springe nicht direkt und ohne Vorbereitung vom Zehn-Meter-Turm, sondern versuche stets, einen Schritt nach dem anderen zu machen und erklimme so Meter für Meter. Das Ganze kannst du natürlich auch auf dein Gehalt ummünzen: Wenn du nie zuvor für dich verhandelt hast und plötzlich möchtest du mit einem Sprung vom Zehn-Meter-Turm auf dich aufmerksam machen, dann wirst du wahrscheinlich schmerzhaft und peinlich auf dem Bauch landen. Der Sprung ist einfach noch zu hoch für dich und das spürt auch dein Gegenüber. Das Gleiche gilt für Preisanpassungen. Wenn du sie langsam angehst, dann erweiterst du gleichzeitig deinen Horizont. Du wirst selbstsicherer und siehst die Resultate deiner Arbeit bei deinen Kunden:innen. Du bist überzeugt von deinem Können, von deinem Wert, und strahlst das auch aus. Automatisch wird dein Gegenüber dich als kompetent und selbstsicher wahrnehmen.

Also: Steigere deine Sprunghöhe Meter um Meter und springe nicht ohne Vorbereitung vom Zehn-Meter-Turm und lande dabei flach und schmerzhaft auf dem Bauch!

Sag ja zu deinen Fehlern!

Weißt du was? Ich verrate dir jetzt etwas, was dich vielleicht auf den ersten Blick sehr überraschen wird: Selbst wenn du die Strategien und Taktiken, die ich mit dir in diesem Buch teile, 1:1 anwendest, wird es trotzdem passieren, dass du scheiterst!

Warum ich dir das sage? Nun, ich könnte dir das natürlich auch vorenthalten, aber dann würde dir damit auch ein ganz großes Learning verloren gehen. Deshalb sage ich dir: Fehler sind eine unvermeidliche Folge davon, etwas Neues auszuprobieren. Das heißt: Selbst, wenn du alles genauso machst, wie es in diesem Buch beschrieben ist, wirst du trotzdem noch das ein oder andere Mal scheitern. Und das ist vollkommen normal – das gehört dazu!

Aus Fehlern lernen

Ich empfehle meinen Kunden:innen daher immer: Sage ja zu deinen Fehlern! Denn schließlich gilt: Nur wer Fehler macht, kann auch lernen. Aus meiner Erfahrung kann ich dir sagen, dass ich die größten und wichtigsten Learnings nur aus meinen eigenen Fehler gemacht habe. Nur, wenn ich etwas so richtig verbockt hatte, habe ich daraus lernen können und es beim nächsten Mal besser gemacht. Alle Taktiken und Strategien, die du in diesem Buch findest, habe auch ich irgendwann einmal das erste Mal angewandt. Ich habe sie ausprobiert und spielerisch angewendet, genauso wie Kinder an neue Herausforderungen herangehen. Dadurch habe ich immer wieder dazulernen können und mich weitergebildet. Ich habe mich immer wieder in Situationen begeben, die ganz klar außerhalb meiner persönlichen Komfortzone lagen. Jeder Mensch hat eine andere Komfortzone – es geht nur darum, diese immer wieder zu verlassen.

Und noch etwas: Ich kann dir schwören, dass auch ich immer wieder auf die Schnauze gefallen bin. Wichtig ist nur, dass du aus diesen Fails etwas lernst, und wie du jetzt weißt, passiert das in der Nachbereitung, denn nach der Verhandlung ist vor der Verhandlung. Fehler bleiben nur Fehler, wenn du nichts daraus lernst. Wenn du also in Verhandlungen immer und immer wieder ein und denselben Fehler machst, dann ist das dumm. Dann lernst du nicht daraus. Ich sage immer, dass es nur ein schlimmer Fehler ist, wenn du ihn immer und immer wieder machst. Dann ist dieser Fehler ein wahres Übel. Weißt du warum? Es würde nämlich bedeuten, dass du nicht in der Lage bist, an dir selbst zu arbeiten. Ich kann dir daher einen Tipp geben, der mir selbst schon oft geholfen hat: Hab am besten immer ein kleines Büchlein bei dir. Ein Büchlein deiner Learnings. Im Grunde notierst du in diesem Büchlein alles, was gut gelaufen ist, aber auch alles, was du beim nächsten Mal besser machen möchtest. Du schreibst also sowohl deine Erfolge als auch deine Fehler nieder. Am Ende des Tages kannst du dann immer wieder dieses Büchlein zu Rate ziehen. Es wird zu einem kleinen Sammelsurium deiner Verhandlungskompetenzen und hilft dir dabei, in Reflexion mit dir selbst zu gehen. Im besten Fall bittest du auch immer wieder mal deine Kollegen:innen um ehrliches Feedback. Notiere auch ihre Anmerkungen in deinem Büchlein. Und noch etwas: Besonders clever ist es zudem, nicht nur aus deinen eigenen Fehlern zu lernen, sondern auch aus den Fehlern von anderen. Schreibe dir ebenso Taktiken oder auch rhetorische Finessen von anderen auf, die dich vielleicht beeindruckt haben. Vielleicht kannst du sie irgendwann selbst gebrauchen? Fülle so nach und nach deinen persönlichen Verhandlungsguide.

Daher lege ich dir nahe: Feiere deine Fehler. Vielleicht nicht allzu lange, denn das würde bedeuten, dass du immer wieder dieselben Fehler machst, aber habe keine Angst vor ihnen. Befreunde dich mit deinen Fehlern, denn schlussendlich können sie dein Schlüssel zum Erfolg sein.

Schau dir noch einmal die Glaubenssätze in Kapitel 1 an und überleg dir, welche auf dich zutreffen. Dann weißt du auch, wo du in Bezug auf deine Angst ansetzen kannst.

Beachte in Zukunft am besten folgende Punkte, um deine Verhandlungs-Skills noch weiter auszubauen:

- Investiere laufend in dich und deine Verhandlungskompetenzen!
- Arbeite an einem positiven Mindset!
- Lerne, die richtige Taktik für eine Verhandlung zu wählen!
- Bereite dich immer ordentlich vor!
- Spiele so oft du kannst!

Mein italienisches Fiasko

Ich kann dir eines verraten: Manchmal geht eine Verhandlung einfach schief, egal wie sehr du dich darauf vorbereitet hast. Auch mir ist es schon das ein oder andere Mal so ergangen. Doch ich möchte dir zeigen, dass ein Verhandlungsfiasko keinesfalls ein Grund dafür ist, gleich aufzugeben! Ganz im Gegenteil. Damit du besser verstehst, was ich meine, möchte ich dir ein besonders einschneidendes Beispiel dafür geben, wie eine Verhandlung schiefgehen kann und vor allem, was du dann am besten tun kannst.

Im Sommer 2017 fing ein neuer Mitarbeiter bei mir an – er hatte eine relevante Warengruppe in seiner Verantwortung und bekam schon bald einen durchaus wichtigen Auftrag: Bis zum Jahresende sollte er einen neuen Vertrag mit einem unserer bedeutsamsten Lieferanten ausverhandeln. Mein neuer Kollege bereitete sich also, wie du dir vorstellen kannst, wirklich sehr intensiv auf diesen Termin vor. Er befolgte alle notwendigen Schritte und investierte enorm viel Zeit und Mühe in die Vorarbeit. Da nicht nur der Lieferant für uns sehr wichtig war, sondern unsere Firma auch ein wesentlicher Geschäftspartner für den Lieferanten war, stand einiges auf dem Spiel. Insgesamt arbeiteten mehrere Personen an diesem Auftrag und so ging es schlussendlich im Spätherbst mit einer Gruppe von fünf Personen nach Italien. Du kannst dir vielleicht vorstellen, wie beschwingt wir waren. Endlich würden sich all unsere Vorbereitungen bezahlt machen. Besonders mein neuer Kollege, der die Verhandlungsführung übernehmen sollte, war gespannt und wollte sich natürlich unbedingt beweisen. Kaum kamen wir in Italien an – genauer gesagt in der Nähe von Parma –, inhalierten wir sozusagen das italienische Flair: warmes Wetter, großartige Restaurants, viele Menschen, die sich im Freien aufhielten. Herrlich! Und doch ... irgendetwas stimmte nicht. Etwas fühlte sich eigenartig an. Zuerst konnten wir es nicht benennen, aber bei genauerem Hinschauen fiel es uns wie Schuppen von den Augen: In dem kleinen Dörfchen war es eigenartig still. Komisch, dachten wir, verschwendeten aber zunächst keinen weiteren Gedanken daran.

Unser Gastgeber, der besagte wichtige Lieferant, hatte uns für den Abend ein tolles Restaurant empfohlen, entschuldigte sich aber im gleichen Atemzug. Er könne nicht mit uns zu Abend essen, etwas Unverschiebbares sei dazwischengekommen.

Okay, dachten wir. Kein Problem! Und so spazierten wir fünf am Abend, voller Vorfreude auf den nächsten Tag und auf ein leckeres Abendessen, in das empfohlene Lokal. Doch auch hier spürten wir sofort, dass irgendetwas faul war: Alle Menschen schienen angespannt zu sein. Es lag ein Knistern in der Luft und alle Besucher des Lokals starrten gebannt auf einen Fernseher.

Das Schweigen der Italiener

Schließlich fiel es uns wie Schuppen von den Augen: Soeben lief eines der Qualifikationsspiele für die Fußball-WM 2018! Wir selbst hatten daran überhaupt nicht mehr gedacht, hatte sich die Schweiz doch schon längst qualifiziert. Doch es gab noch Länder, die um den Einzug bangen mussten – Italien war eines davon und spielte just in diesem Moment um seine Qualifikation. In Italien ist Fußball fast so etwas wie eine Religion; kein Wunder also, dass so viele Menschen voller Anspannung und wie unter Hypnose das Spiel verfolgten. Da die italienische Mannschaft als der klare Favorit gehandelt wurde, ließen wir uns davon jedoch nicht weiter verunsichern und bestellten unser Essen. Doch je weiter sich das Spiel dem Ende zuneigte, umso nervöser wurden das Personal, die Gäste und auch unser Kellner. Und bald merkten wir: Oh, oh ... hier läuft etwas ganz und gar nicht nach Plan!

Dann passierte es tatsächlich: Italien spielte null zu null gegen Schweden und konnte sich das erste Mal seit 60 Jahren nicht für die Weltmeisterschaft qualifizieren, weil sie im Hinspiel in Stockholm 0:1 verloren hatten. Alle Anwesenden starrten entsetzt auf die Bildschirme und es wurde totenstill im Raum. So still, dass man die Kohlensäurekugeln in den Gläsern platzen hörte. Und ein bisschen hatte ich das Gefühl, dass unsere Träume gleich mitplatzten. Die Stimmung war gedrückt, um es milde zu sagen. Mit einem mulmigen Gefühl in Hinblick auf die morgige Verhandlung schlichen wir schlussendlich aus dem Lokal und in unsere Hotelzimmer.

Am nächsten Tag wurden wir schon beim Ankommen vor dem Firmengebäude stutzig: Obwohl es sich um eine riesige Produktionshalle handelte und unser Termin mitten in der Woche stattfand, schien der Parkplatz vor dem Gebäude nahezu verwaist. Auch die Begrüßung am Empfang war sehr kurz und knapp. Es schwebte eine nachhaltige Mischung aus Trauer und Enttäuschung in der Luft, die das ganze Dorf und die ganze Firma erfasst zu haben schien.

Nachdem man uns in den Sitzungsraum für unser Meeting geleitet hatte, teilte man uns mit, dass unsere Verhandlungspartner sich leider verspäten würden.

Nach gut 30 Minuten erschien schließlich der erste Mitarbeiter unseres Lieferanten und wir konnten endlich mit dem heiß ersehnten Meeting starten, das uns nun, in dieser gedrückten Atmosphäre, schon vorab Bauchschmerzen bereitete. Dennoch gaben wir unser Bestes: Mein Mitarbeiter führte die Verhandlungen souverän und versuchte so gut es ging, die andere Seite ins Boot zu holen. Doch egal, was er sagte, nichts davon kam bei unserem Gegenüber an.

Mit fast zwei Stunden Verspätung stieß schlussendlich auch einer der Top-Manager des Unternehmens zu uns und wir dachten, dass nun endlich ordentlich verhandelt werden konnte. Denn vergiss nicht: Nicht nur der Lieferant war für uns ein wichtiger Kunde, auch wir waren ein wichtiger Geschäftspartner für den Lieferanten. Doch nichts da, es wurde nicht besser! Der Manager begrüßte uns knapp, fragte, worum es eigentlich gehe, und war gedanklich ebenso abwesend wie sein Kollege. Langsam machte sich auch in meinem Team Frustration breit. Wir standen knapp an der Grenze zur Eskalation. Nach all diesen intensiven Vorbereitungen wollte es nun partout nicht klappen.

Ich schlug vor, an dieser Stelle ein Time-out zu nehmen, und wir machten uns auf den Weg zum Mittagessen. Dort tat ich, was ich konnte, um meine Kollegen wieder ein wenig abzukühlen und zu beruhigen. Schließlich beschlossen wir, es für dieses Mal gut sein zu lassen. Wir würden zwar heute keinen Deal mehr verhandeln können, aber dennoch war unser Weg nicht umsonst gewesen.

Immerhin hatten wir einige neue Informationen einholen und ein wenig Beziehungspflege betreiben können. Um die Situation zu retten, beschlossen wir, die Mitarbeiter unseres Lieferanten am Abend zu einem gemütlichen Abendessen in ein schickes Restaurant einzuladen. Gutes Essen und Geselligkeit würde doch sicherlich die Gemüter unserer italienischen Partner ein bisschen auftauen.

Doch auch beim Dinner herrschte Eiszeit. Nicht nur, dass nur ein einziger Mitarbeiter unserer Einladung gefolgt war, es herrschte im gesamten Restaurant eine erdrückende Stille. Und so fuhren wir am nächsten Tag schließlich trotz aller Bemühungen ohne einen Deal in der Tasche und ziemlich frustriert wieder nach Hause.

Learnings

Such das Positive raus

Auch in solchen Situationen gibt es einiges Positives, was du mitnehmen kannst: Sei dir darüber im Klaren, dass es nun einmal immer

Dinge geben wird, die du nicht beeinflussen kannst. Die Tatsache, dass Italien sich damals nicht qualifizierte, lag nicht in unserer Hand. Egal, wie gut wir uns vorbereitet hatten, diesen externen Umstand konnten wir nicht beeinflussen. Verschwende also keine Energien auf solche Dinge.

Akzeptiere, was du nicht ändern kannst

Akzeptiere eine solche Situation vielmehr und versuche trotzdem das Beste daraus zu machen. Lass einfach los und versuche es zu einem späteren Zeitpunkt wieder. Bedenke: Die meisten Verhandlungen ziehen sich über mehrere Gespräche. Es ist also nicht alles verloren, wenn es einmal nicht wie am Schnürchen läuft. In Italien ist nun mal der Fußball fast einer Religion gleichzusetzen. Es herrschte quasi Staatstrauer und wir wollten einen wichtigen Deal aushandeln – beides gleichzeitig ging einfach nicht.

Nicht beharren – Achtung, das Ego klopft an!

Wenn der Zeitpunkt nicht richtig ist, akzeptiere dies lieber, anstatt auf deinem Recht auf Verhandlung zu beharren und dabei nur verbrannte Erde zu hinterlassen! Glaube mir, Geduld zahlt sich aus.

Für die zweite Verhandlungsrunde hatten wir die Italiener im Übrigen zu uns eingeladen: So war es viel einfacher, da wir bereits eine Beziehung hatten aufbauen können. Außerdem war deutlich zu bemerken, dass unseren Verhandlungspartnern die ganze Situation im Nachhinein sehr unangenehm war. Sie entschuldigten sich bei uns und wir zeigten Verständnis. Am Ende konnten wir den Deal in trockene Tücher legen und das, ohne dabei unsere Beziehung zu diesem wichtigen Geschäftspartner wegen eines einmaligen Ereignisses zu zerstören!

Was, wenn es trotzdem in die Hose geht?

Liebe Leserin, lieber Leser, jetzt hast du das ganze Buch in dich aufgesogen, setzt alles um – und bist hoch motiviert. Doch du hast auch gesehen: Es kann trotzdem in die Hose gehen. Wie gehst du damit um, um dennoch mit erhobenem Kopf in die nächste Verhandlung zu gehen?

Geduld

Die meisten Leute glauben, sie haben *ein* Gespräch und dann erreichen sie ihr Ziel – oder eben nicht. Doch so läuft das nicht. Du kannst das mit dem Sport vergleichen: Du spielst mit deiner Mannschaft eine Meisterschaft. Ihr müsst die ganze Saison gut spielen – nicht nur am Tag X. Und umgekehrt könnt ihr an einem Tag 10:0 verlieren und trotzdem gewinnt ihr die Meisterschaft. Es kommt auf die Leistung in der ganzen Saison an.

Training

Lesen ist nicht gleichbedeutend mit Umsetzen. Das ist wie beim Fahrrad- oder Autofahren. Fährst du zum ersten Mal, musst du überlegen: Wo ist genau die Bremse, wie schalte ich, wo ist der Scheibenwischer? Irgendwann machst du alles automatisch und weißt gar nicht mehr, wie du es gemacht hast.

Momentum

Wenn das Schicksal – oder das Momentum – gerade gegen dich ist, dann ist es gegen dich. Pech gehabt. Das passiert. Oder anders gesagt: Shit happens. Beispiel: Du schließt diese tolle Ausbildung ab, vielleicht sogar noch mit Auszeichnung. Die Zeichen stehen auf Gold. Natürlich willst du mehr Gehalt, aber das Unsagbare passiert: Deine Firma geht in Konkurs. Oder es gibt eine Finanzkrise und du findest in deiner Branche gerade keinen Job. Das ist Pech. Und das kann passieren. Dann arbeitest du eben stattdessen temporär als Skilehrer und hast ... da ist sie wieder! ... ein bisschen Geduld! Denn die Zeiten ändern sich wieder zu deinen Gunsten. Versprochen!

Umgang mit Niederlagen

Du lernst nicht aus Siegen. Und eine Niederlage ist nur eine Niederlage, wenn du nichts daraus lernst. Und seien wir ehrlich: Wenn du spielst, gehört das Verlieren dazu. Würdest du immer gewinnen, dann wäre das erstmal sicher toll – aber irgendwann würde es seinen Reiz verlieren.

Wissen, was du wirklich willst

Bevor du in eine Verhandlung gehst, überleg dir, was du wirklich möchtest. Ist es tatsächlich dieser Job oder möchtest du nur mehr verdienen, um wenigstens Schmerzensgeld zu bekommen? Dann denk nochmal nach, ob es sich lohnt, zu kämpfen. Viele Leute vermasseln ihre Gehaltsverhandlung oder auch die Verhandlung ums neue Auto oder den Auftrag, weil ihnen nicht klar ist, was ihr Unterbewusstsein schon laut hinausschreit: dass sie eigentlich den Job, den Kunden oder die Umstände, unter denen der Deal zustande kommt, gar nicht mögen.

Abschluss

Zum Schluss dieses Buches möchte ich mit dir noch die Geschichte meiner schwierigsten Verhandlung überhaupt teilen. Manche Verhandlungen können nämlich schlicht und ergreifend unser Leben verändern – glaube mir, das ist nicht so weit hergeholt, wie es vielleicht klingt. Auch ich bin in meinem Leben schon an einen Punkt gekommen, an dem eine Verhandlung alles auf den Kopf gestellt hat. Es war sozusagen die Verhandlung meines Lebens und davon möchte ich dir kurz erzählen:
Als ich in meinen Zwanzigern war und meine berufliche Karriere ins Rollen geriet, wurde ich immer wieder relativ schnell befördert. Ich wechselte öfter die Unternehmen und hatte wirklich sehr viel Spaß an meiner Arbeit und der Verantwortung, die man mir übertrug. Eines meiner großen Ziele war es immer, einmal Einkaufsleiter zu sein. Bald hatte ich auch diese Etappe auf der Karriereleiter erreicht und war einfach nur happy. Ich hatte ein großartiges Team, arbeitete in einem tollen Unternehmen und alles war wunderbar. Schließlich passierte aber ein für mich unfassbares Wunder: Ich wurde zum ersten Mal Papa. Jeder, der Kinder hat, kennt dieses Gefühl, wenn sich plötzlich die gesamte Perspektive auf das eigene Leben ändert.

Ich werde nie unseren ersten gemeinsamen Urlaub zu dritt vergessen: Wir haben alles zusammengepackt und sind nach Italien an den Strand gedüst. Dort habe ich in der warmen Sonne gemeinsam mit meiner kleinen Tochter im Sand gespielt und als der Sand durch meine Hände rieselte, begann ich nachzudenken. Mir wurde schlagartig bewusst, dass wie der rieselnde Sand auch unsere Zeit nur so dahinschwindet. Sie läuft uns sprichwörtlich davon – gerade, wenn man Kinder hat. Ich wurde nachdenklich und reflektierte meine großen Lebensträume.

Hatte ich schon alles erreicht?

Was stand noch auf meiner Wunschliste?

Was wurde aus meinen großen Träumen?

An einem lauen Abend sprach ich auch mit meiner Frau über meine Gedanken und wir stellten fest, dass wir einen großen gemeinsamen Traum noch nicht verwirklicht hatten, den wir schon sehr lange hatten: eine Weltreise!

Schon immer wollten wir gemeinsam auf große Entdeckungsreise gehen. Mindestens ein halbes Jahr sollte unsere Erkundungstour rund um die Welt dauern. Im besten Fall wollten wir einen Winter in der Ferne verbringen, um dann im Frühling wieder in die Heimat zurückzukehren.

Doch wie es nun einmal so mit großen Träumen ist, verwirklichen sich diese nicht von selbst. Vielleicht kennst du das? Immer, wenn meine Frau und ich darüber sprachen, schien der Zeitpunkt für einen Ausstieg gerade nicht geeignet.

Zuerst hatte ich studiert – kein guter Zeitpunkt.

Dann war ich frisch ins Berufsleben eingestiegen – kein guter Zeitpunkt.

Schließlich wurde ich einige Male befördert – kein guter Zeitpunkt.

Und da ich öfter das Unternehmen wechselte und mich dort erst einmal beweisen wollte ... genau – kein guter Zeitpunkt!

Und so verschoben wir immer und immer wieder unseren Traum, bis schließlich sage und schreibe zehn Jahre ins Land gezogen waren. Einfach so! Wahnsinn, oder? Zehn Jahre waren vergangen und unser Traum immer noch unerfüllt.

Als meine kleine Tochter im Italienurlaub also eines Abends wieder einmal friedlich in ihrem Bettchen schlummerte, sprachen meine Frau und ich über ebendiesen unerfüllten Wunsch. Wir wogen die Pros und Contras ab und diskutierten das Für und Wider. Und weißt du, zu welchem Schluss ich zunächst kam?

Nun ja, drei Mal darfst du raten: »Jetzt ist kein guter Zeitpunkt!«

Immerhin waren wir gerade erst Eltern geworden. Wer macht da schon eine Weltreise!? Auch als wir dann wieder daheim in unserem Alltag ankamen, sprachen wir immer und immer wieder über unseren Traum. Außerdem fanden wir auf Social Media tatsächlich einige Paare, die gemeinsam mit ihren Kindern um die Welt reisten und zeigten, dass es machbar war – wenn man nur wollte. Meine Frau sagte nach einer dieser endlos langen Diskussionen rund um das Verreisen schlussendlich einen Satz zu mir, der mich zum Nachdenken brachte: »Schatz, wie lange willst du jetzt eigentlich noch warten?«

Diese Frage war ein wahrer Weckruf für mich! Sie hatte recht – es gibt keinen perfekten Zeitpunkt und irgendwann würde es zu spät sein für unsere Reise! Alles, was wir bis dahin gemacht hatten, war, unsere Zeit mit dem Warten auf den perfekten Moment zu vergeuden! Was für ein Jammer! Angetrieben von diesem Weckruf begann ich damit, bei meinem damaligen Arbeitgeber zaghaft nachzufühlen: Was würde mein Chef zu einer Weltreise sagen? Ich wog also meine Chancen ab und brachte in Erfahrung, ob es die Möglichkeit eines unbezahlten Urlaubs oder einer Auszeit gab.

Nun, was soll ich dir sagen? Meine Idee stieß nicht gerade auf Begeisterung. Bis dahin hatte noch nie ein Mitarbeiter nach solch einer Auszeit gefragt, dieser Weg war also noch nie beschritten worden, und dementsprechend lange dauerten unsere Verhandlungen darüber. Über mehrere Monate führten wir immer wieder Gespräche und es ging mit dem Ergebnis vor und zurück, vor und zurück. Einig wurden wir uns jedoch nicht. Weißt du, wieso?

Nun, ich hatte damals eine klare rote Linie, die ich nicht überschreiten wollte. Diese Klarheit hat mir in meinen Verhandlungen damals sehr geholfen. Denn überlege: Du bist gerade Vater geworden, hast einen coolen Job, ein tolles Team und ein gutes Gehalt. Alles stimmt! Dann wurde mir von meinem Vorgesetzten das Angebot gemacht, ich könne zwei Monate auf Weltreise gehen. Meine rote Linie lag allerdings klar bei zweieinhalb Monaten. Im Grunde konnten wir uns also wegen zwei bis drei Wochen nicht einigen. Verrückt, oder? Doch ich bin in diesem Moment hart geblieben und habe nein gesagt. Ich wollte meiner roten Linie treu bleiben und habe schlussendlich gekündigt. Du glaubst gar nicht, wie schwer mir dieser Schritt gefallen ist. Es hat mich wirklich einiges an Überwindung gekostet, hier die Reißleine zu ziehen – immerhin war ich eigentlich sehr zufrieden! Im Grunde hat es sich wie eine große Niederlage angefühlt und dennoch wollte ich mich um keinen

Preis auf einen faulen Kompromiss einlassen. Denn hätte ich die angebotenen zwei Monate angenommen, wäre ich zurückgekommen und nicht mehr happy gewesen, ich wäre unzufrieden gewesen. Bei einem Kompromiss sind nämlich, wie du in diesem Buch schon gelesen hast, beide Seiten unzufrieden: Denn nicht nur ich, als Mitarbeiter, wäre unzufrieden gewesen. Auch mein Arbeitgeber hätte einen unzufriedenen, nicht mehr top motivierten Arbeitnehmer zurückbekommen. Es wäre also eine echte Lose-lose-Situation geworden.

Deine rote Linie

Wenn du jetzt also all diese Tools, die ich dir im Laufe dieses Buches vorgestellt habe, in der ein oder anderen Situation anwendest und dadurch auch eine schwierige Entscheidung durchziehst, dann passiert das auch deswegen, weil du deine persönliche rote Linie kennst und dich auch einmal nein zu sagen traust. Denn eines kann ich dir versichern, meist zahlt es sich aus, wenn man seinen eigenen Werten und Forderungen treu bleibt. Auch, wenn es auf den ersten Blick nicht leicht ist! Und deshalb, liebe Leserin und lieber Leser: Nutze die Tools, denn nur über sie zu lesen bringt dir nichts. Durch das Lesen dieses Buches wirst du noch lange nicht zum Verhandlungsprofi. Vielmehr musst du lernen, die Tools richtig anzuwenden. Vielleicht probierst du sie erst in einfachen Situationen aus und steigerst dich Stück für Stück? Egal, wie du es anlegst, es braucht Zeit und Übung, bis du sicher vom Zehn-Meter-Turm springen kannst.

Einmal um die Welt

Aber: Es zahlt sich aus! Meine Frau und ich konnten uns unseren Lebenstraum erfüllen, auch wenn es zu Beginn schwer war. Schlussendlich sind wir ganze neun Monate um die Welt gereist. Dabei ergaben sich zahlreiche neue Ideen und auch mein zweiter großer

Lebenstraum wurde während dieser Reise immer greifbarer: mehr Freiheit zu haben und ein eigenes Unternehmen zu gründen. Alles, was ich bis heute geschafft habe, meine Firma, mein Team, mein Podcast und auch dieses Buch, wäre nicht möglich gewesen, wenn ich damals nicht auf meine rote Linie bestanden hätte! Auch wenn es sich zunächst falsch angefühlt hat, war es das Beste, was mir in meinem Leben hätte passieren können! Ich bin nicht einfach einen faulen, aber bequemen Kompromiss eingegangen. Ich bin meinen Werten, Erfahrungen und Zielen treu geblieben. Ich weiß, auf den ersten Blick sehen viele Deals sehr bequem und eigentlich gar nicht so schlecht aus – ganz einfach deshalb, weil sie unser Sicherheitsbedürfnis decken. Hätte ich das Angebot meiner Firma, für zwei Monate zu verreisen, angenommen, hätte ich danach ins gemachte Nest zurückkehren können. Doch was wären die zwei Monate schon im Vergleich zu den neun Monaten gewesen, die ich schließlich mit meiner Familie verreisen konnte? Ich bin damals auf volles Risiko gegangen, weil ich meine rote Linie klar kannte und mir das Sicherheit gab! Probiere es aus! Ich wette, es wird dir ähnlich wie mir gehen!

Tja, und wenn du dich jetzt fragst, wie ich nach meiner Weltreise weitergemacht habe, nachdem ich ohne Geld und Job mit einer schwangeren Frau und einem kleinen Kind bei meinen Eltern gestrandet bin. Nun, diese Geschichte erzähle ich dir ein anderes Mal. ;-)

Wenn du noch mehr über mich und mein Business erfahren möchtest, dann vernetzte dich gerne mit mir auf LinkedIn oder Instagram oder besuche meine Webseite, wo du auch mehr zu meinem beliebten Podcast erfährst.

www.fredericmathier.com

Danksagung

An dieser Stelle möchte ich mich bedanken, bei all meinen Mentor:innen im Bereich der Verhandlungsführung, die mich immer wieder ins kalte Wasser geworfen haben, damit ich lernen konnte zu schwimmen. Bei allen Fach- und Führungskräften, die junge Leute mit in Verhandlungen nehmen und ihr Wissen teilen. Bei allen, die mit mir gemeinsam viele Verhandlungen bestritten haben und von denen ich viel lernen konnte, im Business wie auch in der Weiterbildung. Danke an all meine Co-Expert:innen, Dozenten-Kolleg:innen und Weiterbildungsinstitute, die mit mir Verhandlungsführung in ihre Ausbildungsprogramme aufnehmen und somit dazu beitragen, das Wissen für viele Menschen verfügbar zu machen. Besonderen Dank auch an die vielen herausfordernden und manchmal schwierigen Verhandlungspartner:innen, weil ich dort immer am meisten gelernt habe.

Danke an meine Eltern, die sich immer für mich eingesetzt und sehr oft für mich in jungen Jahren verhandelt haben. Besonderen Dank meiner Mama, die sich in unzähligen Verhandlungen für meine Geschwister und mich stark gemacht hat, als wir es noch nicht selber konnten.

Besonderen Dank an meine Frau und meine zwei Töchter, die mich täglich in unzähligen Verhandlungen fordern, meine Taktiken immer wieder durchschauen und mich während des Schreibens dieses Buches immer unterstützt und begleitet haben.

Ein herzliches Dankeschön geht an meinen Agenten Ulf-Gunnar Switalski für seinen wertvollen Support bei der Verwirklichung dieses Buches.

Danke an all meine Kund:innen und Geschäftspartner:innen für die Partnerschaft, das Vertrauen und die unzähligen gemeinsamen Verhandlungen.

Merci!
Frédéric

Über den Autor

© Robin Luis Kirchhofer

Frédéric Mathier hat es nicht leicht im Leben. Während er beruflich als Verhandlungsexperte und Geschäftsführer der Maevo GmbH seine Kunden auch durch die schwierigsten Gespräche begleitet, hat er es privat mit ganz anderen Kalibern zu tun. Seine Frau hat ihm, bevor er auch nur »Maevo« sagen konnte, den Löwenanteil des Kleiderschrankes abgeluchst. Und seine kleinen Töchter führen ihm täglich vor, wie Verhandeln by Kind funktioniert. Nämlich direkt, unerbittlich und erfolgreich.

Das ist hart, zumal er in über zehn Jahren als Einkaufsleiter und strategischer Einkäufer in mittelständischen Unternehmen und Großkonzernen das Handwerk des Verhandelns in der Praxis gelernt und umgesetzt hat.

Sein Wissen über Verhandlungstaktiken und seine beruflichen und persönlichen Erfahrungen mit diesem Thema gibt er an Unternehmer:innen, Entscheider:innen aus der Geschäftsleitung sowie Führungspersonen aus Verkauf und Einkauf weiter – auch wenn sie ihm privat leider nichts nützen.

Nachdem er sich seinen Mädels regelmäßig geschlagen geben musste, beschloss er, seine professionellen und privaten Erfahrungen und Lehren in ein Buch zu packen, das dieses geballte Wissen an Interessierte weitergeben soll.

Mehr über Frédéric Mathier findest du hier:

Literatur- und Quellenverzeichnis

Hier findest du alle wichtigen Quellen, die mich bei der Arbeit an diesem Buch unterstützt haben.

Insbesondere danke ich den Autoren und/oder Professoren Jack Nasher, William Ury, Roger Fisher, Matthias Schranner, Cornelia Topf, Chris Voss, Robert B. Cialdini, Mike Wheeler und Jared Curhan für die Inspirationen und eure Beiträge und Bücher zum Thema Verhandlungsführung.

Frank Bettger: *Lebe begeistert und gewinne!: Das Erfolgsbuch für Verkäufer*. Zürich 2011.

Jim Camp: *Start with No: The Negotiating Tools That the Pros Don't Want You to Know*. New York 2002.

Robert B. Cialdini: *Die Psychologie des Überzeugens: Wie Sie sich selbst und Ihren Mitmenschen auf die Schliche kommen*. Bern 2017.

Stephen R. Covey: *Die 7 Wege zur Effektivität: Prinzipien für persönlichen und beruflichen Erfolg*. Offenbach am Main 2018.

Ute Ehrhardt: *Gute Mädchen kommen in den Himmel, böse überall hin: Warum Bravsein uns nicht weiterbringt*. Frankfurt 1994.

Roger Fisher, William Ury, Bruce Patton: *Das Harvard-Konzept: Die unschlagbare Methode für beste Verhandlungsergebnisse*. Übersetzt von Jürgen Neubauer. München 2018

Daniel Kahnemann: *Schnelles Denken, langsames Denken*. München 2016.

Jack Nasher: *Deal! Du gibst mir, was ich will!* München 2015.

Matthias Schranner: *Verhandeln im Grenzbereich. Strategien und Taktiken für schwierige Fälle*. München 2001.

John Strelecky: *The Big Five for Life: Was wirklich zählt im Leben*. Übersetzt von Bettina Lemke. München 2009.

Cornelia Topf: *Erfolgreich verhandeln für Frauen: souverän, kompetent, überzeugend*. München 2009.

William Ury: *Wissen, was ich will, und erfolgreich verhandeln: Der Einstieg ins Harvard-Konzept*. Übersetzt von Jürgen Neubauer. München 2016

Chris Voss: *Kompromisslos verhandeln: Die Strategien und Methoden des Verhandlungsführers des FBI*. München 2017.

Webseiten und Zeitungsartikel:

»Frauen verdienten im Schnitt 18,4 Prozent weniger«, in: Tagesanzeiger, 22.11.2022; online: *https://www.tagesanzeiger.ch/frauen-verdienten-im-schnitt-18-4-prozent-weniger-305582266054?* (abgerufen am 25.11.2022).

»Indikatoren der Gleichstellung von Frau und Mann 4/2022«, in: Schweizerische Eidgenossenschaft: Bundesamt für Statistik, 22.11.2022; online: *https://www.bfs.admin.ch/bfs/de/home.gnpdetail.2022-0458.html* (abgerufen am 25.11.2022).

»Erwerbseinkommen (Tertiärstufe – Hochschulen)«, in: Schweizerische Eidgenossenschaft: Bundesamt für Statistik, 29.8.2022; online: *https://www.bfs.admin.ch/bfs/de/home/statistiken/bildung-wissenschaft/eintritt-arbeitsmarkt/tertiaerstufe-hochschulen/erwerbseinkommen.html* (abgerufen am 25.11.2022).

»Frauenstimmrecht in der Schweiz: 100 Jahre Kampf«, online: *https://www.parlament.ch/de/über-das-parlament/politfrauen/eroberung-der-gleichberechtigung/frauenstimmrecht* (abgerufen am 25.11.2022).

»Equal Pay Day: 15 November 2022 marks the EU's Equal Pay Day. 12 EU countries have also established a national Equal Pay Day«, online: *https://ec.europa.eu/info/policies/justice-and-fundamental-rights/gender-equality/equal-pay/equal-pay-day_en#whatis-the-european-equal-pay-day* (abgerufen am 25.11.2022).